EUL VERLAG

MARTIN KLUTH

Semantisches Benchmarking von Geschäftsprozessen

Konzeption, Evaluation und Anwendungspotenziale

Inauguraldissertation zur Erlangung des akademischen
Grades eines Doktors der Wirtschaftswissenschaften
des Fachbereichs Wirtschaftswissenschaften der
Universität Osnabrück

OSNABRÜCK
Juli 2013

Dekan des Fachbereichs:	Prof. Dr. Thomas Gaube
Referenten:	Prof. Dr. Frank Teuteberg
	Prof. Dr. Oliver Thomas
Tag der Disputation:	14. Juni 2013

Informationsmanagement und Unternehmensführung · Band 4
Schriften des IMU, Universität Osnabrück

Herausgegeben von Prof. Dr. Uwe Hoppe, Prof. Dr. Bodo Rieger, Prof. Dr. Frank Teuteberg und Prof. Dr. Thomas Witte

Dr. Martin Kluth

Semantisches Benchmarking von Geschäftsprozessen

Konzeption, Evaluation und Anwendungspotenziale

Mit einem Geleitwort von Prof. Dr. Frank Teuteberg, Universität Osnabrück

EUL VERLAG

Bibliografische Information der Deutschen Nationalbibliothek

Die Deutsche Nationalbibliothek verzeichnet diese Publikation in der Deutschen Nationalbibliografie; detaillierte bibliografische Daten sind im Internet über <http://dnb.d-nb.de> abrufbar.

Dissertation, Universität Osnabrück, 2013

ISBN 978-3-8441-0272-7
1. Auflage August 2013

JOSEF EUL VERLAG GmbH
Brandsberg 6
53797 Lohmar
Tel.: 0 22 05 / 90 10 6-6
Fax: 0 22 05 / 90 10 6-88
E-Mail: info@eul-verlag.de
http://www.eul-verlag.de

Bei der Herstellung unserer Bücher möchten wir die Umwelt schonen. Dieses Buch ist daher auf säurefreiem, 100% chlorfrei gebleichtem, alterungsbeständigem Papier nach DIN 6738 gedruckt.

Geleitwort

Die von Martin Kluth vorgelegte Arbeit, die an der Universität Osnabrück am Fachbereich Wirtschaftswissenschaften als Dissertation angenommen wurde, ist der Aufgabe gewidmet, Prozesse auf der Basis eines einheitlichen syntaktischen und semantischen Verständnisses der Prozessmodelle und der modellierten Problemdomäne (Realitätsausschnitt) zu analysieren. Hierbei stellt sich häufig das Problem, dass die zu analysierenden Prozessmodelle in unterschiedlichen Modellierungsnotationen vorliegen (syntaktischer Aspekt) und/oder unterschiedliche Bezeichner/Begriffe für identische Realweltobjekte repräsentierende Modellierungskonstrukte und Modellelemente verwendet werden (semantischer Aspekt).

Aufgrund der hohen Komplexität und Vielschichtigkeit des Themas verwendet Herr Kluth ein multimethodisches Vorgehen, indem sowohl qualitative als auch quantitative Forschungsmethoden wie systematischer Literaturreview, Prototypentwicklung, argumentativ-deduktive Forschung, ein numerisches Fallbeispiel sowie unterschiedliche Ansätze der Evaluierung (ökonomisch, technisch, konzeptuell) von (IT-)Artefakten zum Einsatz kommen.

Martin Kluth trägt in seiner Arbeit einerseits bestehende Ansätze zusammen und betritt andererseits durch die von ihm entwickelten und umgesetzten Konzepte Neuland auf dem Gebiet des semantischen Prozessbenchmarkings.

Der zentralen Aufgabe einer Dissertation, den wissenschaftlichen Erkenntnisstand auf dem untersuchten Gebiet voranzutreiben, wird die Arbeit von Martin Kluth in ausgezeichneter Weise und methodisch überzeugend gerecht. Die erzielten Ergebnisse tragen wesentlich zum Kenntnisfortschritt auf dem wichtigen Gebiet des semantischen Prozessbenchmarkings bei. Zugleich behandelt die Arbeit ein innovatives Themengebiet und enthält sowohl hinsichtlich der Entwicklung eines Softwareprototypen als auch in der Evaluierung des vorgestellten Konzepts anhand eines konkreten Anwendungsfalls des Prozessbenchmarkings eine Vielzahl von Erkenntnissen, die auch für den Praktiker von nicht unerheblicher Bedeutung sein können.

Die Arbeit leistet durch ihre Gesamtkonzeption, anwendungsorientierte Sichtweise und methodische Herangehensweise einen wichtigen Beitrag zur Wirtschaftsinformatik. Ich wünsche der Arbeit von Martin Kluth deshalb sowohl in der Wissenschaft als auch in der Praxis eine hohe Aufmerksamkeit und weite Verbreitung, die der Arbeit aufgrund ihrer hohen Qualität zweifelsfrei gebührt.

Osnabrück, im Juli 2013 — Univ.-Prof. Dr. Frank Teuteberg

Vorwort

Die vorliegende Arbeit entstand zwischen April 2006 und Dezember 2012. Sie wurde von Prof. Dr. Frank Teuteberg am Fachgebiet Unternehmensrechnung und Wirtschaftsinformatik an der Universität Osnabrück betreut. Für die Unterstützung während aller Phasen meines Forschungsprojektes sowie der konstruktiven Auseinandersetzung mit meinen Forschungsergebnissen möchte ich mich herzlich bedanken. Diese umfassende Betreuung hat maßgeblich zum Gelingen dieser Arbeit beigetragen. Mein Dank geht auch an Herrn Prof. Dr. Oliver Thomas, der freundlicherweise das Zweitgutachten übernahm.

Darüber hinaus bedanke ich mich besonders bei Herrn Prof. Dr. Frederik Ahlemann, ohne dessen Anregungen und Diskussionen ich diese Arbeit nie begonnen hätte. Auch Herrn Prof. Dr. Stefan Smolnik möchte ich für die konstruktive Zusammenarbeit danken.

Ein besonderer Dank gilt auch meinem Vorgesetzten Herrn Axel Löhr der serie a logistics solutions AG sowie meinen Kollegen, die mir die Promotion neben meiner beruflichen Tätigkeit ermöglicht haben. Auch meinen ehemaligen Kollegen der cataligent Projekt GmbH danke ich für die Bereitstellung eines Arbeitsplatzes sowie für die eingehenden konstruktiven Diskussionen.

Mein ganz persönlicher Dank gilt meiner Frau Daniela sowie meinen Töchtern Maja und Vicky, die mich durch diese entbehrungsreiche Zeit begleitet und auf viele gemeinsame Stunden verzichtet haben. Ferner danke ich meiner Familie, insbesondere meinen Eltern und meinen Geschwistern, für ihre Unterstützung.

Köln, im Juli 2013 Martin Kluth

Inhaltsverzeichnis

Abbildungsverzeichnis

Tabellenverzeichnis

Abkürzungsverzeichnis

ABC	Activity Based Costing
ARIS	Architektur Integrierter Informationssysteme
Aufl.	Auflage
Bd.	Band
BLOB	Binary Large Object
BPM	Business Process Management
BPMN	Business Process Model and Notation
bspw.	beispielsweise
BWW	Bunge-Wand-Weber
bzw.	beziehungsweise
CIO	Chief Information Officer
d.h.	das heißt
DLZ	Durchlaufzeit
DS	Design Science
DSR	Design Science Research
EPC	Event-Driven Process Chain
EPK	Ereignisgesteuerte Prozesskette
EPML	EPC Markup Language
ERM	Entity Relationship Model
et al.	et alteri
etc.	et cetera
f.	folgend
ff.	folgende
FOL	First Order Logic
ggf.	gegebenenfalls
GoM	Grundsätze ordnungsmäßiger Modellierung
GPM	Geschäftsprozessmanagement
GQM	Goal Question Metric
IRR	Internal Rate of Return
IS	Informationssystem(e)
ISR	Information Systems Research
IT	Informationstechnik
NPV	Net Present Value
OMG	Object Management Group
PBM	Prozessbenchmarking
PCF	Process Classification Framework

S.	Seite
SEMAT	SEMantische ATtributierung
SPARQL	SPARQL Protocol and RDF Query Language
SRML	Simple Rule Markup Language
SWRL	Semantic Web Rule Language
Tsd.	Tausend
u.a.	unter anderem
UML	Unified Modeling Language
UML-AD	Unified Modeling Language Activity Diagram
vgl.	vergleiche
Vol.	Volume
vs.	versus
W3C	World Wide Web Consortium
WfMC	Workflow Management Coalition
WWW	World Wide Web
z.B.	zum Beispiel

Kapitel 1

Einleitung

1.1 Motivation

Unternehmen sehen sich heute vielfältigen und sich beschleunigenden Veränderungen und Umwelteinflüssen ausgesetzt.[1] Dies führt dazu, dass Effizienz und Wandlungsfähigkeit für Unternehmen zwei der wichtigsten Eigenschaften sind, um auf Veränderungen reagieren zu können und langfristig am Markt zu bestehen.[2] Diese Wandlungen oder Anpassungen sind nicht nur auf das jeweilige Unternehmen beschränkt. Unternehmen fusionieren oder gliedern einzelne Geschäftsbereiche aus und andere wiederum ein.[3] Einhergehend müssen Unternehmensprozesse entwickelt, angepasst und verbessert werden. Es verwundert daher nicht, dass die Verbesserung der Unternehmensprozesse konsequent als oberste Priorität der CIOs in den letzten Jahren identifiziert wurde.[4]

Die stetige Veränderung der Unternehmensprozesse[5] führt über einen längeren Zeitraum zu einer Vielzahl an Prozessvarianten eines Prozesses. Zum Aufbau der gesamten Prozesslandkarte bzw. des Prozessportfolios eines Unternehmens ist eine konsequente Dokumentation und Verwaltung der Prozesse eine zwingende Voraussetzung. Eine Mög-

[1] KLEWES UND LANGEN (2008, S. 3 ff.) beschreiben Veränderungen als einen konstanten Faktor, der Einfluss auf alle Lebensbereiche, und somit auch Unternehmen, hat. Laut der Autoren haben zwei von drei Unternehmen in den letzten Jahren vor 2008 aufgrund von Veränderungen Restrukturierungsprozesse durchgeführt.

[2] In einer Umfrage von CAPGEMINI CONSULTING (2009, S. 7) sehen 82% der befragten europäischen Manager in der Anpassung ihrer Organisation einen entscheidenden wirtschaftlichen Faktor.

[3] So sehen laut einer aktuellen Studie von CAPGEMINI CONSULTING (2010, S. 14) 25% der befragten Unternehmen sich signifikanten Veränderungen durch Fusionen und Übernahmen ausgesetzt.

[4] Vgl. GARTNER GROUP (2008, S. 6) sowie CAPGEMINI CONSULTING (2010, S. 14).

[5] Gemäß der Workflow Management Coalition (WfMC) definiert FISCHER (2000, S. 313) Geschäftsprozesse als: „*A set of one or more linked procedures or activities which collectively realize a business objective or policy goal, normally within the context of an organizational structure defining functional roles and relationships.*“ Im Weiteren wird in Anlehnung an diese Definition vereinfacht unter einem Geschäftsprozess eine Folge von Einzeltätigkeiten verstanden, die zur Erreichung eines geschäftlichen oder betrieblichen Zieles beitragen sollen. Da in dieser Arbeit eine ausschließlich betriebswirtschaftliche Sicht auf (Geschäfts-)Prozesse eingenommen wird, werden die Begriffe Prozess, Unternehmensprozess und Geschäftsprozess synonym genutzt.

lichkeit der Dokumentation von Prozessen sind Prozessmodelle.[6] Je nach Anwendungsfall stehen hier verschiedene Modellierungssprachen in unterschiedlichen Detaillierungsgraden für die Modellierung zur Auswahl. Erst durch Nutzung dieser semi-formalen Prozessmodelle ist eine Analyse der Prozesse in einem adäquaten Zeitaufwand möglich, so dass zum Beispiel Prozesse mit Outsourcing-Potenzial identifiziert und quantifiziert werden können. Die Sammlung von Werkzeugen und Methoden zur Dokumentation und Analyse der Prozesse durch Prozessmodelle wird als Geschäftsprozessmanagment (engl. *Business Process Management* (BPM)) bezeichnet.[7] Jedoch ist die Analyse der Unternehmensprozesse trotz Nutzung des Geschäftsprozessmanagements eine zeitaufwändige manuelle Tätigkeit, die ein hohes Maß an Expertenwissen über den modellierten Realitätsausschnitt voraussetzt.

Die Analyse der Unternehmensprozessmodelle wird zusätzlich dadurch erschwert, dass diese meist durch verschiedene Modellierer, mit einem unterschiedlichen Wissen und Verständnis über den zu modellierenden Realitätsausschnitt, erstellt wurden. Ein einfacher Vergleich eines durch zwei Modellierer unabhängig voneinander modellierten Geschäftsprozesses ist aufgrund unterschiedlich gewählter Modellierungssprachen und Begriffe nicht leicht möglich. Zur Reduktion dieser Unterschiede wurden mit den Grundsätzen ordnungsmäßiger Modellierung (GoM) Richtlinien formuliert, die die Sicherstellung der Qualität von Informationsmodellen, und somit auch Prozessmodellen, adressieren.[8] Neben diesen Richtlinien bedingt eine effiziente, unternehmensweite Informationsmodellierung eine konsensfähige Begriffswelt. Es werden daher, zusätzlich zu den Prozessmodellen, auch textuelle Glossare zur Beschreibung der benötigten (Fach-)Begriffe genutzt. Ein auf Modellierungskonventionen und einem qualitätssichernden Vorgehensmodell aufsetzendes Fachbegriffsmodell kann laut KUGELER UND ROSEMANN (1998, S. 1 f.) von großer Bedeutung sein.[9] Die Modellierung und Pflege von Prozessmodellen ist hierdurch jedoch gleichzeitig mit einem höheren Kommunikations- und Abklärungsbedarf aller Beteiligten zur Spezifizierung unterschiedlich verwendeter Fachbegriffe verbunden.

Die aufgezeigten Maßnahmen zur Steigerung der Dokumentationsqualität, und somit Verbesserung der Interpretationsmöglichkeiten dieser Prozessmodelle, führt zu einem gestiegenen manuellen Aufwand zur Durchführung dieser Tätigkeiten. Weiterhin ist auch bei einer hohen Dokumentationsqualität nur eine geringe automatisierte Unterstützung bei der Analyse der Prozessmodelle gegeben. Eine automatisierte Unterstützung bei der Analyse und dem Vergleich von Geschäftsprozessen, die mittels semi-formaler Prozessmodelle beschrieben wurden, könnte hier einen Beitrag zur Reduktion des Aufwands bei der Gestaltung und Anpassung der Prozesse sowie einen Beitrag zur effizienten Kommunikation und Diskussion über die Prozesse leisten. Hierzu muss jedoch neben der

---

[6] Laut SCHEER (2002, S. 3) schafft die Dokumentation von Geschäftsprozessen durch Prozessmodelle zunächst einmal das Wissen über die Struktur und die Abläufe der unternehmerischen Aktivitäten sowie die Möglichkeit zur Analyse und kontinuierlichen Verbesserung.

[7] Einen Überblick über das semantische Geschäftsprozessmanagement liefert HOANG *et al.* (2010).

[8] Vgl. BECKER (1998).

[9] Laut KUGELER UND ROSEMANN (1998, S. 15) kann der zusätzliche Aufwand zur gleichzeitigen Erstellung eines Fachbegriffmodells bei der Modellerstellung durch eine höhere Qualität der Prozessmodelle sowie einen effizienteren Dialog mit dem Fachbereich gerechtfertigt werden.

automatisierten Verarbeitung von Prozessmodellen auch ein automatisiert auswertbares Begriffsverständnis (semantische Informationen) gewährleistet sein.

Weiterhin müsste ein Verfahren einen konkreten Anwendungsfall unterstützen und an diesem evaluiert werden. Ein Anwendungsbeispiel, in dem eine solche automatisierte Unterstützung einen Mehrwert erbringen könnte, ist zum Beispiel das Prozessbenchmarking. Das Benchmarking ist eine weit verbreitete Methode zur Identifikation von organisationalen Bereichen, in denen Unternehmen eine höhere Effizienz als andere Unternehmen erreichen können.[10] Das Prozessbenchmarking ist dabei ein weitgehender manueller Prozess, der die Beteiligung von Individuen erfordert. Laut MERTINS UND KOHL (2009, S. 29) werden 45% der Projektlaufzeit von Benchmarking-Projekten mit der Beurteilung der eigenen Prozesse und 15% mit dem Vergleich von Leistungsdaten verbraucht. Ein Verfahren, dass auf eine automatisierte Unterstützung dieser zwei Tätigkeiten abzielt, würde somit 60% des Zeitanteils von Benchmarking-Projekten unterstützen.

1.2 Wissenschaftliche Zielsetzung der Arbeit

Gegenstand der Arbeit ist die Entwicklung und Evaluation eines Konzepts zum computergestützten semantischen Benchmarking von Geschäftsprozessen sowie die Identifikation von Anwendungspotenzialen dieses Konzepts. Unter einem semantischen Benchmarking werden im Kontext dieser Arbeit semantische Analysen und darauf aufbauende semantische Vergleiche von Geschäftsprozessen verstanden. Dabei wird das Ziel verfolgt, die möglichen Analysen und Vergleiche nicht nur auf die in semi-formalen Prozessmodellen enthaltenen Informationen zu beschränken. Das zu entwickelnde Konzept wird vielmehr auch auf weitere, nicht näher spezifizierte, Prozessinformationen erweiterbar sein. Dies könnten zum Beispiel für die Analyse relevante Erfolgs-, Leistungs- oder Kontext-Informationen sowie semantisch beschreibende Prozessinformationen sein. Zusätzlich wird das Ziel verfolgt, dass jegliche für die computergestützte Analyse und den Vergleich identifizierten Prozessinformationen in einer ontologischen Repräsentation zur Verfügung stehen, so dass diese anhand wiederverwertbarer Metriken und Kennzahlen automatisiert analysiert werden können.

> Ziel der Arbeit ist die Entwicklung, Evaluierung und Identifizierung von Anwendungspotenzialen eines Konzepts zum computerunterstützten semantischen Benchmarking betriebswirtschaftlicher Geschäftsprozesse, welche durch semi-formale Prozessmodelle beschrieben und durch weitere Prozessinformationen detailliert werden.

[10] CAMP (1994, S. 16) bezeichnet Benchmarking als die Suche nach Lösungen, die auf den besten Methoden und Verfahren der Industrie, den „Best Practices", basieren und ein Unternehmen zu Spitzenleistungen führen.

Die Entwicklung und Evaluierung des Konzepts erfolgt anhand eines Prototypen sowie der Anwendung dieses Prototypen auf den Anwendungsfall des Prozessbenchmarkings. Neben der technischen und konzeptionellen Evaluation des Konzepts wird im Rahmen einer ökonomischen Evaluation zusätzlich eine Kosten-/Nutzen-Analyse durchgeführt, um organisatorische Rahmenbedingungen zur Umsetzung des Konzepts aufzuzeigen und diese berücksichtigen zu können.

Die Analyse der Prozessmodelle wird nicht auf eine Prozessmodellierungssprache beschränkt sein und Möglichkeiten der Erweiterung bieten. Weiterhin wird die Möglichkeit der Erweiterung der zu nutzenden Prozessmodellinformationen um quantitative und qualitative Erfolgs- und Leistungsgrößen bestehen. Es werden hierdurch weiterführende Analysen und Vergleichsmöglichkeiten mittels Metriken aufgezeigt. Um eine Wiederverwertung dieser gesamten Prozessinformationen gewährleisten zu können, werden diese Informationen und Analysen gespeichert und wiederhergestellt werden können.

1.3 Wissenschaftstheoretische Einordnung

Um einer ausreichend strukturierten und wissenschaftlichen Arbeit gerecht zu werden, werden nachstehend die wesentlichen dieser Arbeit zugrunde liegenden wissenschaftstheoretischen Annahmen vorgestellt. Aus diesen Annahmen wird die gewählte Forschungsmethodik im nächsten Abschnitt 1.4 abgeleitet.

Als leitender Rahmen dieser Arbeit dient das *Design Science*[11] (DS). Unter *Design Science* wird die gezielte wissenschaftliche Erkenntnisgewinnung auf Basis neuartiger Artefakte verstanden. Die Anwendung einer auf *Design Science* beruhenden Methodik soll es erlauben, die Forschungsergebnisse zu überprüfen und reproduzierbar zu gestalten.[12] Die Methodik setzt sich hierbei aus einem Forschungsprozess sowie verschiedener Methoden zusammen.

Der Ursprung des *Design Science* liegt in der Arbeit von Simon (1996). *Design* wird hier als ein rationaler Prozess der Suche, welche ein Problem auf einen abgegrenzten Problemraum projiziert, beschrieben. Durch einen iterativen Prozess wird der Problemraum immer weiter erarbeitet beziehungsweise präzisiert. Der mögliche Lösungsraum wird somit immer weiter eingegrenzt. Dieser Prozess trägt dabei wesentlich zum besseren Verständnis des Problems, des Prozesses sowie der Qualität des zu schaffenden Artefaktes[13] bei. Hevner *et al.* (2004) beschreiben *Design* als die bewusste Organi-

---

11 Vgl. Jay F. Nunamaker *et al.* (1991), Walls *et al.* (1992), March und Smith (1995), Simon (1996) sowie Hevner *et al.* (2004).

12 Zur Verbreitung von *Design Science* in der Forschung siehe Indulska und Recker (2008).

13 Die Schaffung und Evaluierung von technischen IT-Artefakten wird von einigen Autoren als Ziel zur Identifizierung und Lösung organisatorischer Probleme angesehen (vgl. Bichler (2006, S. 134)). Hevner *et al.* (2004, S. 77) beschreiben dies mit: *„Design science, ..., creates and evaluates IT artifacts intended to solve identified organizational problems“*. Die strenge Eingrenzung auf tech-

sation und Beeinflussung von Ressourcen zur Zielerreichung. Dieses Verständnis kann der in der deutschsprachigen Wirtschaftsinformatik vorherrschende gestaltungsorientierte Forschung (engl. *Design Science Research* (DSR)) zugerechnet werden, welche auch die Entwicklung von neuem Design-Wissen zur Implementation von Informationssystemen als neuer Beitrag zur Wissenschaft akzeptiert.[14]

Die laut HEVNER *et al.* (2004, S. 83) als zentrales Ziel zu schaffenden technischen Artefakte können in Form von Konstrukten, Modellen, Methoden und Instanzen beschrieben werden.[15] Die mittels Konstrukten dargestellten Modelle werden als Repräsentationen von Problemen oder Lösungsräumen definiert.[16] Methoden strukturieren den Übergang von einer Problembeschreibung zu einem Lösungsraum und beschrieben somit die Durchsuchung des Lösungsraums. Mittels Instanzen der Konstrukte, Modelle oder Methoden wird in einem System geprüft, ob diese umgesetzt werden können. Hierdurch wird somit die Machbarkeit illustriert. Zur Zielerreichung schlagen HEVNER *et al.* (2004) ein Rahmenwerk aus sieben Richtlinien für die Durchführung und Evaluierung von *Design Science* vor:[17]

Design als ein Artefakt: Das Ergebnis zur Lösung eines Problems stellt ein zielgerichtetes und innovatives Artefakt dar.

Problemrelevanz: Das Ziel ist die Entwicklung technischer Lösungen für wichtige aktuelle und zukünftige, noch nicht gelöste Probleme von Unternehmen. Hierbei muss das Problem von den Personen, die einen späteren Nutzen daraus ziehen sollen, als relevant erachtet werden.

Evaluierung: Durch adäquate wissenschaftliche Methoden soll der Nutzen, die Qualität sowie die Effizienz eines Artefaktes evaluiert werden.

Beitrag der Forschung: Es muss ein klar definierter Beitrag zur Problemlösung geliefert werden. Die Güte der Innovation kann anhand der Neuigkeit, Allgemeingültigkeit und Bedeutung des Artefaktes für den Anwendungsbereich ermittelt werden.

Strenge Anwendung von Forschungsmethoden: Es wird eine strenge Anwendung wissenschaftlicher Methoden zur Schaffung und Evaluierung der Artefakte gefordert.

nische IT-Artefakte zur Lösung von organisatorischen Problemen wird in der Literatur diskutiert (vgl. u.a. MARKUS *et al.* (2002), GREGOR (2006, S. 25 f.) sowie GREGOR UND JONES (2007, S. 320 ff.)) und es werden auch nicht technische Artefakte akzeptiert, die sich nicht ausschließlich auf die Lösung organisatorischer Probleme beschränken. Diese Auffassung wird im Weiteren auch in dieser Arbeit vertreten und im Folgenden präzisiert. Daher wird im Weiteren lediglich von Artefakten gesprochen.

14 Vgl. BECKER *et al.* (2009, S. 196 ff.).

15 Vgl. HEVNER *et al.* (2004, S. 83 ff.), PFEIFFER UND BECKER (2006, S. 2) sowie GREGOR UND JONES (2007).

16 Vgl. MARCH UND SMITH (1995, S. 256 f.) sowie BICHLER (2006, S. 133)

17 Vgl. HEVNER *et al.* (2004, S. 82 ff.) sowie BICHLER (2006, S. 134).

Design als Suchprozess: Lösungen werden in einem Suchprozess vorgeschlagen, verfeinert und evaluiert. Hierdurch soll schrittweise eine Wissensbasis aufgebaut werden.

Weitergabe von Forschungsergebnissen: Die Forschungsergebnisse sollen technologiesowie managementorientierten Interessenten zugänglich gemacht werden.

Im *Information Systems Research* (ISR) werden Artefakte generell als die Anwendung von Informationstechnologie zur effizienten Unterstützung einer Aufgabe konzeptionalisiert. So können in der *Design Theory* auch Theorien als Form eines Artefaktes angesehen werden und es wird zwischen materiellen und abstrakten Artefakten unterschieden.[18] Konstrukte, Modelle, Methoden und Theorien werden als abstrakte Artefakte bezeichnet, wohingegen Instanzen in Form von Implementationen und Methoden als materielle Artefakte angesehen werden. Weiterhin wird in der *Design Theory* das Lernen nicht nur durch den Akt der Umsetzung des Artefaktes sondern auch durch die Definition des Artefaktes sowie die Methoden zur Umsetzung verstanden.[19] Die Diskussion über geeignete Forschungsmethoden führt bis hin zu einem Methodenpluralismus, der sich nicht nur auf eine ausschließliche Forschungsmethode beschränkt.[20] So wird auch die Nutzung von Kernel Theorien aus der verhaltensorientierten Forschung diskutiert.[21] Kernel Theorien integrieren validiertes Wissen in die Gestaltung von abstrakten Artefakten und ermöglichen somit die Vergleichbarkeit von entwickelten Artefakten. Kernel Theorien bilden hierdurch die theoretische Grundlage, den Kern und die Verbindung zwischen den einzelnen Bestandteilen eines Gestaltungsmodells. Sie werden ferner im Rahmen des *Design Science Research* überprüft, erweitert oder angewendet.

1.4 Forschungsmethodik

Im Folgenden wird die in dieser Arbeit verwendete Forschungsmethodik auf Basis des *Design Science* vorgestellt. Diese besteht aus einem Forschungsprozess sowie ausgewählten wissenschaftlichen Forschungsmethoden.[22]

Der Gesamtforschungsprozess dieser Arbeit leitet sich aus dem von PEFFERS *et al.* (2006) vorgeschlagenen Forschungsprozess ab, der konsistent zum *Design Science Research* ist.[23] Der Prozess besteht aus sechs Aktivitäten die nicht notwendigerweise in strikter sequentieller Reihenfolge abgearbeitet werden müssen.[24] Rückschritte und Itera-

---

[18] Vgl. MARKUS *et al.* (2002), GREGOR (2006, S. 25 f.) sowie GREGOR UND JONES (2007, S. 320 ff.).

[19] Vgl. GREGOR UND JONES (2007, S. 313) sowie KUECHLER UND VAISHNAVI (2008, S. 1).

[20] Vgl. JAY F. NUNAMAKER *et al.* (1991), FRANK (2006), KUECHLER UND VAISHNAVI (2008), WINTER (2008, S. 2) sowie GEHLERT *et al.* (2009).

[21] Vgl. WALLS *et al.* (1992), MARKUS *et al.* (2002), WALLS *et al.* (2004) sowie HEVNER *et al.* (2004).

[22] Der Terminus „Forschungsmethode“ wird definiert als „... eine logisch begründete Methode, deren Zweck die Gewinnung von wissenschaftlichen Erkenntnissen ist“ (HEINRICH *et al.* (2004, S. 11)).

[23] Vgl. PEFFERS *et al.* (2006, S. 101).

[24] Eine nominelle bzw. grundlegende Reihenfolge ist in Abbildung 1.1 dargestellt, da hierdurch eine übergeordnete Reihenfolge der Arbeitsschritte deutlich wird.

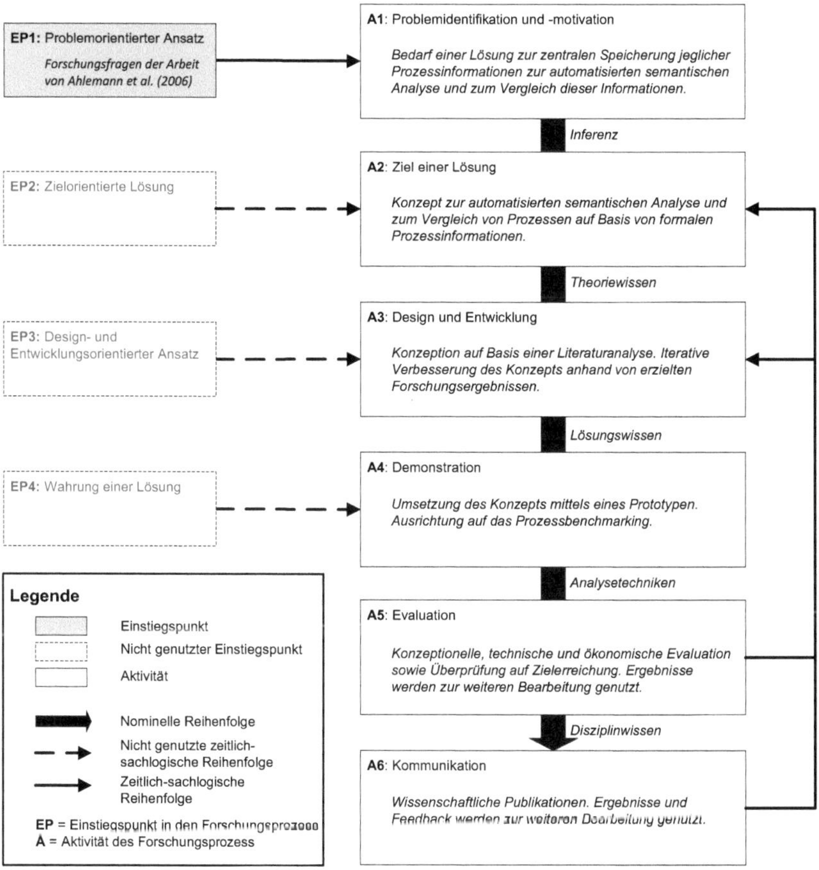

Abbildung 1.1: Forschungsprozess der Arbeit
Quelle: In Anlehnung an PEFFERS *et al.* (2006, S. 93)

tionen sind in dem Forschungsprozess explizit vorgesehen und tragen so zur Umsetzung des *Design Science Research* bei.[25] Weiterhin beschreiben PEFFERS *et al.* (2006, S. 92) vier mögliche Einstiegspunkte in den Forschungsprozess. Der dieser Arbeit zugrunde liegende Forschungsprozess ist in Abbildung 1.1 dargestellt und wird nachfolgend detailliert beschrieben. Den Kern des Forschungsprozess bildet hierbei, der Arbeit von MARCH UND SMITH (1995, S. 260) folgend, ein zyklischer Konzeptions- und Evaluationsprozess (siehe Abbildung 1.2).

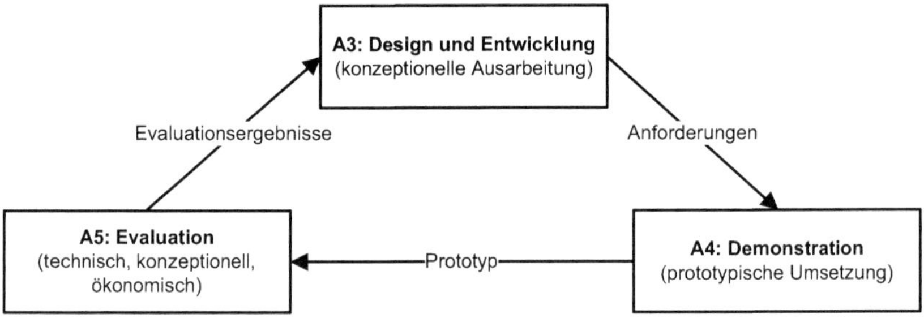

Abbildung 1.2: Zyklischer Konzeptions- und Evaluationsprozess
Quelle: In Anlehnung an TEUTEBERG *et al.* (2012, S. 7)

EP1: Problemzentrierter Ansatz

Das Forschungsvorhaben dieser Dissertation ist mittels des problemzentrierten Ansatzes initiiert worden. Laut PEFFERS *et al.* (2006, S. 92) ergibt sich die Forschung in diesem Ansatz aus der Beobachtung eines Problem, aus dem skizzierten zukünftigen Forschungsbedarf eines Artikels oder einem früheren Projekt.

Ausgangspunkt dieses Forschungsvorhabens bildet der Arbeitsbericht von AHLEMANN *et al.* (2006). Die Autoren beschreiben in ihrem Beitrag ein Konzept zur zielgerichteten „ontologiebasierte Attributierung von Informationsmodellen“[26]. Durch dieses Konzept kann laut der Autoren die Grundlage für eine automatisierte bzw. halbautomatisierte Konstruktion, Interpretation und Verarbeitung von Informationsmodellen auf semantischer Ebene geschaffen werden. Die folgenden Forschungsfragen wurden im Rahmen des Beitrags von AHLEMANN *et al.* (2006, S. 29 f.) skizziert:

1. Der Begriff der Problemangemessenheit von Ontologien ist zu stellen und zu beantworten. Hier ist insbesondere zu untersuchen, über welche Eigenschaften eine

[25] Vgl. PEFFERS *et al.* (2006, S. 89 ff.).

[26] Der Arbeitsbericht beschreibt die Erfassung semantischer Informationen sowie Leistungsinformationen zu einem Informationsmodell in einer Ontologie. Die Konzepte dieser Ontologie werden dann den Konstrukten des Informationsmodells zugeordnet. Daher wird in diesem Arbeitsbericht von einer „ontologiebasierten Attributierung“ gesprochen.

Ontologie verfügen muss, damit sich ihre Verwendung im Rahmen der semantischen Attributierung von Informationsmodellen anbietet.

2. Die Qualität der Ergebnisse einer automatisierten Verarbeitung von Informationsmodellen wird maßgeblich von der Qualität der Zuordnung von Ontologiekonzepten zu den Informationsmodellbestandteilen bestimmt. Es ist zu klären, wie eine solche Qualität zu messen und sicherzustellen ist. Die im Rahmen dieser Arbeit eingeführten Integritätsbedingungen werden für reale Anwendungen voraussichtlich nicht ausreichen.

3. Es ist ein geeignetes Meta-Metamodell zu entwickeln, das für die semantische Attributierung von Informationsmodellen geeignet ist.

4. Es sind innovative Operationen und Algorithmen zu entwickeln, mit denen semantisch attributierte Informationsmodelle analysierbar sind. Hier spielen vor allem Metriken, Ähnlichkeits- und Distanzmaße eine wichtige Rolle.

5. Auf Basis der Operationen und Algorithmen ist eine Abfragesprache zu entwickeln, mit deren Hilfe die Inhalte von Informationsmodell-Datenbanken analysiert und ausgewertet werden können.

6. Die hier skizzierte Architektur einer allgemeinen Informationsmodell-Datenbank ist zu verfeinern, prototypisch umzusetzen und zu evaluieren.

7. Bestehende Modellierungswerkzeuge sind so zu erweitern, dass eine semantische Attributierung sowie der Import und Export von Informationsmodellen aus bzw. in die Informationsmodell-Datenbank möglich wird.

8. Es ist zu untersuchen, wann die semantische Attributierung von Informationsmodellen als wirtschaftlich zu bezeichnen ist.

9. Es sind geeignete formale ontologiebasierte Sprachen zur Repräsentation von entsprechenden Domänenontologien zu entwickeln bzw. weiterzuentwickeln.

10. Es sind geeignete Benutzerschnittstellen für neue Abfragemechanismen und für die Präsentation von Such- bzw. Klassifikationsergebnissen zu entwickeln.

Anhand der aufgeführten Forschungsfragen wird deutlich, dass sich das Konzept der „ontologiebasierten Attributierung von Informationsmodellen“ zum Zeitpunkt der Erstellung des Arbeitsberichtes in einem sehr frühen Stadium der Forschung befand. Somit bildete zwar die Beantwortung dieser Fragen den Ausgangspunkt des Forschungsvorhabens, jedoch musste auch das gesamte Konzept kritisch hinterfragt, analysiert und angepasst werden. Hierdurch wurden neue Forschungsfragen aufgeworfen, die in der weiteren Forschungsaktivitäten beantwortet werden mussten.

A1: Problemidentifikation und -motivation

Die Forschungsaktivität zur Problemidentifikation und -motivation wird durch die Forschungsmethode der Literaturanalyse oder *Review*[27] maßgeblich beeinflusst. Aufgrund der durch den problemzentrierten Ansatz aufgeworfenen Forschungsfragen (siehe **EP1: Problemzentrierter Ansatz**) wurde eine intensive Literaturanalyse durchgeführt.[28] Das Vorgehen richtete sich dabei an die von COOPER UND HEDGES (1994, S. 9 ff.) vorgeschlagenen Phasen:[29]

Problemformulierung: Die Fragestellung, die durch ein *Review* zu beantworten ist, soll dokumentiert und näher präzisiert werden.

Literatursuche: Basierend auf der in der Problemformulierung spezifizierten Fragestellung des *Review*, soll geeignete Literatur identifiziert werden.

Literaturauswertung: Die identifizierte Literatur im Hinblick auf ihre Relevanz zu überprüfen. Weiterhin soll diese systematisiert werden.

Analyse und Interpretation: Die Ergebnisse der Literaturauswertung soll vor dem Hintergrund der aufgeworfenen Problemformulierung untersucht und bewertet werden.

Präsentation: Im letzten Schritt sind die Untersuchungsergebnisse aufzubereiten und der Öffentlichkeit zu präsentieren.

Im Ergebnis der Literaturanalyse konnte die Definition des spezifischen Forschungsproblems und Begründung des Werts und Bedarf einer Lösung des Problems identifiziert und motiviert werden. Es wurde darüber hinaus deutlich, dass zwar verwandte Arbeiten in dem Themengebiet dieser Arbeit existieren, jedoch in einigen signifikanten Merkmalen von der hier vorgestellten Lösung abweichen. Durch Schlussfolgerungen (Inferenz) konnte das Ziel einer Lösung des identifizierten Problems ermittelt werden.

A2: Ziel einer Lösung

Aufgrund der in der ersten Forschungsaktivität erarbeiteten Problemidentifikation und -motivation wurde auf das zu verfolgende Ziel dieser Arbeit geschlossen. In einer frühen Phase der Forschung wurde lediglich das Ziel einer technischen und konzeptionellen

[27] In der Literatur wird häufig auch der Begriff des *Review* genutzt. Im nachfolgenden werden beide Begriffe synonym behandelt.

[28] Ein *Review* wird von FETTKE (2006, S. 258) wie folgt beschreiben: „Ein *Review* untersucht aus der Perspektive einer bestimmten Fragestellung die zu einem Themengebiet relevanten Arbeiten und vorliegende Erkenntnisse".

[29] Vgl. auch FETTKE (2006, S. 260).

Ausarbeitung und Evaluation eines Konzept zur semantischen Analyse von Prozessinformationen verfolgt. Im Laufe der Forschung wurde, aufgrund der Ergebnisse aus den weiteren Forschungsaktivitäten, die Zielsetzung auf die in Abschnitt 1.2 beschriebenen Form angepasst und verfeinert. So wurde zum Beispiel die Evaluation auf ökonomische Aspekte hin erweitert.

A3: Design und Entwicklung

Das Design und die Entwicklung des Konzepts basierte im ersten Schritt ausschließlich auf der in der Aktivität **A1: Problemidentifikation und -motivation** durchgeführten Literaturanalyse und festgelegten Zielsetzung. Anhand der im Laufe der Forschung erzielten Forschungsergebnisse wurde das Konzept in einem zyklischen Prozess (siehe Abbildung 1.2) angepasst und weiterentwickelt. Die Ausrichtung dieser Forschungsaktivität erfolgte dabei immer anhand der in der Aktivität **A2: Ziel einer Lösung** festgelegten ggf. auch überarbeiteten Zielsetzung. Das Ergebnis dieser Aktivität war jeweils ein detaillierteres Artefakt sowie Lösungswissen, dass im weiteren Forschungsprozess genutzt wurde.

A4: Demonstration

Anhand dieser Aktivität erfolgte die Demonstration der Wirksamkeit des Artefaktes zur Lösung des Problems. Die Demonstration erfolgte dabei anhand eines Prototypen, der jedoch nicht als wesentliches Forschungsergebnis dieser Arbeit gesehen wird.[30] Jedoch wurde dieser Prototyp intensiv zur Evaluation des Konzepts genutzt und diente zur Erkenntnisgewinnung.

A5: Evaluation

Die Evaluation des Konzepts erfolgt anhand einer technischen, konzeptionellen und ökonomischen Evaluation. Hierbei erfolgt eine Überprüfung und Messung des in **A3: Design und Entwicklung** erzeugten Artefaktes (Konzepts) anhand des in **A4: Demonstration** entwickelten Prototyps auf Zielerreichung. Durch Rücksprünge auf die Aktivitäten **A2: Ziel einer Lösung** und **A3: Design und Entwicklung** konnten die Ergebnisse der Evaluation zur weiteren Verbesserung des Konzepts genutzt werden.

Die technische Evaluation erfolgte anhand einer analytischen Prüfung, einer Prüfung der Implementierung des Ansatzes, einer Validierung der Ergebnisse sowie einer operationellen Prüfung der Ergebnisse. Die konzeptionelle Evaluation wurde die Forschungs-

[30] Vgl. Frank (2006, S. 33 ff.).

methode der Fallstudie anhand eines Experiments angewandt. Zur Wirtschaftlichkeitsanalyse und -beurteilung wurde die ökonomische Evaluation anhand eines *Business Case* durchgeführt.[31]

A6: Kommunikation

In einer sehr frühen Phase des Forschungsprozess ist die Grundidee des Konzepts Studierenden der Wirtschaftsinformatik (6. bis 8. Semester) an der Universität Osnabrück in mehreren am Fachgebiet Unternehmensrechnung und Wirtschaftsinformatik angebotenen Seminaren vorgestellt worden. Das Konzept ist daraufhin mit den Studenten analysiert und diskutiert worden. Die Ergebnisse dieser Diskussionen sind in die weitere Erarbeitung der Aktivitäten **A2: Ziel einer Lösung** und **A3: Design und Entwicklung** eingeflossen.

Im Laufe der Forschung ist jeweils zur technischen, konzeptionellen und ökonomischen Evaluation eine wissenschaftliche Publikation erstellt worden. Die ersten Ergebnisse der technischen Evaluation wurden auf der Konferenz MoBIS (siehe KLUTH *et al.* (2008)) vorgestellt. Durch einen regen Austausch und ein konstruktives Feedback der Konferenzteilnehmer, konnten weitere Erkenntnisse in den Forschungsprozess zurückfließen, die maßgeblich die weitere Gestaltung des Konzepts beeinflusst haben. Die konzeptionelle Evaluation ist nach vollständiger Überarbeitung des Konzepts auf der Konferenz ICIS (siehe TEUTEBERG *et al.* (2009)) präsentiert worden. Auch hierdurch konnten neue Erkenntnisse gewonnen werden, jedoch führten diese nicht zu einer vollständigen Überarbeitung des Konzepts. Die letzte wissenschaftlichen Publikation (TEUTEBERG *et al.* (2012)), die zusätzlich den Bereich der ökonomischen Evaluation abdeckt, ist im Herbst 2011 in der Zeitschrift *Benchmarking: An International Journal (BIJ)*[32] eingereicht und zur Veröffentlichung angenommen worden. Die Veröffentlichung adressiert auch das Anwendungsgebiet des Prozessbenchmarking.

1.5 Aufbau der Arbeit

Der Aufbau der Arbeit ist in Abbildung 1.3 illustriert und gliedert sich nach der Einleitung in Kapitel 1 in drei Teilbereiche.

Der erste Teil der Arbeit beschäftigt sich mit den begrifflichen und konzeptionellen Grundlagen. In Kapitel 2 wird zunächst der Begriff des Informationsmodells näher betrachtet und definiert. Hierbei werden zunächst das dieser Arbeit zugrunde liegende Modellverständnis beschrieben und eine Klassifikation von Informationsmodellen erarbeitet.

[31] Eine detaillierte Einführung in den Bereich des IT *Business Case* liefert BRUGGER (2009).
[32] Siehe `http://www.emeraldinsight.com/products/journals/journals.htm?id=bij`.

Den Abschluss dieses Kapitels bildet die Einordnung und Beschreibung von Prozessmodellen. In Kapitel 3 erfolgt die Beschreibung semantischer Modelle bzw. Ontologien. Hierzu werden zusätzlich formale Sprachen mittels Beschreibungslogik beschrieben. Den Abschluss dieses Grundlagenteils bilden Kennzahlen und Metriken in Kapitel 4. Nach ihrer Klassifikation, werden im letzten Abschnitt dieses Kapitels die Konstruktion von Metriken beschrieben.

Der zweite Teil der Arbeit fasst die Forschungsergebnisse aus den einzelnen Forschungsaktivitäten durch die Darstellung des Konzepts und der Evaluation des Konzepts zusammen. Die einzelnen Unterkapitel dieses Teils haben somit auch einen direkten Bezug zum Forschungsprozess sowie dessen Aktivitäten und Ergebnisse (siehe Abbildung 1.3). Die Problemidentifikation- und motivation sowie die Beschreibung der Anforderungen und Ziele des Konzepts erfolgt in Kapitel 5. Weiterhin wird in diesem Kapitel der Stand der Forschung sowie verwandte Arbeiten aufgearbeitet. Im darauf folgenden Kapitel 6 erfolgt die Beschreibung des Konzepts sowie Möglichkeiten der Analyse von Prozesen. Es werden weiterhin die Ergebnisse des Design und der Entwicklung des Artefaktes dargestellt. In Kapitel 7 erfolgt eine technische, konzeptionelle und ökonomische Evaluation des Konzepts. Die Ergebnisse der Evaluation wurden durch die Forschungsaktivitäten Demonstration und Evaluation des Forschungsprozesses erzielt.

Schließlich erfolgt im letzten Teil in Kapitel 8 eine Schlussbetrachtung, in der die Ergebnisse zusammengefasst und ein Fazit gezogen wird. Weiterhin wird ein Ausblick auf die zukünftige Forschung dargestellt.

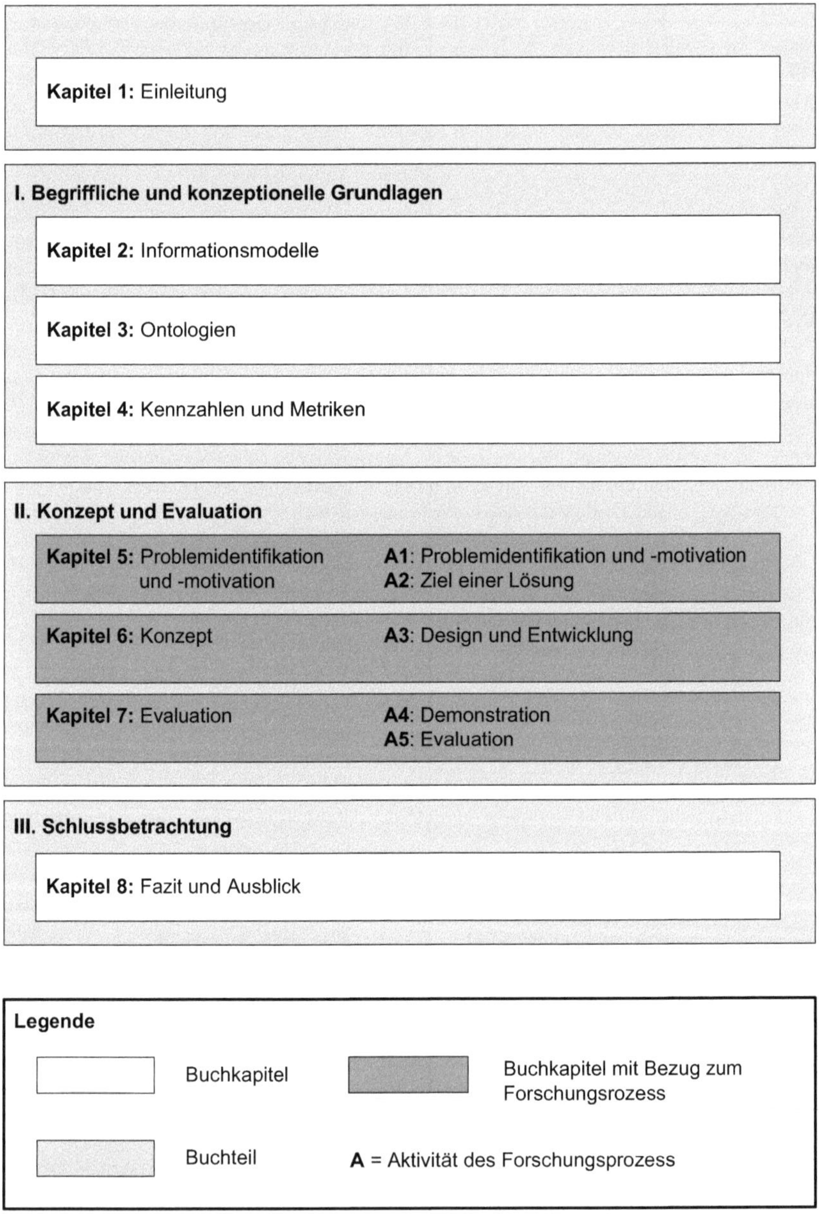

Abbildung 1.3: Struktur der Arbeit

Teil I

Begriffliche und konzeptionelle Grundlagen

Kapitel 2

Modelle

2.1 Modellverständnis, Begriffsdefinition und Überblick

In der Literatur wird der Begriff des Modells uneinheitlich definiert.[33] Allgemein können laut WINTER (2000, S. 103) Modelle „... als Darstellungen von Zusammenhängen einer Diskurswelt aufgefasst werden, die wesentliche Bestandteile in den Vordergrund stellen und von unwesentlichen Bestandteilen abstrahieren.“ Modelle dienen als Hilfsmittel zur Darstellung und Interpretation vielfältiger Zusammenhänge in den unterschiedlichsten Bereichen und Disziplinen. STACHOWIAK (1973, S. 131 ff.) hebt drei wesentliche konstituierende Merkmale von Modellen hervor:

Abbildungsmerkmal: Modelle bilden stets etwas ab. Sie referenzieren somit ein Original, zu dem sie in einer Abbildungsrelation stehen.

Verkürzungsmerkmal: Modelle nehmen gegenüber dem Original eine Verkürzung (Abstraktion) vor, so dass sie nur Teile von diesem darstellen.

Pragmatisches Merkmal: Welches Original in welchen Teilen abzubilden ist, wird pragmatisch beantwortet. Unter pragmatisch wird die Ausrichtung der Auswahl von zu einer Zeit wahrgenommenen Zwecken eines Subjekts beschrieben. Die Teilaspekte des pragmatischen Merkmals sind Zeitlichkeit, Intentionalität und Subjektivität.

Aufbauend auf diesem allgemeinen Modellverständnis erfolgt in der Wirtschaftsinformatik (engl. *Information Systems*) eine weiterführende und detaillierte Auseinandersetzung mit Modellen und dessen Verständnis.[34] Hervorzuheben sind hierbei das abbildungsorientierte und konstruktionsorientierte Modellverständnis. Das konstruktionsorientierte

---

[33] Vgl. SCHÜTTE (1998, S. 45 ff.).

[34] Vgl. SCHÜTTE (1998, S. 40 ff.), THOMAS (2005, S. 8 ff.).

Modellverständnis gewinnt laut THOMAS (2005, S. 25) im Bereich der Wirtschaftsinformatik zunehmend an Bedeutung. Im Gegensatz zum abbildungsorientierten wird beim konstruktionsorientierten Modellverständnis nicht davon ausgegangen, dass Wirklichkeit objektiv existent und erfahrbar ist. Ein Modellierungsergebnis ist geprägt von aktiven Konstruktionsvorgängen konkreter Subjekte (Modellierer, Modellnutzer) auf Basis interner mentaler Modelle, die durch Einsatz einer Modellierungssprache expliziert werden. Infolgedessen kann ein Modell kein objektives Abbild eines Realweltausschnitts sein.[35] Durch die Betonung der Rolle des Subjekts auf des Ergebnis der Modellierung, folgt diese Arbeit dem konstruktionsorientierten Modellverständnis und unter einem Modell wird, THOMAS (2005, S. 25) folgend, eine „...durch einen Konstruktionsprozess gestaltete, zweckrelevante Repräsentation eines Objekts“ verstanden.

Die Nutzung von spezifischeren Informationsmodellen hat sich seit vielen Jahren als ein Ansatz zur Unterstützung des systematischen Vorgehens zur Gestaltung, Analyse und Verbesserung von Informationssystemen[36] in der Wirtschaftsinformatik durchgesetzt.[37] Hierbei werden ihnen als zentrales Mittel zur Komplexitätsbewältigung für diverse Anwendungsgebiete eine besondere Bedeutung zugesprochen.[38]

Trotz ihrer zentralen Bedeutung in der Wirtschaftsinformatik ist der Begriff des Informationsmodells nicht einheitlich und abschließend definiert.[39] Der Begriff des Informationsmodells wird je nach Kontext unterschiedlich ausgelegt, wodurch in der Literatur oftmals auf eine Definition verzichtet wird.[40] PICOT UND MAIER (1993) definieren Informationsmodelle wie folgt: „Informationsmodelle bilden die informationsbezogenen Aspekte des betrieblichen Geschehens ab. Sie stellen eine strukturierte Beschreibung von Informationen und Informationsbeziehungen dar. (...) Sie dienen der formalen Beschreibung betriebswirtschaftlicher Informationssysteme auf konzeptioneller Ebene.“ Diese Definition stellt die formale Beschreibung betriebswirtschaftlicher Informationssysteme in den Vordergrund. Dem gegenüber wird im Folgenden ein dem *Design Science* zugeordnetes Informationsmodellverständnis genutzt.[41] „Unter einem Informationsmodell wird das Ergebnis einer Konstruktion eines Modellierers verstanden, der für Anwendungssystem- und Organisationsgestalter Informationen über das zu modellierende Element eines Informationssystems zu einer Zeit mit Hilfe einer Sprache als relevant deklariert.“[42] Diese Definition stellt die Gestaltung und Interpretation von Informationen in Bezug auf die

[35] Vgl. auch THOMAS (2005, S. 5 ff.).

[36] HEINRICH (2001, S. 15) definiert ein Informationssystem als „Mensch/Aufgabe/Technik-Systeme“. Ein Informationssystem besteht laut HANSEN UND NEUMANN (2001, S. 132) „...aus Menschen und Maschinen, die Informationen erzeugen und/oder benutzen und die durch Kommunikationsbeziehungen miteinander verbunden sind“.

[37] Vgl. MYLOPOULOS (1998) und SCHEER (2002).

[38] Vgl. THOMAS (2005, S. 3).

[39] Vgl. THOMAS (2006b, S. 66 ff.)

[40] Vgl. THOMAS (2006b, S. 66).

[41] Zur Wissenschaftstheoretischen Einordnung dieser Arbeit siehe Abschnitt 1.3.

[42] Vgl. AHLEMANN (2006, S. 54). Diese Definition basiert auf der Definition von SCHÜTTE (1998, S. 63). Im Gegensatz zur Definition von SCHÜTTE (1998) wird hier explizit vom Informationssystem als „Modellgegenstand“ gesprochen; SCHÜTTE (1998) spricht von „System“.

Organisation in den Mittelpunkt und folgt so dem konstruktionsorientierten Modellverständnis.

Im nächsten Abschnitt 2.2 erfolgt, zur Veranschaulichung des für die Modellierung wichtigen Zusammenhangs zwischen Symbolen, Begriffen und Referenten, eine Beschreibung des semiotischen Dreiecks. Die Sicherstellung der Qualität von Informationsmodellen wird in Abschnitt 2.3 erläutert. Im darauf folgenden Abschnitt 2.4 erfolgt eine Beschreibung von Metamodellen sowie deren Anwendungsgebiete und in Abschnitt 2.5 eine Beschreibung von Referenzmodellen. Aufbauend auf diesen Erkenntnissen sowie des oben beschriebenen Modellverständnisses werden in Abschnitt 2.6 Informationsmodelle klassifiziert. Das Kapitel schließt in Abschnitt 2.7 mit einer Beschreibung von Prozessmodellen, als eine Spezialisierung von Informationsmodellen, sowie deren Modellierung.

2.2 Semiotisches Dreieck

Das semiotische Dreieck (siehe Abbildung 2.1) geht zurück auf OGDEN UND RICHARDS (1923) und illustriert die Interaktion zwischen Symbolen (Worte, Bezeichnungen, Benennungen), Begriffen und Referenten (realen Dingen in der Welt, Objekte).[43] Es sagt aus, dass ein Symbol nicht eindeutig für einen Referenten steht, sondern dieser Bezug nur mittelbar durch die Erweckung eines Begriffs (Subjektivierung) erfolgt, der sich auf den Referenten bezieht.

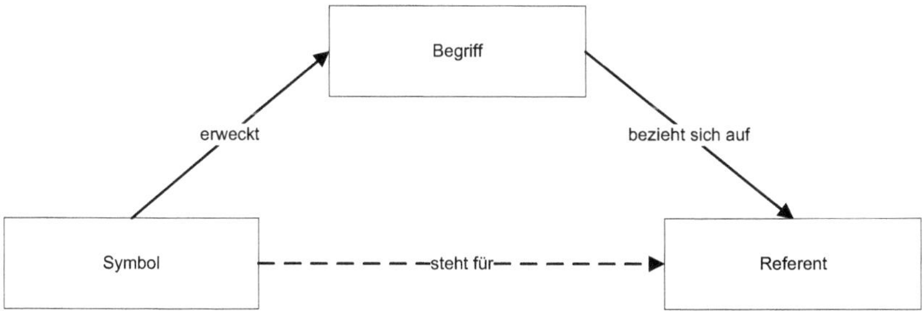

Abbildung 2.1: Semiotisches Dreieck
Quelle: OGDEN UND RICHARDS (1923)

Durch die Übertragung der Idee des semiotischen Dreiecks auf die Modellierung kann das konstruktionsorientierte Modellverständnis weiter begründet werden. Die Modellierung oder Konstruktion eines Modells erfolgt in einem ersten Schritt anhand von Überlegungen des Subjekts (Modellierer, Modellnutzer) in Bezug auf das zu modellierende Objekt (Referent). Hierdurch gelangt das Subjekt zu Begriffen, die Bestandteil seines

43 Vgl. MÄDCHE *et al.* (2001, S. 393).

internen mentalen Modells sind. In einem zweiten Schritt wird dieses Modell mittels einer Modellierungssprache (Symbolen) expliziert.[44] Infolgedessen kann ein Modell kein objektives Abbild eines Realweltausschnitts sein.

2.3 Qualität von Informationsmodellen

Zur Sicherstellung der Qualität von Informationsmodellen, die über die reine syntaktische Korrektheit hinausgehen, wurden die Grundsätze ordnungsgemäßer Modellierung (GoM) von Becker *et al.* (1995) vorgestellt.[45] Die Grundsätze ordnungsgemäßer Modellierung bestehen dabei aus folgenden Anforderungen, welche von Becker (1998, S. 4 ff.) als die wesentlichen Qualitätskriterien im Rahmen der Informationsmodellierung angesehen werden:[46]

Grundsatz der Richtigkeit: Dieser Grundsatz kann in eine semantische und syntaktische Richtigkeit unterteilt werden. Ein Modell ist semantisch richtig, wenn es den zu repräsentierenden Realweltausschnitt korrekt wiedergibt. Dies ist jedoch grundsätzlich nicht beweisbar, sondern ergibt sich aus dem Konsens der Fach- und Methodenexperten, die ein Modell als zutreffend erachten. Jedoch kann die syntaktische Richtigkeit, also das einhalten einer gewählten Notation, bewiesen und gemessen werden.

Grundsatz der Relevanz: Hierdurch soll sichergestellt werden, dass lediglich die Sachverhalte modelliert werden, die für den zu Grunde liegenden Modellierungszweck relevant sind.

Grundsatz der Wirtschaftlichkeit: Die Modellierung muss in einem angemessenen Kosten-Nutzen-Verhältnis stehen. Die wirtschaftliche Modellerstellung kann zum Beispiel durch die Nutzung von Referenzmodellen gefördert werden.

Grundsatz der Klarheit: Durch diesen Grundsatz soll sichergestellt werden, dass ein Modell lesbar und verständlich ist. Es sollen lediglich Modellierungstechniken ausgewählt werden, die den Modellierer bestmöglich unterstützen, jedoch im Ergebnis Modelle klar und verständlich darstellen.

Grundsatz der Vergleichbarkeit: Diese Anforderung zielt darauf ab, dass Modelle, die mit unterschiedlichen Modellierungsverfahren und -sprachen erstellt worden sind und nebeneinander existieren, vergleichbar sind. Besondere Bedeutung kommt aus betriebswirtschaftlicher Sicht dabei dem Vergleich von Ist- und Referenzmodellen zu.

[44] Vgl. Thomas und Fellmann (2006, S. 9).

[45] Einen Überblick bzgl. der Grundsätze ordnungsgemäßer Modellierung liefert Rosemann (1998).

[46] Vgl. auch Becker und Schütte (2004, S. 120 ff.).

Grundsatz des systematischen Aufbaus: Hierdurch soll sichergestellt werden, dass bei den unterschiedlichen Sichten auf einen Realitätsausschnitt, die resultierenden Modelle konsistent zueinander sind. Dies kann ggf. durch ein Metamodell gefördert werden, das den Zusammenhang zwischen den unterschiedlichen Sprachkonstrukten herstellt.

Die Grundsätze ordnungsgemäßer Modellierung sind in der Literatur nicht ohne Kritik. Die Kritik bezieht sich unter anderem auf die subjektive und situationsspezifische Bestimmung der Anforderungen an die Modelle. Weiterhin wird angeführt, dass die Bestimmung der durch die GoM ermittelte Qualität von Informationsmodellen nicht mit der Anwendung eines Modells in der Praxis übereinstimmt.[47] Trotz dieser Kritik werden durch die GoM Anforderungen an ein Modell herausgestellt, die der Forschungsidee dieser Arbeit zugrunde liegen und die Eigenschaften Allgemeingültigkeit, Korrektheit, Vollständigkeit, Anwendbarkeit und Erweiterbarkeit an ein Modell stellen.

2.4 Metamodelle

Die Wirtschaftsinformatik beschäftigt sich in vielen Bereichen, wie oben beschrieben, intensiv mit der Modellbildung. Werden Modelle und Modellbildung selbst zum Gegenstand der Modellierung, so spricht man von Metamodellen (siehe Merkmal Abstraktion in Abschnitt 2.6). Der sprachbasierten Metamodellierungsauffassung folgend, gilt ein Modell als Metamodell bezüglich eines anderen Modells, wenn es ein Beschreibungsmodell der Sprache, in der dieses Modell formuliert ist, darstellt.[48]

Durch diesen sprachbasierten Metamodellbegriff unterscheiden sich Metamodelle anhand der abgebildeten Eigenschaften der Modellierungssprache, meist die Syntax der Modellierungssprache, sowie der gewählten Sprache des Metamodells selber. Das Prinzip der Metamodellierung lässt sich über mehrere Modellierungsebenen hinweg fortsetzen, wobei für alle Ebenen die selbe Modellierungssprache als Objektsprache, Metasprache oder Meta-Metasprache genutzt werden kann. Die Unterscheidung zwischen Meta- und Objektsprache dient hierbei der Bildung von Bezugsebenen und nicht der Klassifizierung. Dieser Zusammenhang ist in Abbildung 2.2 dargestellt. Auf der Ebene 0 wird durch das Modell M in der Objektsprache S der zu betrachtende Realweltausschnitt[49] beschrieben. Der Gegenstand des Metamodell MM auf der Ebene 1 ist hingegen das Objektmodell S und es ist ein mittelbares Modell des Modell M. Im Metamodell MM werden somit das Modelle M sowie die Modellbildung selbst zum Gegenstand der Modellierung.[50] Erfolgt eine weitere Abstraktion der Metamodelle auf einer höheren Ebene, so spricht man von Meta^n-Metamodellen.

47 Vgl. hierzu KOBLER (2010, S. 133 f.).
48 Vgl. STRAHRINGER (1998, S. 2 f.).
49 STRAHRINGER (1998, S. 3) spricht von einer Miniwelt.
50 Vgl. STRAHRINGER (1998, S. 3).

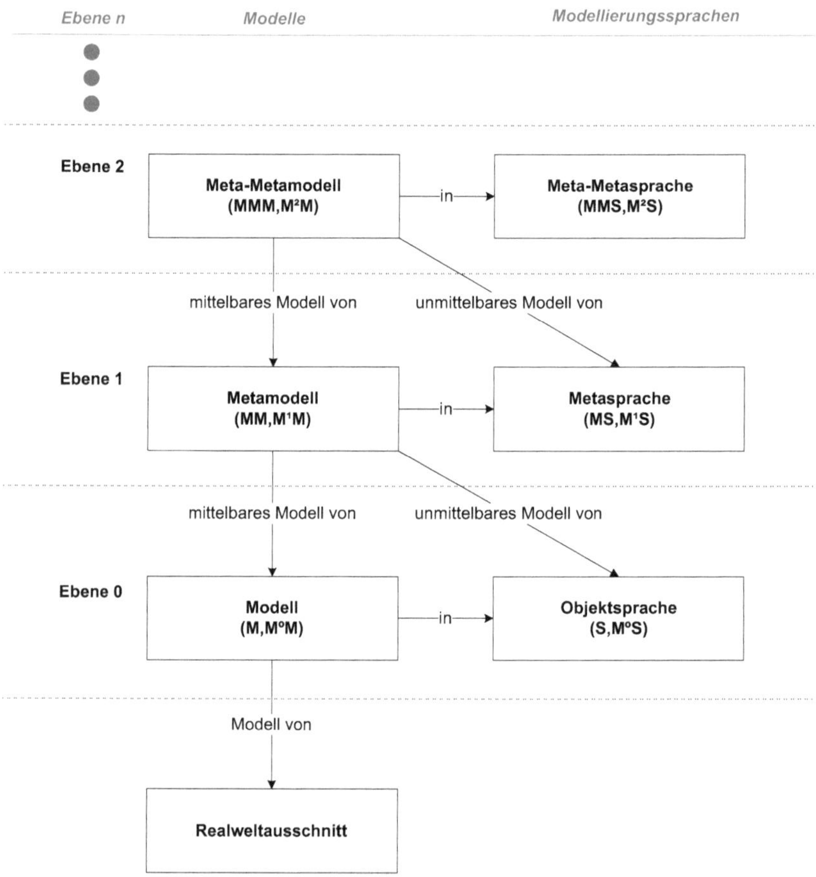

Abbildung 2.2: Sprachbasierter Metamodellbegriff
Quelle: Vgl. STRAHRINGER (1998, S. 3)

Als traditionelles Bewertungskriterium von Modellen wird von SCHÜTTE (1998, S. 126) die Richtigkeit des Modells gegenüber des Metamodells beschrieben. Die Richtigkeit eines Modells ergibt sich hierbei aus der fehlerfreien Anwendung einer Modellierungssprache. Richtig ist ein Modell genau dann, wenn es vollständig und konsistent zum Metamodell ist. Von Vollständigkeit wird gesprochen, wenn die vom Metamodell geforderten Informationsobjekttypen und Beziehungen im Modell vollständig enthalten sind. Konsistent ist ein Modell, wenn seine Informationsobjekte vollständig im Metamodell spezifiziert sind.[51]

2.5 Referenzmodelle

Eine ausgewiesene Form von Modellen bilden Referenzmodelle. Der Begriff „Referenz" leitet sich vom lateinischen „refero" (auf etwas zurückführen, beziehen auf, nach etwas beurteilen) ab. Es wird durch den Zusatz „Referenz" herausgestellt, dass die Modelle als Bezug oder Empfehlung angesehen werden können. Während spezifische Modelle unternehmensindividuell sind, werden Referenzmodellen hingegen in der Literatur als wesentliche Merkmale Allgemeingültigkeit und Empfehlungscharakter zugeschrieben.[52]

THOMAS (2006a, S. 16) definiert ein Referenzmodell bzw. Referenz-Informationsmodell als „. . . ein Informationsmodell, das zur Unterstützung der Konstruktion von anderen Modellen genutzt wird." Diese Definition plädiert somit für einen nutzungsorientierten Referenzmodellbegriff. Jedes Modell bzw. Teilmodell, das zur Unterstützung der Konstruktion eines anderen Modells genutzt wird, kann in diesem Sinne als Referenzmodell angesehen werden. Dieses Verständnis eines Referenzmodells liegt auch der vorliegenden Arbeit zugrunde.[53] Der Nutzen von Referenzmodelle besteht primär in der Senkung von Zeit und Kosten für die Entwicklung spezifischer Informationsmodelle oder -teilmodelle sowie der Steigerung der Modellqualität.

Aufgrund der Allgemeingültigkeit und des Empfehlungscharakter von Referenzmodellen sowie deren Unterstützung bei der Konstruktion anderer Modelle, müssen Referenzmodelle hohen Anforderungen an deren Qualität genügen. Um dies zu gewährleisten, erfolgte in der Literatur eine Übertragung der Grundsätze ordnungsgemäßer Modellierung (GoM)[54] auf Referenzmodelle[55]. Es werden hierdurch die Anforderungen an ein Informationsmodell, wie Richtigkeit, Relevanz, Wirtschaftlichkeit, Klarheit, Vergleichbarkeit sowie die Anforderung eines systematischen Aufbaus, auf Referenzmodelle übertragen.[56]

[51] Vgl. KARAGIANNIS UND HÖFFERER (2006).

[52] Vgl. SCHÜTTE (1998, S. 69), VOM BROCKE (2003, S. 31 ff.), THOMAS (2006a, S. 12 ff.).

[53] FETTKE UND LOOS (2004a, S. 332 f.) liefern eine Systematisierung möglicher Deutungen des Begriffs des Referenzmodells. Eine Übersicht ausgewählte Definitionen des Referenzmodellbegriffs findet sich in THOMAS (2006a, S. 21 ff.).

[54] Siehe Abschnitt 2.3.

[55] Vgl. unter anderem ROSEMANN UND SCHÜTTE (1997) und SCHÜTTE (1998).

[56] Vgl. WINTER (2000, S. 107 ff.).

Anforderungen an allgemeine Modelle sind noch um solche zu ergänzen, die den Referenzcharakter einer Modellierung unterstreichen. Nicht alle Qualitätsanforderungen, die an allgemeine Modellierungen gestellt werden, sind direkt auf Referenzmodelle übertragbar. Einige Anforderungen können durchaus im Konflikt zu Anforderungen an Referenzmodelle stehen.

Unter einem Referenz-Metamodell wird ein spezielles Metamodell verstanden, das über die Eigenschaften der Allgemeingültigkeit und des Empfehlungscharakters im Hinblick auf eine Vielzahl von Metamodellen verfügt.[57] Dabei soll das Referenz-Metamodell primär zum Zweck der Überwindung syntaktischer Inhomogenitäten genutzt werden und nicht, wie für Modelle mit Referenzcharakter üblich, um spezifische Metamodelle abzuleiten. Hierzu sollte ein Referenz-Metamodell nicht mit einem Meta-Metamodell verwechselt werden. Während ein Meta-Metamodell die semantische Abstraktion von Metamodellen vollzieht, abstrahiert ein Referenz-Metamodell bezüglich der Syntax betrachteter Metamodelle.[58] Der zentrale Betrachtungsgegenstand dieser Arbeit ist allerdings der Sprachumfang von Prozessmodellierungssprachen und somit der in Metamodellen abgebildete Inhalt. Da eben dieser durch den Abstraktionsprozess fokussiert und nicht ausgeblendet werden sollte, kann folglich nur ein Referenz-Metamodell zielführend verwendet werden.

Metamodelle, denen die Eigenschaften Allgemeingültigkeit, Korrektheit, Vollständigkeit, Anwendbarkeit und Erweiterbarkeit von Referenzmodellen zugesprochen werden, werden als Referenz-Metamodelle bezeichnet.[59] Solche Referenz-Metamodelle beschreiben die charakteristischen Konzepte sowie deren Repräsentation und Verwendung für Modellierungssysteme. Ein Referenz-Metamodell kann somit als ein Metamodell beschrieben werden, das Allgemeingültigkeit und Empfehlungscharakter im Hinblick auf eine Vielzahl von Metamodellen hat.

2.6 Klassifikation von Informationsmodellen

Eine Klassifikation von Informationsmodellen kann anhand einer Vielzahl von Merkmalen und deren Ausprägungen erfolgen.[60] Eine Klassifikation von in dieser Arbeit als relevant deklarierten Merkmalen ist in Abbildung 2.1 dargestellt und wird im Weiteren erläutert.[61]

57 Vgl. ROSEMANN (1996a, S. 37)

58 Vgl. SCHÜTTE (1998, S. 74 ff.).

59 Vgl. ÖSTERLE UND GUTZWILLER (1992) und ROSEMANN UND ZUR MÜHLEN (1996).

60 Vgl. ROSEMANN (1996a, S. 22 ff.), SCHÜTTE (1998, S. 63 ff.), FETTKE UND LOOS (2002). Einzelne für diese Arbeit wichtige Merkmalsausprägungen werden in den nächsten Abschnitten näher erläutert.

61 Die Abbildung wurde in Anlehnung an die ERM-Darstellung von SCHÜTTE (1998, S. 64) entwickelt. Die Abbildung enthält im Original von AHLEMANN (2006, S. 55) noch weitere Merkmale, die jedoch für die weiteren Ausführungen nicht relevant sind und somit nicht angeführt werden. Weiterhin wurde diese Abbildung um das Merkmal der Formalität erweitert.

<table>
<tr><th>Merkmal</th><th colspan="6">Merkmalsausprägung</th></tr>
<tr><td rowspan="2">Sicht auf das Original</td><td colspan="3">Struktur-Informationsmodell</td><td colspan="3">Verhaltens-Informationsmodell</td></tr>
<tr><td>Organisations-sicht</td><td colspan="2">Daten-sicht</td><td colspan="2">Prozess-sicht</td><td>Funktions-sicht</td></tr>
<tr><td>Inhaltliche Breite</td><td colspan="3">Anwendungs-Informationsmodell</td><td colspan="3">Referenz-Informationsmodell</td></tr>
<tr><td>Bezugssystem</td><td colspan="3">Anwendungssystem</td><td colspan="3">Organisationssystem</td></tr>
<tr><td>Abstraktionsgrad</td><td colspan="2">Objektmodell</td><td colspan="2">Metamodell</td><td colspan="2">Meta^n-Modell</td></tr>
<tr><td>Formalität</td><td colspan="2">Formal</td><td colspan="2">Semi-formal</td><td colspan="2">Nicht-formal</td></tr>
</table>

Tabelle 2.1: Klassifikation von Informationsmodellen
Quelle: In Anlehnung an die ERM-Darstellung von SCHÜTTE (1998, S. 64) und AHLEMANN (2006, S. 55)

Das Merkmal **Sicht auf das Original** unterteilt Informationsmodelle in zwei verschiedene Sichten. In der Struktursicht wird untersucht welche Informationsstrukturen vorliegen, wohingegen in der Verhaltenssicht die Erzeugung, die Verarbeitung und die Nutzung von Informationen Gegenstand der Betrachtung sind. Beide Sichten münden in der Unterscheidung von Daten- und Prozessmodellen, wobei Datenmodelle die statischen, strukturellen Sachverhalte abbilden und Prozessmodelle dynamische, ablauforganisatorische Systemaspekte reflektieren.[62] Das ARIS-Konzept von SCHEER (2001) sieht weiterhin eine genauere Unterteilung von vier Sichten auf ein Informationssystem vor. Die Organisations- und Datensicht werden dabei der Struktursicht zugeordnet, wohingegen die Prozess- und Funktionssicht der Verhaltenssicht zugeordnet werden.

Bezogen auf das Merkmal **Inhaltliche Breite** kann bei Informationsmodellen zwischen Anwendungs- und Referenz-Informationsmodell unterschieden werden.[63] Anwendungs-Informationsmodelle sind spezifische Modelle, die unternehmensindividuell erzeugt werden. Hingegen haben Referenz-Informationsmodelle eine Allgemeingültigkeit und einen Empfehlungscharakter.[64] Wie oben erwähnt, bezeichnet THOMAS (2006a, S. 16) ein Referenz-Informationsmodell als „... ein Informationsmodell, das zur Unterstützung der Konstruktion von anderen Modellen genutzt wird." Man verspricht sich aus der Referenzmodellierung und deren Nutzung eine Ersparnis bezüglich Kosten und Zeit, die zur Erstellung eines Informationsmodells von Nöten sind, sowie eine Steigerung der Qualität.

Durch die Einsatzfelder von Informationsmodellen ergibt sich eine weitere Unterscheidung, die durch das Merkmal **Bezugssystem** dargestellt ist. Informationsmodelle können zur Organisationsgestaltung herangezogen werden, so dass sie sich auf das Organisationssystem beziehen, oder sie thematisieren Anwendungssysteme sowie deren Gestaltung.

Anhand des Merkmal **Abstraktionsgrad** kann man bei Informationsmodellen zwischen Objektmodellen, Metamodellen und Meta-Metamodellen bzw. Meta^n-Modellen unterscheiden.[65] Die jeweilige Merkmalsausprägung bedingt sich aus der gewählten Modellierungssprache und ihrer Aussagekraft. Unterschieden werden in diesem Zusammenhang die Objekt- und die Metasprache, wobei die Metasprache Bezug auf die Objektsprache nimmt.[66] Überträgt man dies auf Modelle, so bedeutet dies, dass der Gegenstand von Metamodellen Objektmodelle sind. Werden also Modelle und Modellbildung selbst

62 Vgl. ROSEMANN (1996a, S. 27).

63 FETTKE UND LOOS (2004a) sowie FETTKE UND LOOS (2004b) geben einen Überblick über existierende Referenzmodelle und dokumentieren den Stand der Forschung im Jahr 2004. Vgl. auch ROSEMANN (1996a), SCHÜTTE (1998).

64 Vgl. THOMAS (2006a) und VOM BROCKE (2003).

65 Siehe Abschnitt 2.4.

66 STRAHRINGER (1998, S. 1) schreibt hierzu: „Diejenige Sprache, die Gegenstand der Untersuchung ist, wird als Objektsprache bezeichnet, diejenige, in der die Untersuchung erfolgt, als Metasprache. Eine Sprache kann in diesem Sinne immer nur in Bezug auf eine andere, nämlich die Objektsprache, Metasprache sein."

zum Gegenstand der Modellierung, so spricht man von Metamodellen.[67] Erfolgt eine weitere Abstraktion der Metamodelle, in dem diese wiederum Gegenstand einer Modellkonstruktion werden, so spricht man von Meta-Metamodellen. Weitere Abstraktionen können dann durch Meta^n-Modelle beschrieben werden.

Informationsmodelle können zusätzlich anhand des Merkmals der **Formalität** unterteilt werden.[68] Formale Informationsmodelle zeichnen sich durch eine präzise Syntax und Semantik der verwendeten Modellierungssprache aus. Aufgrund dieser Eigenschaften können formale Informationsmodelle automatisiert verarbeitet und interpretiert werden. Semi-formale Informationsmodelle sind in Bezug auf ihre Syntax weitgehend präzise, wohingegen die Semantik meist unpräzise ist. Sie sind leicht zu erlernen und weniger abstrakt als formale Informationsmodelle. Jedoch bieten sie einen höheren Interpretationsspielraum bei der Analyse und können daher nicht automatisiert verarbeitet werden. In der Praxis häufig genutzt werden nicht-formale Informationsmodelle. Hier ist der Modellierer frei in der Wahl der Syntax und der Semantik dieser. Zur Interpretation und Analyse dieser Modelle muss jeweils eine Interpretation und Auseinandersetzung mit der gewählten Syntax erfolgen.

Je nach Anspruch und Zweck des Informationsmodells, und somit der Merkmalsausprägungen des Informationsmodells, sind zur Modellierung verschiedene Modellierungssprachen entwickelt worden. Diese Modellierungssprachen sollen den speziellen Anforderungen des zu modellierenden Realitätsausschnittes gerecht werden und diesen möglichst genau abbilden können. Meist sind dies semi-formale Modellierungssprachen, da diese leichter zu erlernen sind und sich somit als Diskussionsgrundlage eignen.

2.7 Prozessmodelle und Prozessmodellierung

Der Anwendungsbereich von Prozessmodellen ist die Abbildung von Prozessen, also von ablauforganisatorischen Sachverhalten. BECKER *et al.* (2005, S. 6) definieren einen Prozess als „...die inhaltlich abgeschlossene, zeitliche und sachlogische Folge von Aktivitäten, die zur Bearbeitung eines prozessprägenden betriebswirtschaftlichen Objektes notwendig sind.“ Diese Definition eines allgemeinen Prozess muss von der Definition eines Geschäftsprozess unterschieden werden. FISCHER (2000, S. 313) definiert gemäß der Workflow Management Coalition (WfMC) Geschäftsprozesse als: „*A set of one or more linked procedures or activities which collectively realize a business objective or policy goal, normally within the context of an organizational structure defining functional roles and relationships.*“ Ein Geschäftsprozess ist somit ein spezieller Prozess, der der Erfüllung der obersten Ziele der Unternehmung dient und das zentrale Geschäftsfeld beschreibt. Wesentliche Merkmale eines Geschäftsprozesses sind die Schnittstellen des Prozesses zu den Marktpartnern des Unternehmens. Im Weiteren wird, in Anlehnung an die Definition von

67 Vgl. STRAHRINGER (1998, S. 3).

68 Vgl. FETTKE UND LOOS (2004b, S. 16).

FISCHER (2000, S. 313), unter einem Geschäftsprozess eine Folge von Einzeltätigkeiten verstanden, die zur Erreichung eines geschäftlichen oder betrieblichen Zieles beitragen sollen.[69]

<table>
<tr><th>Merkmal</th><th colspan="12">Merkmalsausprägung</th></tr>
<tr><td rowspan="2">Sicht auf das Original</td><td colspan="6">Struktur-Informationsmodell</td><td colspan="6">Verhaltens-Informationsmodell</td></tr>
<tr><td colspan="3">Organisationssicht</td><td colspan="3">Datensicht</td><td colspan="3">Prozesssicht</td><td colspan="3">Funktionssicht</td></tr>
<tr><td>Inhaltliche Breite</td><td colspan="6">Anwendungs-Informationsmodell</td><td colspan="6">Referenz-Informationsmodell</td></tr>
<tr><td>Bezugssystem</td><td colspan="6">Anwendungssystem</td><td colspan="6">Organisationssystem</td></tr>
<tr><td>Abstraktionsgrad</td><td colspan="4">Objektmodell</td><td colspan="4">Metamodell</td><td colspan="4">Meta^n-Modell</td></tr>
<tr><td>Formalität</td><td colspan="4">Formal</td><td colspan="4">Semi-formal</td><td colspan="4">Nicht-formal</td></tr>
</table>

Tabelle 2.2: Klassifizierung von Prozessmodellen

Bei der Prozessmodellierung stehen die, mit dem oben angeführten Prozessverständnis verbundenen, dynamischen Aspekte im Zentrum der Modellierung und werden mittels Knoten und Kanten graphisch dargestellt. Die Knoten, welche die eigentlichen Modellelemente, wie zum Beispiel Prozessschritte oder Ereignisse repräsentieren, werden durch gerichtete Kanten in den geforderten zeitlichen und sachlogischen Ablauf eingeordnet und führen so zu semi-formalen Prozessmodellen. Eine Betrachtung und Modellierung wirtschaftlicher Aspekte erfolgt meist im Rahmen der Prozessmodellierung nicht.

Eine Klassifizierung von Prozessmodellen, anhand der in Abschnitt 2.6 eingeführten Merkmale, ist in Abbildung 2.2 dargestellt. Der allgemeine Verwendungszweck ist neben der Dokumentation der Prozesse sowie der Nutzung dieser als Kommunikationsgrundlage, auch die Nutzung zur Analyse von momentan bestehenden Ist-Prozessen und Beschreibung von Prozessoptimierungen in Form von Soll-Prozessen.[70] Um den skizzierten Anforderungen an die Prozessmodelle bei der Modellierung gerecht zu werden, werden

[69] Da in dieser Arbeit eine ausschließlich betriebswirtschaftliche Sicht auf Prozesse eingenommen wird, werden im Weiteren die Begriffe Prozess und Geschäftsprozess synonym genutzt.

[70] Vgl. auch CURTIS *et al.* (1992, S. 77).

prozessbezogene Erweiterungen der GoM in Form von Grundsätzen ordnungsmäßiger Prozessmodellierung vorgeschlagen.[71]

Zur Prozessmodellierung können unterschiedliche formale oder semi-formale Modellierungssprachen verwendet werden, die zumeist auf einer grafischen Notation basieren. Populäre Beispiele und in der Praxis weit verbreitete Modellierungssprachen sind die Ereignisgesteuerte Prozesskette (EPK)[72] sowie die *Unified Modeling Language* (UML)[73] mit dem UML-Aktivitätsdiagramm.

Laut GADATSCH (2005, S. 70) lassen sich formale Methoden zur Modellierung von Geschäftsprozessen in skriptbasierte und graphische Methoden unterscheiden. Bei den skiptbasierten Methoden kommen Skriptsprachen zum Einsatz, die es erlauben, die Beschreibung von Prozessen mit einer an Programmiersprachen angelehnten formalen Notation durchzuführen. Ziel hierbei ist eine hohe Präzision der Modellspezifikation und somit einhergehend die eindeutige Interpretation und Ausführung der Prozessmodelle. Der Nachteil dieser Sprachen ist, dass die Anschaulichkeit dieser Modelle gering ist und somit eine Kommunikation darüber erschwert wird. Weiterhin muss zur Interpretation eine detaillierte Methodenkenntnis vorausgesetzt werden. Im Gegensatz dazu lassen sich semi-formale graphische Methoden mittels Diagrammsprachen leicht veranschaulichen. Jedoch ist bei diesen Methoden der Interpretationsspielraum höher. Die Diagrammsprachen lassen sich in datenfluss-, kontrollfluss- und objektorientierte Ansätze unterteilen (siehe Abbildung 2.3).[74]

Zu den primären Zielen der Geschäftsprozessmodellierung gehören laut ROSENKRANZ (2006, S. 16 f.) und STAUD (2006, S. 17 ff.) die folgende Auflistung, wobei insbesondere die ersten vier Punkte im Kontext dieser Arbeit betrachtet werden:[75]

1. Die Dokumentation der Geschäftsprozesse des Unternehmens.

2. Die Vorbereitung einer Geschäftsprozessverbesserung bzw. -restrukturierung, um bspw. im Rahmen einer Ist-Analyse von Geschäftsprozessen Kenntnis über die eigenen betrieblichen Abläufe zu erlangen, neue Organisationsstrukturen und Unternehmensabläufe einzuführen bzw. umzugestalten oder um bspw. einzelne Aufgaben bzw. Prozesse auszulagern (d.h. ein Outsourcing von Prozessen zu betreiben).

3. Die Festlegung von Prozesskennzahlen zum Benchmarking der Prozessleistung.

4. Ein internes und externes Benchmarking zwischen Unternehmensteilen, Geschäftspartnern und Konkurrenten.

[71] Vgl. ROSEMANN (1996a).
[72] Vgl. SCHEER (2001, S. 125).
[73] Die *Unified Modeling Language* wurde von RUMBAUGH *et al.* (1999) vorgeschlagen und wird unter der Leitung der *Object Management Group* (OMG) laufend überarbeitet.
[74] Vgl. GADATSCH (2005, S. 70 f.).
[75] Vgl. FUNK *et al.* (2010, S. 28 f.).

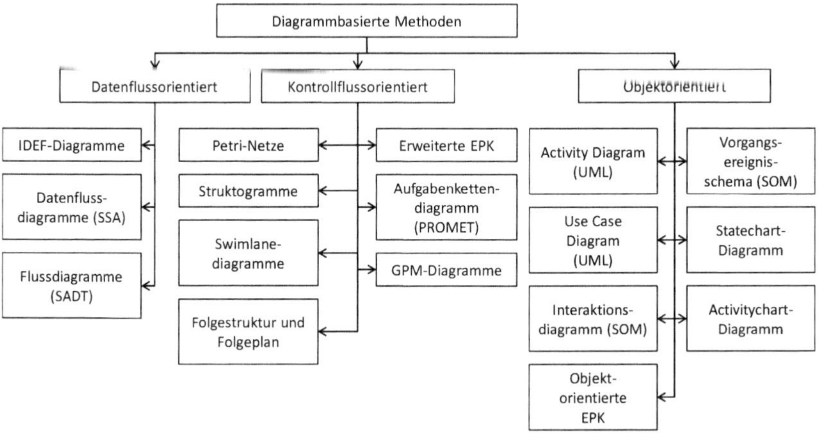

Abbildung 2.3: Klassifikation von Diagrammsprachen
Quelle: GADATSCH (2005, S. 71)

5. Die Vorbereitung der Automatisierung bzw. IT-Unterstützung (Workflows) der betrieblichen Abläufe.

6. Die Definition von Service Level Agreements wie bspw. bei Outsourcing-Aktivitäten.

7. Das Aufzeigen von *Best Practices* in Form von Referenzmodellen.

8. Das Compliance Management, d.h. das Abgleichen der Geschäftsprozesse mit den geltenden Regelungen des Unternehmens und regulatorischen Anforderungen des Gesetzgebers.

9. Das Erfüllen von Auflagen von Geschäftspartnern.

10. Das Erlangen von Zertifizierungen.

Kapitel 3

Ontologien

3.1 Semantische Modelle und Überblick

Der Begriff der Semantik[76] spielt in vielen Anwendungsbereichen der Wirtschaftsinformatik eine zunehmend wichtige Rolle. Insbesondere durch die Vision des *Semantic Web*, wie BERNERS-LEE *et al.* (2001) es beschrieben hat, wurde der Begriff populär. Durch das *Semantic Web* sollen mittels künstlicher Intelligenz die im *World Wide Web* (WWW) verfügbaren Information nicht nur für Menschen, sondern auch für Maschinen verständlich und auswertbar gemacht werden. Ein weiterer Anwendungsbereich in der der Begriff Semantik häufig genutzt wird, ist die Informationsintegration im Bereich der Datenbank- und Informationssysteme, in dem heterogene Informationsquellen zusammengeführt werden sollen. In allen Anwendungsbereichen erfolgt eine explizite Modellierung von Information mittels semantischer Modelle.[77]

MAEDCHE UND MOTIK (2003, S. 43) beschreiben als zugrunde liegende Idee aller semantischen Modelle die Fähigkeit, eine eindeutige Bedeutung jedem Informationselement explizit zuordnen zu können. Um dem gerecht zu werden, sollte ein semantisches Modell, die folgenden drei Anforderungen aufweisen:[78]

Gemeinsame Begrifflichkeit: Die gemeinsame Begrifflichkeit ist die Voraussetzung für ein semantisches Modell. Die Bedeutung von Information kann nur eindeutig unterschieden werden, falls alle Akteure eine gemeinsame Sprache sprechen. Jedem Referenten[79] (oder Ding) eines bestimmten Anwendungsbereiches soll ein eindeutiges Symbol zugewiesen werden, wobei dies jedoch nur erfolgreich sein kann, wenn

[76] Die Semantik oder auch die Bedeutungslehre ist ein Teilgebiet der Linguistik und beschäftigt sich mit dem Inhalt bzw. der Bedeutung von Zeichen. Zeichen können hierbei Wörter, Phrasen oder Symbole sein. Die Semantik beschäftigt sich mit den Beziehungen zwischen Zeichen und den Bedeutungen dieser Zeichen. Eine Einführung in die Semantik bietet LÖBNER (2003, S. 3. ff.).

[77] Vgl. MAEDCHE UND MOTIK (2003, S. 43).

[78] Vgl. MAEDCHE UND MOTIK (2003, S. 43).

[79] Siehe hierzu auch Abschnitt 2.2.

der Anwendungsbereich sehr klar abgegrenzt ist. Hierdurch ist jeder Referent eindeutig zu identifizieren.

Beziehungen zwischen Dingen: Eine explizite Semantik ist erst durch die Beziehung zwischen den Referenten (Dingen) gegeben, da eine gemeinsame Begrifflichkeit meist nicht ausreichend ist. Daher muss ein semantisches Modell Modellierungsprimitive[80] zur Beschreibung der jeweiligen Rolle eines Symbols anbieten.

Mathematisch fundierte Semantik: Durch eine mathematisch fundierte Semantik ist ein freies Kombinieren der zur Verfügung gestellten Modellierungsprimitiven möglich. Es kann jedoch nur durch eindeutig und mathematisch korrekt definierte Primitiven zu ausdrucksstarken semantischen Modellen kommen, da dies nur durch eine eindeutige Interpretation eines jedes einzelnen Konstrukts ermöglicht wird.

Semantische Modelle, die allen drei Anforderungen genügen, werden von MAEDCHE UND MOTIK (2003, S. 43) als Ontologien bezeichnet. Im Weiteren wird in dieser Arbeit vorausgesetzt, dass jedes semantische Modell diesen drei Anforderungen genügt und es wird daher lediglich von Ontologien gesprochen.

Aufbauend auf diesem Verständnis von semantischen Modellen bzw. Ontologien, erfolgt im nächsten Abschnitt 3.2 eine genaue Begriffsdefinition von Ontologien. Nachdem der Begriff der Ontologie im Zusammenhang mit dieser Arbeit definiert wurde, erfolgt im Abschnitt 3.3 eine Einführung in die Beschreibungslogik, die als Basis vieler Ontologiesprachen genutzt wird, sowie der Inferenz mittels dieser Sprachen. Im nächsten Abschnitt 3.4 folgt eine Einordnung und Klassifikation von Ontologien. Das Kapitel schließt in Abschnitt 3.5 mit einer kurzen Einführung in die Konstruktion von Ontologien.

3.2 Begriffsdefinition

Seit Beginn der 1990er Jahre findet die Forschung in Bezug auf Ontologien in der Wirtschaftsinformatik statt. Die Bedeutung von Ontologien wird in verschiedenen Forschungsfeldern und Anwendungsgebieten der Wirtschaftsinformatik anerkannt.[81] Insbesondere im Bereich des *Semantic Web*[82] werden Ontologien zur Strukturierung von Daten zur automatisierten Verarbeitung dieser genutzt.[83] Ganz allgemein werden Ontologien in der Wirtschaftsinformatik zur formalen Repräsentation von Wissen verwendet. Darüber hinaus erleichtern sie den Wissensaustausch, die Kommunikation und die Wiederverwendung

---

80 Meist folgen die Modellierungsprimitive dem objektorientierten Paradigma, so dass Objekte, die Entitäten einer Domäne repräsentieren, Klassen, als eine Menge von Objekten, und Methoden, als eine Menge zweistelliger Beziehungen zwischen Objekten oder Klassen, zur Verfügung stehen. Im Kontext dieser Arbeit werden Klassen als Konzepte und Entitäten als Instanzen bezeichnet.

81 Vgl. GUARINO (1998, S. 3 f.).

82 Vgl. BERNERS-LEE *et al.* (2001).

83 Vgl. MAEDCHE UND STAAB (2001, S. 1 ff.).

zwischen verschiedenen Agenten, unabhängig davon, ob diese menschlich oder künstlich sind.[84] Ontologien sind formale Modelle einer Anwendungsdomäne, die dazu dienen, den Austausch und das Teilen von Wissen zu erleichtern und zu automatisieren.

Bei dem Wissensaustausch, der Kommunikation und der Wiederverwendung von Wissen befinden sich die Akteure in einer Kommunikationssituation, dessen Eigenschaften durch das semiotische Dreieck beschrieben werden kann.[85] Die Interpretation eines Referenten durch ein Symbol, erfolgt dabei durch die Erweckung eines Begriffs (Subjektivierung). Durch einen variierenden Erfahrungshintergrund können verschiedene Empfänger unter Umständen zu verschiedenen Begriffsbildungen und somit unterschiedlichen Interpretationen einer Nachricht kommen. Durch Ontologien erfolgt eine formale und eindeutige Beschreibung der Begriffswelt, so dass dieser Interpretationsspielraum mindestens verringert wird.[86]

In der Literatur werden laut SCHÜTTE UND ZELEWSKI (1999, S. 4 f.) zwei Interpretationsrichtungen von Ontologien unterschieden. Der ersten Interpretationsrichtung zufolge wird unter einer Ontologie eine sprachliche Spezifikation verstanden, in der die Strukturen, die jeder potentiellen Interpretation eines „Weltausschnitts“ unterliegen, als Ontologien bezeichnet werden.[87] In der zweiten Interpretationsrichtung, welche aus der Erforschung der künstlichen Intelligenz hervorgeht, existieren wiederum mehrere abweichende Definitionen. Die wohl am häufigsten zitierte Definition des Begriffs Ontologie im Bereich der Wirtschaftsinformatik, die laut SCHÜTTE UND ZELEWSKI (1999, S. 5) dieser Interpretationsrichtung zugeordnet werden kann, ist die von GRUBER (1993, S. 1). Er beschreibt eine Ontologie als „*... an explicit specification of a conceptualization*“.[88] Bei einer Ontologie handelt es sich also um eine explizite und formalsprachliche Spezifikation einer Konzeptualisierung von Phänomenen der Realität.[89] Hierzu beschreibt GRUBER (1993, S. 1 f.) drei Merkmale von Ontologien:

Formal: Ontologien sind maschinenlesbare Modelle, die durch eine Menge von Konzepten (Klassen, Begriffen)[90], Relationen, Instanzen und logischen Aussagen (Axiome) beschrieben werden.

Explizit: Die verwendeten Konzepte, deren Randbedingungen sowie Datentypen werden explizit spezifiziert.

Allgemein: Der Geltungsbereich einer Ontologie wird von einer Gruppe von maschinellen und menschlichen Akteuren als Kommunikationsgrundlage akzeptiert.

84 Vgl. FENSEL (2004, S. 4).
85 Zur Erläuterung des semitischen Dreiecks siehe Abschnitt 2.2.
86 Vgl. MÄDCHE *et al.* (2001, S. 393).
87 Vgl. SCHÜTTE UND ZELEWSKI (1999, S. 5) sowie DITTMANN *et al.* (2003, S. 2 f.).
88 Vgl. GRUBER (1993, S. 1).
89 Vgl. SCHÜTTE UND ZELEWSKI (1999, S. 5).
90 In der deutschsprachigen Literatur werden Konzept, Begriff und Klasse als Übersetzung von *Concept* synonym genutzt. Im weiteren wird hier der Begriff Konzept genutzt.

Allerdings ist die Definition von GRUBER (1993, S. 1) nicht unumstrittenen. So definiert GUARINO (1997, S. 5) eine Ontologie als „*... a (possibly incomplete) agreement about a conceptualization*". Zusammengefasst kann unter einer Ontologie allerdings die konzeptuelle Formalisierung von Wissensbereichen verstanden werden bzw. ein formalisiertes Modell, über das bei allen Beteiligten Einigkeit herrscht. Dieses Verständnis einer Ontologie liegt auch dieser Arbeit zu Grunde.

Ontologien sind in einer hierarchischen Struktur von relevanten Konzepten und Unterkonzepten organisiert, die über Beziehungen (Relationen) miteinander verknüpft werden. Ergänzt werden diese Komponenten durch Axiome, die erst eine weiterführende Interpretation der Aussagen einer Ontologie ermöglichen. Eine Beschreibung der einzelnen Komponenten einer Ontologie ist in Tabelle 3.1 dargestellt. Ausprägungen bzw. Repräsentationen von Konzepten werden als Instanzen bezeichnet. Diese sollten laut STEVENS *et al.* (2000, S. 4) nicht Teil einer Ontologie sein, da die Ontologie eine Konzeptualisierung einer Domäne sein sollte. Vielmehr spricht man von einer Wissensbasis (engl. *Knowledge Base*), wenn zusätzlich zu einer Ontologie auch Instanzen beschrieben werden. Die Entscheidung, ob etwas ein Konzept oder Instanz ist, kann nicht immer genau getroffen werden und ist abhängig vom Anwendungsbereich der Ontologie bzw. Wissensbasis.[91] Instanzen werden daher in der Literatur häufig mit zu Ontologien gezählt. Diesem Verständnis wird auch in dieser Arbeit gefolgt und eine Unterscheidung zwischen Wissensbasis und Ontologie erfolgt nicht.

3.3 Beschreibungslogik und Inferenz

Unter Beschreibungslogik (engl. *Description Logics*) versteht man eine Familie von Sprachen zur Wissensrepräsentation. Diese Sprachen werden zur Repräsentation von Wissen über eine Anwendungsdomäne in einer strukturierten und formal verständlichen Form genutzt. Der Name „Beschreibungslogik" ist zum einen davon motiviert, dass die wichtigen Begriffe einer Domäne in diesen Sprachen als Konzepte beschreiben und zum anderen, dass diese mit formalen, logikbasierten Semantiken versehen sind.[92] Sie werden auch als Wissensrepräsentationssprachen bezeichnet, deren Zweck es ist, Wissen derart zu formalisieren, dass es von Algorithmen verarbeitet und ausgewertet werden kann. Hierbei gilt es durch die Wahl der Sprache einen Kompromiss zwischen Ausdrucksmächtigkeit und Entscheidbarkeit für die Wissensrepräsentation zu finden.

Die Beschreibungslogik ist eine Untermenge der Prädikatenlogik erster Stufe (*first order logic* (FOL))[93], ist aber im Gegensatz dazu entscheidbar.[94] Durch die Entscheidbarkeit sind logische Schlussfolgerungen möglich und es kann so aus vorhandenem Wissen neues Wissen generiert bzw. abgeleitet werden. Als Schlussfolgerung oder Inferenz bezeichnet

[91] Vgl. STEVENS *et al.* (2000, S. 4).
[92] Vgl. BAADER *et al.* (2004, S. 4 f.).
[93] Vgl. BEIERLE UND KERN-ISBERNER (2006, S. 47 ff.).
[94] Vgl. HORROCKS (2005, S. 1).

Wissensbasis	Ontologie	Komponente	Ausprägung
Wissensbasis	Ontologie	**Konzepte** Beschreibung gemeinsamer Eigenschaften.	**Primitive Konzepte** Nur nötige Bedingungen sind erfüllt.
			Definierte Konzepte Sowohl hinreichende als auch nötige Bedingungen sind erfüllt.
		Relationen Beziehung zwischen Konzepten bzw. deren Eigenschaften.	**Taxonomien** Konzepte werden in einer hierarchischen Baumstruktur abgebildet.
			Assoziative Beziehungen Konzepte werden innerhalb der Baumstruktur zueinander in Beziehung gesetzt.
		Axiome Regeln und Bedingungen für Werte der Konzepte.	**Axiome der relationalen Algebra** Reflexivität, Irreflexivität, Symmetrie, Asymmetrie, Transitivität sowie Inverse Relation.
			Zusammensetzung von Beziehungen Die Relation „großvaterVon“ kann aus „vaterVon“ und „elternVon“ zusammengesetzt werden.
			(Vollständige) Partitionen Die Konzepte „Fisch“ und „Säugetier“ besitzen keine gemeinsamen Instanzen.
			Axiome für Teilrelationsbeziehungen Hierarchische Abhängigkeiten können auch mit einem spezifischen Hintergrundwissen erzeugt werden und nicht nur über eine „istTeilVon“ Beziehungen.
			Axiome für Teil-Ganzes-Schlussfolgerungen Die Eigenschaft eines Unterkonzepts kann sich auf die des gesamten Konzepts auswirken. Z.B. die Farbe eines Autos bestimmt sich aus der Farbe der Karosserie und nicht der der Sitze.
			Nicht Monotonie Das Hinzufügen einer Relation kann bei der Beweisführung *(Reasoning)* zu einer Reduktion der Aussagen führen.
			Axiome für einen zeitlichen Zusammenhang Axiome können einen Zeitbezug haben und somit beschränkt gültig sein.
		Instanzen Instanzen repräsentieren Objekte in der Ontologie und stellen das zur Verfügung stehende Wissen dar. Sie gehören eigentlich nicht zu einer Ontologie. Die Kombination aus Ontologie und Instanzen wird als Wissensbasis bezeichnet.	

Tabelle 3.1: Ontologie-Komponenten
Quelle: In Anlehnung an STEVENS *et al.* (2000) sowie für die Beschreibung der Axiome durch STAAB UND MAEDCHE (2000)

man hierbei den Vorgang, wenn aus einer Anzahl von Fakten, den Prämissen, ein neues Faktum abgeleitet wird (Konklusion).[95]

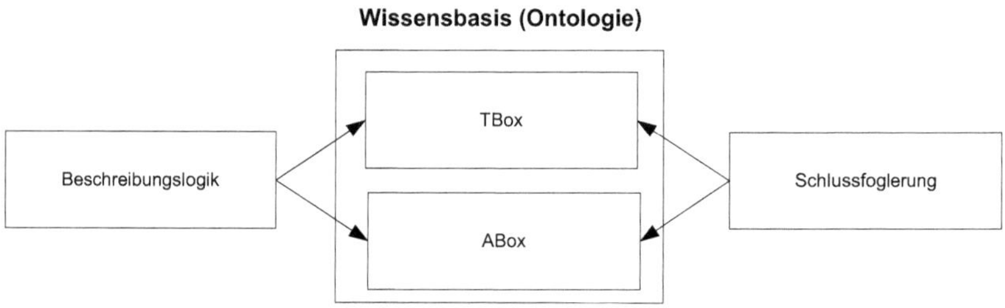

Abbildung 3.1: Zusammenhang `TBox`, `ABox` und Wissensbasis
Quelle: In Anlehnung an Baader und Nutt (2003, S. 50)

Die Beschreibungslogik wird formal in eine *Terminological Box* (`TBox`) und eine *Assertional Box* (`ABox`) unterteilt. Die `TBox` enthält das Wissen über sämtliche Konzepte einer Domäne, das sogenannte terminologische Wissen, wohingegen die `ABox` das Wissen über Instanzen dieser Konzepte, sowie deren Beziehungen untereinander, enthält. Sie repräsentiert somit den Zustand der modellierten Welt. `TBox` und `ABox` zusammen werden als Wissensbasis (engl. *Knowledge Base*) bezeichnet (siehe Abbildung 3.1).[96] Da bei einer Wissensbasis nicht davon ausgegangen werden kann, dass das Wissen in der Wissensbasis vollständig ist, geht man bei der `ABox` von einer offenen Welt aus. Das fehlen von Informationen in der `ABox` bedeutet nicht, dass dieses nicht zutreffen kann. Es bedeutet vielmehr das Wissenslücken in der Wissensbasis vorhanden sind.[97]

Die Beschreibungslogik eignet sich aufgrund ihrer Möglichkeiten zur strukturierten Beschreibung und automatischen Auswertung von Wissen besonders als Basis für Ontologiesprachen und ist daher auch Grundlage der Ontologiesprachen OIL, DAML+OIL und OWL.[98] In Abbildung 3.2 ist eine Übersicht der einzelnen Sprachen der Beschreibungslogik sowie deren Konstruktoren gegeben. Die verwendeten Konstruktoren der einzelnen Sprachen bestimmen die Ausdrucksstärke sowie die Komplexität zur Entscheidungsfindung.[99] Basis aller Sprachen ist die Sprache $\mathcal{AL}$ (*attributive language*). Durch Erweiterungen dieser Sprache ergeben sich alle weiteren Sprachen. Die Erweiterbarkeit von Sprachen ist zentrale Voraussetzung für Beschreibungslogiken. In Abbildung 3.2 beschreibt A ein atomares Konzept, C und D Konzeptbeschreibungen und R eine atomare Rolle. Folgende Sprachen spielen im Zusammenhang mit Ontologien eine zentrale Rolle:[100]

---

95 Vgl. Nardi und Brachman (2003, S. 13 ff.).
96 Vgl. Baader und Nutt (2003, S. 49 f.).
97 Vgl. Baader und Nutt (2003, S. 72 ff.).
98 Vgl. Baader *et al.* (2004, S. 7).
99 Vgl. Baader und Nutt (2003, S. 47 ff.).
100 (D) Erlaubt die Verwendung von Datentypen (z.B. Integer, String) und expliziten Werten (z.B. 10, „Text"). (D^+) erweitert (D) um die Möglichkeit eigene Datentypen zu definieren.

Syntax	Konstruktor	Sprache		
A	Atomares Konzept	$\mathcal{AL}$	$\mathcal{ALC}$	$\mathcal{S}$
R	Atomare Rolle (Beziehung)			
$\top$	Top Konzept			
$\bot$	Bottom Konzept			
$\neg A$	Atomare Negation			
$C \sqcap D$	Konjunktion (Durchschnitt)			
$\forall R.C$	Wertrestriktion			
$\exists R.\top$	Eingeschränkte existentielle Quantifikation			
$C \sqcup D$	Disjunktion (Vereinigung)	$\mathcal{U}$		
$\exists R.C$	Volle existentielle Quantifikation	$\mathcal{E}$		
$\neg C$	Negation beliebiger Konzepte	$\mathcal{C}$		
$R \in \boldsymbol{R}_+$	Transitive Rolle			
$(\leq n\, R)(\geq n\, R)$	Zahlenrestriktion $n \in \mathbb{N}$	$\mathcal{N}$		
$(\leq n\, R.C)(\geq n\, R.C)$	Quantifizierende Zahlenrestriktion $n \in \mathbb{N}$	$\mathcal{Q}$		
$\{a_1, \ldots, a_n\}$ oder $\{a\}$	Nominal (Mengen von Individuen)	$\mathcal{O}$		
R^{-1}	Inverse Rolle	$\mathcal{I}$		
$R \sqsubseteq S$	Beziehungshierarchie + Reflexivität + Irreflexivität + Antisymmetrie + Disjunktheit	$\mathcal{H}$	$\mathcal{R}$	

Abbildung 3.2: Syntax und Sprachen der Beschreibungslogik
Quelle: In Anlehnung an HORROCKS *et al.* (2000, S. 4) und FUCHS (2008, S. 36)

$\mathcal{ALC}$ In dieser Sprache sind alle Konstruktoren enthalten, damit diese Sprache aussagenlogisch abgeschlossen ist.

$\mathcal{SHIQ}^{(D)}$ Durch diese Sprache kann Wissen genügend ausdrucksstark dargestellt werden, so dass sich hiermit Ontologien erstellen lassen. $\mathcal{SHIQ}^{(D)}$ ist Basis der Ontologiesprache OIL.[101]

$\mathcal{SHOIN}^{(D)}$ Durch $\mathcal{SHOIN}^{(D)}$ ist es zusätzlich möglich Konzepte durch nominale Werte zu beschreiben. So wäre zum Beispiel ein Konzept „Status" mit den Wertausprägungen „In Bearbeitung", „Abgeschlossen" etc. möglich. Allerdings ist hier, im Gegensatz zu $\mathcal{SHIQ}^{(D)}$ eine Kardinalitätsbeschränkung ohne Qualifizierung möglich. Die Ontologiesprache OWL DL basiert auf dieser Sprache.[102]

$\mathcal{SROIQ}^{(D+)}$ Die Grundlagen zu dieser Sprache stammen von HORROCKS (2005) und erweitern die Sprache $\mathcal{SHOIN}^{(D)}$. Sie wird als Grundlage der Ontologiesprache OWL 1.1 genutzt.[103]

Durch die Beschreibungslogik ist die Voraussetzung geschaffen, eine Wissensbasis aufzubauen und Wissen explizit zu repräsentieren. Zusätzlich zu der Repräsentation von Wissen ist das logische Schlussfolgern auf dem repräsentierten Wissen eine zentrale Zielsetzung, so dass ein Mehrwert aus dem Wissen erzielt werden kann. Erst durch die Fähigkeit der Schlussfolgerung ist ein zentraler Aspekt intelligenten Verhaltens gegeben und es kann aus dem expliziten Wissen in einer Wissensbasis implizites Wissen abgeleitet und somit expliziert werden.[104] Das logische Schlussfolgern wird auch als Inferenz (engl. *Reasoning*) bezeichnet. Bei der Inferenz werden folgende Formen unterschieden:[105]

Deduktion: Unter Deduktion wird die Ableitung von Aussagen aus anderen Aussagen mittels logischer Schlussfolgerungen verstanden. Dabei schließt man in der Regel von einem allgemeinen auf einen speziellen Fall. Hierbei geht man davon aus, dass es sich bei den Schlussfolgerungen stets um korrekte Schlussfolgerungen handelt. BEIERLE UND KERN-ISBERNER (2006, S. 47 ff.) beschreibt die Deduktion anhand des folgenden Beispiels: „Aus dem Wissen, dass zum Starten eines Autos eine aufgeladene Batterie notwendig ist und dass bei einem gegebenen Auto die Batterie leer ist, kann man schließen, dass der Wagen nicht gestartet werden kann."

Induktion: Bei der Induktion wird das Gegenteil zur Deduktion durchgeführt. Man versucht von einem speziellen Fall auf einen allgemeinen zu schließen. Hierbei kann jedoch nicht davon ausgegangen werden, dass dies Schlussfolgerung stets korrekt ist. BEIERLE UND KERN-ISBERNER (2006, S. 47 ff.) beschreibt die Induktion an-

---

[101] Vgl. DECKER *et al.* (2000, S. 3 ff.) und HORROCKS *et al.* (2003).
[102] Vgl. HORROCKS (2005).
[103] Die Ontologiesprache wird vom World Wide Web Consortiums (W3C) entwickelt. Siehe zur Dokumentation der Ontologiesprache OWL 1.1 PATEL-SCHNEIDER UND HORROCKS (2006).
[104] Vgl. BEIERLE UND KERN-ISBERNER (2006, S. 20).
[105] Vgl. PEIRCE (1931) sowie BEIERLE UND KERN-ISBERNER (2006, S. 47 ff.).

hand des folgenden Beispiels: „Andererseits könnte man aus der wiederholten Beobachtung, dass ein Auto nicht startet und die Batterie leer ist, die Regel ableiten, dass ein Auto, das eine leere Batterie hat, nicht gestartet werden kann.“

Abduktion: Bei der Abduktion wird versucht, aus einem gegebenen Endergebnis auf die Ausgangslage zu schließen. Auch hierbei kann nicht davon ausgegangen werden, dass dies Schlussfolgerung stets korrekt ist. Beierle und Kern-Isberner (2006, S. 47 ff.) beschreibt die Abduktion anhand des folgenden Beispiels: „Eine dritte Art der Schlussfolgerung wird angewendet, wenn man aus dem Wissen, dass ein Auto mit leerer Batterie nicht gestartet werden kann und dass sich ein gegebener Wagen nicht starten lässt, schließt, dass die Batterie leer ist.“

Eine wichtige Voraussetzung zur Inferenz ist, dass die Ontologie entscheidbar ist. Das muss zum einen anhand der Daten in der Ontologie gegeben sein, aber auch anhand der gewählten Sprache sowie deren Ausdrucksstärke. Laut Fuchs (2008, S. 38) müssen folgende vier grundlegenden Reasoning-Probleme beachtet werden, um eine Inferenz auf Basis einer korrekten und entscheidbaren Ontologie zu ermöglichen:

Konsistenz-Prüfung: Entscheidungsproblem, ob für eine Wissensbasis $\mathcal{K}$ (mindestens) ein nicht-leeres Modell existiert.

Konzept-Erfüllbarkeit: Entscheidungsproblem, ob ein Modell von $\mathcal{K}$ existiert, in dem die Interpretation von Konzept C nicht leer ist.

Subsumptions-Test: Entscheidungsproblem, ob in jedem Modell von $\mathcal{K}$ gilt, dass die Interpretation von Konzept C in der Interpretation von Konzept D enthalten ist.

Instanz-Prüfung: Entscheidungsproblem, ob in jedem Modell von $\mathcal{K}$ gilt, dass die Interpretation des Individuums a in der Interpretation von Konzept C enthalten ist.

Alle diese Reasoning-Probleme lassen sich auf die Konsistenz-Prüfung zurückführen, so dass lediglich diese für die zu nutzende Sprache geprüft werden muss. Anhand der Definition von Konstruktoren durch die Beschreibungslogik und deren Zuordnung zu Sprachen, ist es möglich, die Ausdrucksstärke und Entscheidbarkeit der einzelnen Sprachen zu ermitteln. So sind für die Sprachen $\mathcal{ALC}$, $\mathcal{SHIQ}$ und $\mathcal{SHOIN}$ die grundlegenden Reasoning-Probleme entscheidbar.[106]

[106] Vgl. Fuchs (2008, S. 38).

3.4 Klassifikation von Ontologien

In der Literatur existieren eine Vielzahl an Klassifikationen von Ontologien.[107] Die Klassifikation der Ontologien kann dabei auf unterschiedlichen Ebenen stattfinden und somit ein unterschiedliches Abstraktionsniveau beschreiben. Eine Übersicht der in dieser Arbeit genutzten Klassifikationen bietet Tabelle 3.2. Im folgenden werden die einzelnen Merkmale und Merkmalsausprägungen erläutert.

<table>
<tr><th>Merkmal</th><th colspan="12">Merkmalsausprägung</th></tr>
<tr><td>Abhängigkeit (Aufgabe/Sicht)</td><td colspan="3">Top-Level-Ontologie</td><td colspan="3">Domänen-ontologie</td><td colspan="3">Aufgaben-Ontologie</td><td colspan="3">Anwendungs-ontologie</td></tr>
<tr><td>Wiederverwertbarkeit</td><td colspan="4">Hoch</td><td colspan="4">Mittel</td><td colspan="4">Niedrig</td></tr>
<tr><td>Anwendbarkeit</td><td colspan="4">Hoch</td><td colspan="4">Mittel</td><td colspan="4">Niedrig</td></tr>
<tr><td>Ausdrucksstärke</td><td colspan="6">leichtgewichtig</td><td colspan="6">schwergewichtig</td></tr>
<tr><td>Formalität</td><td colspan="3">Implizit</td><td colspan="3">Informal (explizit)</td><td colspan="3">Formal (für Menschen)</td><td colspan="3">Formal (für Maschinen)</td></tr>
</table>

Tabelle 3.2: Klassifikation von Ontologien
Quelle: In Anlehnung an die Kategorisierung von GOMEZ-PEREZ *et al.* (2004, S. 26 ff.)

Eine der am häufigsten zitierten Klassifikationen geht auf GUARINO (1998, S. 7 f.) zurück. Hierbei werden Ontologien nach ihrer **Abhängigkeit** von einer bestimmten Aufgabe oder Sicht klassifiziert (siehe Abbildung 3.3):

Top-Level-Ontologie: Es werden allgemeine Konzepte wie Zeit, Objekt, Ereignis beschrieben, welche die Welt grundsätzlich strukturieren. Diese Konzepte sind von Problem- und Anwendungsdomänen unabhängig und können somit für die Modellierung verschiedener Anwendungsdomänen verwendet werden. In der Top-Level Ontologie wird das höchste Abstraktionsniveau verwendet. Es wird ein Überblick über den zu modellierenden Ausschnitt der Realwelt gegeben.

Domänenontologie (engl. *Domain-Ontology*): Domänenontologien werden zur Modellierung eines bestimmten Wissensgebietes verwendet und beschreiben somit anwendungsunabhängig einen Diskursbereich. Es wird lediglich ein begrenzter Ausschnitt der Realwelt beschrieben.

[107] Vgl. GOMEZ-PEREZ *et al.* (2004, S. 26 ff.).

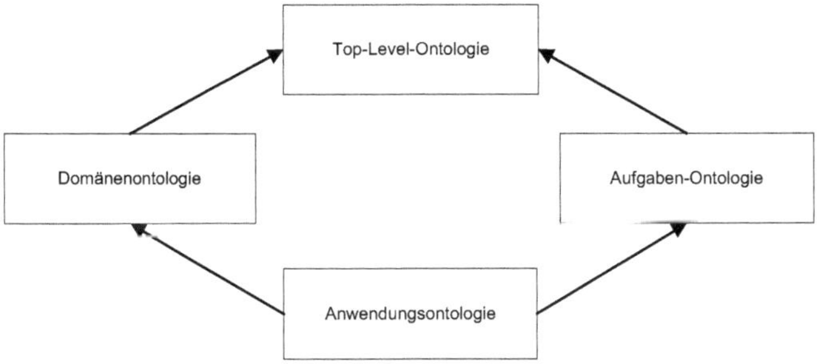

Abbildung 3.3: Aufgaben von Ontologien
Quelle: GUARINO (1998, S. 7)

Aufgaben-Ontologie (engl. *Task-Ontology*): Aufgaben-Ontologien beschreiben domänenunabhängig Aufgabentypen und ihre Wissenszusammenhänge. Es werden ausgewählte Aufgaben und Lösungswege der Aufgaben (engl. *task*) beschrieben.

Anwendungsontologie (engl. *Application-Ontology*): Definiert den Wortschatz für eine bestimmte Anwendung (engl. *Application*) und keine allgemeingültigen Konzepte. Der Fokus der Anwendungsontologie liegt auf einem bestimmten Anwendungsgebiet und kann als eine Spezialisierung der beiden Ontologien Aufgaben- und Domänenontologie angesehen werden. Sie führt diese beiden Ontologien zu einem wissensbasierten System zusammen.

Ontologien können nach GOMEZ-PEREZ *et al.* (2004) auch noch detaillierter anhand des Gegenstandes, den sie beschreiben, sowie durch ihre formale Ausdrucksstärke klassifiziert werden. Die Klassifizierung anhand des Gegenstandes, der durch die Ontologie beschreiben wird, nennen GOMEZ-PEREZ *et al.* (2004, S. 26) *„the subject of conceptualization“*. Diese Klassifizierung geht auf VAN HEIJST *et al.* (1997) zurück und wurde von GOMEZ-PEREZ *et al.* (2004) erweitert, indem sie die unterschiedlichen Typen von Ontologien in der Literatur identifizieren und beschreiben (siehe Abbildung 3.4). Weiterhin beschreiben sie das *reusability-usability trade-off problem* von KLINKER *et al.* (1991).[108] Es sagt aus, dass die Anwendbarkeit von Ontologien umso größer ist, je geringer ihre Wiederverwertbarkeit ist und umgekehrt. Dieser *trade-off* wird in der Tabelle 3.2 anhand der Merkmale **Wiederverwertbarkeit** und **Anwendbarkeit** dargestellt.

Anhand einer Klassifizierung der formalen **Ausdrucksstärke**, können Ontologien nach GOMEZ-PEREZ *et al.* (2004, S. 8) in leichtgewichtige (engl. *lightweight*) und schwergewichtige (engl. *heavyweigth*) Ontologien unterteilt werden. Leichtgewichtige Ontologien beinhalten Konzepte sowie deren taxonomische Anordnungen, Beziehungen zwischen Konzepten und Eigenschaften, die diese Konzepte beschreiben. Kennzeichnend ist, dass

[108] Vgl. GOMEZ-PEREZ *et al.* (2004, S. 34).

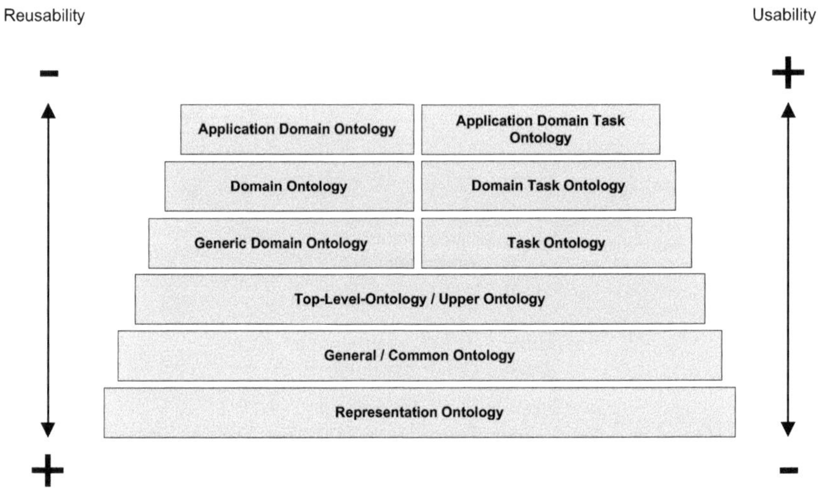

Abbildung 3.4: Unterschiedliche Ontologietypen
Quelle: GOMEZ-PEREZ *et al.* (2004, S. 35)

diese Ontologien keine bzw. kaum formale Semantik enthalten. Schwergewichtige Ontologien erweitern leichtgewichtige um Axiome und Bedingungen. Hierdurch besteht erst die Möglichkeit explizites Wissen durch Schlussfolgerung zu extrahieren. Eine detaillierte Einteilung von Ontologien anhand ihrer formalen Ausdrucksstärke wurde von Lassila vorgestellt (siehe Abbildung 3.5):[109]

Kataloge: Unter Katalogen versteht man eine abgeschlossene Liste von Begriffen.

Glossar: Ein Glossar ist eine endliche Liste von Begriffen, deren Bedeutung natürlichsprachlich verfasst wird.

Thesauri: Ist ein kontrolliertes Vokabular (oder auch Glossar), dessen Begriffe durch Beziehungen miteinander verbunden sind. Die Beziehungen Äquivalenz (Synonyme), Taxonomie (Oberbegriffe,Unterbegriffe) sowie Assoziationen (verwandte Begriffe) werden häufig verwendet.

Informelle IS-A: Eine explizite Hierarchie von Klassen (Konzepten), wobei nicht konsequent die Unterklassenbeziehung zwischen den entsprechenden Begriffen gilt.

[109] Vgl. LASSILA UND MCGUINNESS (2001) und GOMEZ-PEREZ *et al.* (2004, S. 28).

Formelle IS-A: Eine explizite Hierarchie von Klassen (Konzepten), wobei die Unterklassenbeziehung zwischen Begriffen strikt eingehalten wird, d.h., die Transitivität und die Instanzeigenschaft der Unterklassenbeziehung werden beachtet.

Formelles Instanzen-Modell: Explizite Hierarchie, die neben der Unterklassenbeziehung auch die Instanzbeziehung erlaubt.

Wertzuweisung: Durch Wertzuweisungen ist es möglich, den einzelnen Eigenschaften einer Klasse (Konzept) Werte zuzuweisen.

Wertrestriktionen: Durch Werterestriktionen ist es möglich, die Werte dieser Klasseneigenschaften zu beschränken.

Fixe Menge von Axiomen: Eine fixe Menge von Axiomen, wie Disjunkt und Invers erhöht weiter die Ausdrucksstärke.

Prädikatenlogik: Mit der vollen Prädikatenlogik wird eine weit höhere Ausdrucksstärke erreicht.

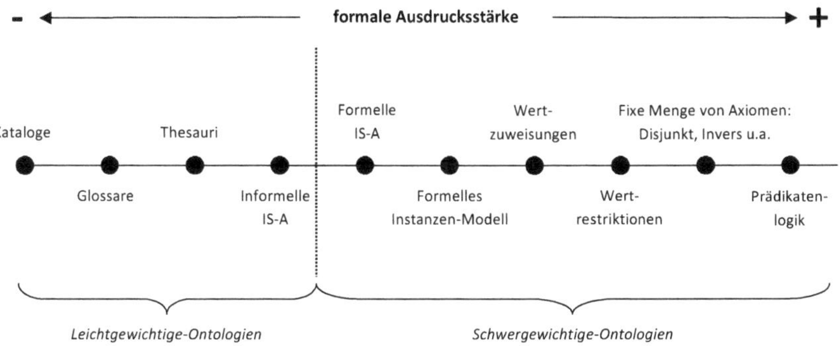

Abbildung 3.5: Formale Ausdruckstärken von Ontologien
Die Abbildung basiert auf LASSILA UND MCGUINNESS (2001) sowie GOMEZ-PEREZ *et al.* (2004). Der Einteilung von LASSILA UND MCGUINNESS (2001) wurde die Einteilung von GOMEZ-PEREZ *et al.* (2004) gegenübergestellt.

USCHOLD (2003, S. 5 ff.) führt eine weitere Klassifizierung anhand der **Formalität** von Wissen ein. Er unterscheidet hierbei vier Merkmalsausprägungen:

Implizit: Über das Wissen herrscht eine stillschweigende implizite Übereinkunft.

Informal: Das Wissen ist explizit jedoch informal dokumentiert. Dies kann zum Beispiel ein natürlichsprachlicher Text sein.

Formal (für Menschen): Das Wissen wird in Ontologien explizit dokumentiert und ist für Menschen formalisiert. Die Semantik von Begriffen wird festgelegt und zur Repräsentation genutzt.

Formal (für Maschinen): Das Wissen wird explizit maschinenverarbeitbar dokumentiert.

3.5 Konstruktion von Ontologien

Zur Erstellung bzw. Konstruktion von Ontologien weisen USCHOLD UND KING (1995, S. 2 ff.) auf wichtige Aspekte bei der Erstellung von Ontologien hin und gliedern diese in vier Schritte, die nacheinander durchgeführt werden (siehe Abbildung 3.6). Durch dieses Vorgehen kann die Problemangemessenheit einer Ontologie unterstützt werden.

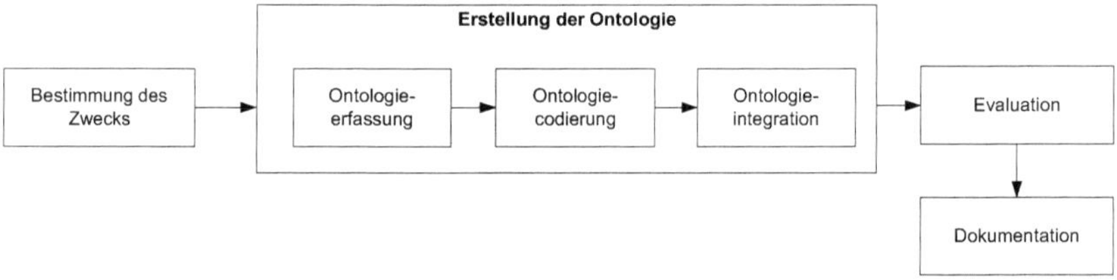

Abbildung 3.6: Vorgehen zur Erstellung von Ontologien
In Anlehnung an USCHOLD UND KING (1995, S. 2 ff.) aus GOMEZ-PEREZ *et al.* (2004, S. 115).

Die Problemangemessenheit einer Ontologie ist gegeben, wenn alle für den betrachteten Anwendungsfall potentiell benötigten Aspekte von der Ontologie abgedeckt werden. HEPP (2007, S. 94) schreibt generell zum Nutzen von Ontologien: *„In practice, useful ontologies must be small enough to have reasonable familiarization and commitmet costs and big enough to provide substantial added value for using them"*. Der Detaillierungsgrad bei der Entwicklung von Ontologien wird somit von wirtschaftlichen Gesichtspunkten bestimmt.[110] Eine zu weit fortgeschrittene Detaillierung ist zu aufwendig und bildet eventuell Aspekte ab, die keinen Nutzen entfalten, da sie nur in wenigen Modellen abgebildet sind. Eine zu grobe Detaillierung lässt dagegen unter Umständen nur wenig aussagekräftige Analysen zu. Die Prüfung der Problemangemessenheit einer Ontologie stellt insofern eine offene Forschungsfrage dar. MISSIKOFF *et al.* (2002) stellen 3 Kriterien auf, die den Grad der Anwendbarkeit einer Ontologie bestimmen:

[110] SCHÜTTE (1998, S. 127ff) zählt die Wirtschaftlichkeit zu den Grundsätzen ordnungsmäßiger Modellierung.

Abdeckung (engl. *Coverage*): Die Domänenkonzepte müssen vorhanden sein, so dass die Ontologie für ihren Anwendungszweck ausreichend viele Konzepte besitzt.

Konsens (engl. *Consensus*): Wenn sich eine Gruppe von Unternehmen oder potentiellen Nutzern entschließen in einer gemeinsamen Domäne zusammenzuarbeiten, müssen sie sich zuerst über grundlegende Sachverhalte einigen. Dazu gehört ein Konsens über die zu betrachtende Domäne, welche sich in der gemeinsamen Sichtweise der Domänenontologie widerspiegeln muss.

Erreichbarkeit (engl. *Accessibility*): Eine Ontologie muss leicht zugänglich sein, d.h. es werden Werkzeuge benötigt um Ontologien leicht in Anwendungen integrieren zu können.

Kapitel 4

Kennzahlen und Metriken

4.1 Begriffsdefinition und Überblick

Kennzahlen und Metriken werden eine wichtige Bedeutung in Unternehmensprozessen zugesprochen. So werden Kennzahlen von vielen Unternehmen zur eigenen Unternehmensanalyse genutzt. Sie sind wichtige Instrumente für Informations- und Steuerungsfunktionen in Unternehmen und werden zum Beispiel im Bereich des Controlling, des Rechnungswesen, des Projektmanagements, der Softwareentwicklung sowie der Prozess- und Produktüberwachung genutzt.[111] Wobei der Fokus im Kontext dieser Arbeit auf der Analyse und Interpretation von Prozessen liegt. DEMARCO (1986, S. 6) hat die Notwendigkeit von Kennzahlen zu Steuerung mit *„... you can't control what you can't measure"* beschrieben. Von zentraler Bedeutung für die Interpretation sind jedoch nicht allein die Kennzahlen, sondern auch der Prozess des Messens, also das ermitteln dieser Kennzahlen, sowie das strukturierte Vorgehen zur Erstellung. Nachfolgend werden zunächst, als Ausgangspunkt der weiteren Betrachtungen, die Begriffe Kennzahl und Metrik voneinander abgegrenzt.

Die aussagekräftige Verdichtung eines vorhandenen Zahlenmaterials zur Informationsaufbereitung und -übermittlung relevanter Daten kann in Form von Kennzahlen erfolgen. Durch Kennzahlen können Informationen besonders hervorgehoben werden, wodurch ihnen eine hohe Bedeutung auch als Steuerungsfunktionen in Unternehmensprozessen zugesprochen wird. GLADEN (2001, S. 17) beschreibt zusätzlich auch die Unternehmensanalyse als eine Hauptaufgabe von Kennzahlen. Die Analyseaufgabe lässt sich in zwei Kernbereiche teilen: Die externe und interne Unternehmensanalyse. Im Zuge der externen Umweltanalyse werden Kennzahlen vorrangig zur Kunden-, Markt- und Konkurrenzanalyse genutzt. Eine Sonderform der Konkurrenzanalyse ist das Benchmarking, welches als Anwendungsbeispiel in der vorliegenden Forschungsarbeit dienen soll. Über den Begriff der Kennzahlen herrschte lange Zeit keine einheitliche Auffassung. Es setzte sich allerdings Mitte der 70er Jahre ein Begriffsverständnis durch, welches heute weitestgehend anerkannt ist. WÖHE UND DÖRING (2005, S. 239) definiert Kennzahlen als Zahlen, die

[111] Vgl. PREISSLER (2008, S. 3 ff.).

„…quantitative messbare Sachverhalte in aussagekräftiger, komprimierter Form wiedergeben.“ Aus dieser Definition lassen sich die drei wichtigsten Elemente ableiten, die Kennzahlen auszeichnen.[112]

Informationscharakter: Durch Kennzahlen sollen wichtige Sachverhalte und Zusammenhänge beurteilt werden können.

Quantifizierbar: Zur Beurteilung der wichtigen Sachverhalte und Zusammenhänge müssen die zu betrachtenden Variablen quantifizierter sein, also auf einem Skalenniveau messbar sein, so dass hierdurch präzise Aussagen möglich werden.

Komprimiert: Zur übersichtlichen Darstellung der Informationen, so dass Entscheidungsträger einen möglichst schnellen und umfassenden Überblick über betriebliche Sachverhalte erhalten, sollen die Informationen komprimiert dargestellt werden. Einzelinformationen werden somit verdichtet dargestellt.

Die Begriffe Metriken (oder Maße) und Kennzahlen werden häufig synonym genutzt. In der vorliegenden Arbeit werden die Begriffe jedoch voneinander unterschieden. Eine Metrik bezeichnet ein System von Kennzahlen sowie das Verfahren zur Messung einer oder mehrerer quantifizierbaren Größen oder auch Kennzahlen. Eine Kennzahl ist somit das Ergebnis einer Metrik.[113] Da der Bereich der Messung von Software mittels Metriken sowie die Informationsgewinnung aus diesen Metriken im Bereich der Softwareentwicklung intensiv erforscht wurde, bilden die Ergebnisse dieser Forschung die Grundlagen der weiteren Ausführungen.

Eine Softwarequalitätsmetrik wird durch den IEEE-Standard 1061-1992 wie folgt definiert: „Eine Softwarequalitätsmetrik ist eine Funktion, die eine Software-Einheit in einen Zahlenwert abbildet. Dieser berechnete Wert ist interpretierbar als der Erfüllungsgrad einer Qualitätseigenschaft der Software-Einheit.“[114] SOMMERVILLE (2004, S. 655) definiert eine Softwaremetrik allgemein als *„…is any type of measurement that relates to a software system, process or related documentation“*. Softwaremetriken können sich also auf Attribute von ein oder mehreren Objekten bzw. Komponenten der Softwareentwicklung, -wartung oder -anwendung beziehen.[115] Die Anwendung einer Softwaremetrik wird als Softwaremessung bezeichnet. DUMKE (2003, S. 169) definiert die Softwaremessung (engl. *software measurement*) in Anlehnung an FENTON UND PFLEEGER (1996) als den „…Prozess der Quantifizierung von Attributen der Objekte bzw. Komponenten des Software Engineering mit der Ausrichtung auf spezielle Messziele (engl. *measurement goals*) und der ggf. Einbeziehung von Messwerkzeugen (engl. *measurement tools*)“. Dieses Verständnis von Metriken, wenn auch übertragen auf Prozessmetriken, liegt auch der vorliegenden Arbeit zu Grunde.

---

112 Vgl. REICHMANN (2006, S. 15).
113 Vgl. STAATS *et al.* (2009, S. 37) zur Abgrenzung der Begriffe Kennzahl, Metrik und Kennzahlensystem.
114 Vgl. IEEE (1993).
115 Vgl. DUMKE (2003, S. 169).

Nachfolgend wird zunächst im Abschnitt 4.2 die Bedeutung des Messens und der Qualität von Metriken näher erläutert. In Abschnitt 4.3 erfolgt daraufhin eine für diese Arbeit relevante Klassifikation von Metriken. Im abschließenden Abschnitt 4.4 erfolgt eine Betrachtung der GQM-Methoden zur Konstruktion von Metriken.

4.2 Qualität von Metriken

Aufgrund der Bedeutung von Kennzahlen für die Analyse und Steuerung von Unternehmensprozessen, kommt dem Prozess des Messens sowie der Qualität von Metriken selber eine hohe Bedeutung zu. Beide Aspekte haben einen hohen Einfluss auf die ermittelten Kennzahlen und den darauf aufbauenden Interpretationen.

Messen ist ein Prozess, bei dem Zahlen oder Symbole (Messwerte) den Attributen (Eigenschaften) von Objekten der realen Welt zugeordnet werden.[116] Diese Zuordnung erfolgt nach klar definierten Regeln, den Metriken. Die verschiedenen zu messenden Objekte haben bestimmte Eigenschaften, denen beim Messen ein Wert zugeordnet wird. Nicht alle Werte sind notwendigerweise Zahlen. Sie sind jedoch immer einer definierten Skala zugeordnet (zum Beispiel „hoch", „mittel", „gering"). Die Werte stehen über die Messung im Bezug zum Messobjekt, was eine Interpretation der Werte in Hinblick auf das Objekt und seinen Kontext ermöglicht.

Die Grundlage der Zuordnung von Zahlen auf die Eigenschaften von Objekten, also das formale Messen, ist die *Representational Theory of Measurement.*[117] Die Theorie basiert auf der Repräsentationsbedingung (engl. *Representation Condition*): *„The Representation Condition asserts that a measurement mapping M must map entities into numbers and empirical relations into numerical relations in such a way that the empirical relations preserve and are preserved by the numerical relations."*[118] Die Repräsentationsbedingung sagt aus, dass bei einer Messung die empirischen Relationen der Entitäten der realen Welt in den numerischen Relationen erhalten bleiben und die numerischen Relationen wiederum die empirischen Relationen bewahren. Das empirisches Relationssystem repräsentiert dabei das intuitive Verständnis zwischen Einheiten. Zum Beispiel bildet das Attribut „Größe eines Menschen" mit den empirischen Relationen „ist größer", „größer als" und „viel größer als" ein empirisches Relationssystem.[119] Die Kernaktivitäten des formalen Messens sind in Abbildung 4.1 beschrieben.

[116] Fenton und Pfleeger (1998, S. 5) definiert das Messen wie folgt: *„Measurement is the process by which numbers or symbols are assigned to attributes of entities in the real world in such a way to describe them according to clearly defined rules".*

[117] Fenton und Pfleeger (1998, S. 24 ff.).

[118] Vgl. Fenton und Pfleeger (1998, S. 31.).

[119] Für einige Attribute lassen sich keine objektiven Aussagen treffen, da es unterschiedliche subjektive Vorstellungen, zum Beispiel in Bezug auf die Qualität von Wein, geben kann. Die existierenden subjektiven Meinungen können gesammelt werden und durch Bildung einer Grundübereinstimmung als Basis für zukünftige empirische Relationen genutzt werden. Vgl. Fenton und Pfleeger (1998, S. 24 f.).

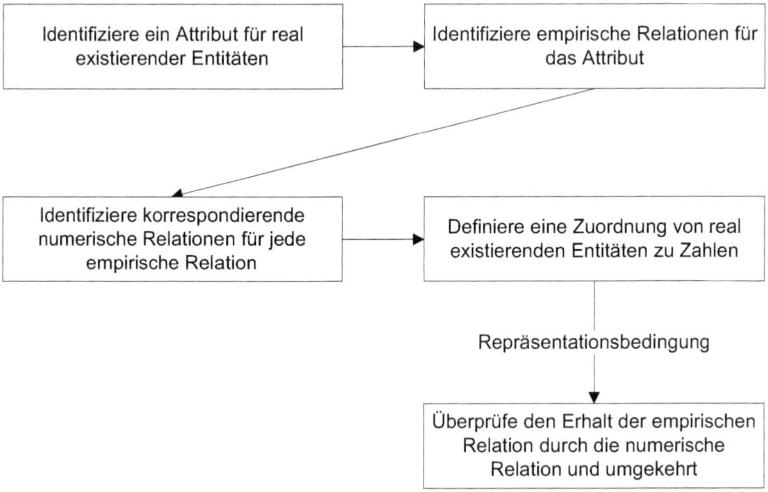

Abbildung 4.1: Kernaktivitäten des formalen Messens
Quelle: In Anlehnung an FENTON UND PFLEEGER (1998, S. 33)

An die Entwicklung von Metrik bzw. der daraus resultierenden Kennzahlen, die zur Messung genutzt werden, wurden durch ITZFELDT (1983) Gütekriterien identifiziert, die in der Literatur weiter präzisiert wurden.[120] Die Folgenden Gütekriterien sind dabei hervorzuheben:

Objektivität: Die Messung soll frei von subjektiven Einflüssen erfolgen. Da die Berechnung der meisten Kennzahlen computergestützt erfolgt, ist dies in diesen Fällen automatisch erfüllt.

Robustheit: Die Ergebnisse einer Messung müssen belastbar sein, so dass bei einer Wiederholung das gleiche Ergebnis erzielt wird. Die Erfüllung des Objektivitätskriteriums ist hierbei eine notwendige, aber keine hinreichende Bedingung.

Vergleichbarkeit: Die verschiedenen Messungen einer Kennzahl mittels einer Metrik müssen zu jeder Zeit zueinander in Relation gesetzt werden können. Erst hierdurch können zu messende Prozesse, Ressourcen oder Produkte miteinander verglichen werden. Insbesondere für das Benchmarking ist dies ein wichtiges Kriterium an eine Metrik.

Ökonomie: Die Messung mittels eine Metrik muss in einer Kosten-Nutzen-Relation ökonomisch sinnvoll sein. Die Erhebung der Kennzahl sollte also nicht höhere Kosten verursachen, als ihr Erkenntniswert ist.

Korrelation: Die ermittelten Kennzahlen sollen einen möglichst soliden Rückschluss auf die überwachte Eigenschaft oder Kenngröße haben.

Verwertbarkeit: Der Einsatz von Metriken macht in der Praxis lediglich Sinn, wenn unterschiedliche Messergebnisse das zukünftige Handeln unterschiedlich beeinflussen. Das Messen einer Kennzahl mittels einer Metrik sollte also nicht zum Selbstzweck durchgeführt werden.

Zu objektiven Bewertung mittels Metriken sind die Gütekriterien Objektivität, Robustheit und Korrelation sehr wichtig. Keine Metrik kann jedoch alle Kriterien erfüllen, so dass in der Praxis meist ein Kompromiss eingegangen und eine Metrik gewählt werden muss, die für die konkrete Fragestellung wichtigsten Kriterien in hinreichendem Ausmaß erfüllt. Zusammenfassend lässt sich sagen, dass zur Messung einfache Maße benötigt werden, die aussagekräftig und relevant sind. Sie sollten aufeinander abgestimmt sein, damit die daraus abgeleiteten Aussagen sich ergänzen.[121]

[120] Vgl. HOFFMANN (2008, S. 248 f.).

[121] Vgl. WALLMÜLLER (2001, S. 44) sowie SOMMERVILLE (2004, S. 516).

4.3 Klassifikation von Metriken

Aufgrund diverser Einsatzmöglichkeiten von Metriken erfolgt die Klassifikation von Metriken in der Literatur anhand einer Vielzahl an Merkmalen. Eine Übersicht über in dieser Arbeit als relevant eingeordneter Merkmale bietet Tabelle 4.1.

<table>
<tr><th>Merkmal</th><th colspan="6">Merkmalsausprägung</th></tr>
<tr><td>Gegenstand</td><td colspan="2">Prozess</td><td colspan="2">Ressource</td><td colspan="2">Produkt</td></tr>
<tr><td>Attribute</td><td colspan="3">Intern (direkt)</td><td colspan="3">Extern (indirekt)</td></tr>
<tr><td>Ermittlung</td><td colspan="3">Objektiv</td><td colspan="3">Subjektiv</td></tr>
<tr><td>Perspektive</td><td colspan="3">Vorhersagend</td><td colspan="3">Erklärend</td></tr>
</table>

Tabelle 4.1: Klassifikation von Metriken

Fenton und Pfleeger (1998, S. 74) beschreiben als ein Merkmal von Softwaremetriken den **Gegenstand** (Objekt), auf den sich die Metriken beziehen. Die Autoren unterscheiden hierbei die folgenden 3 Merkmalsausprägungen, die auch allgemein für Metriken im betriebswirtschaftlichen Bereich genutzt werden können:[122]

Prozess: Prozessmetriken für diejenigen Aktivitäten, die sich auf die Bearbeitung von Software oder allgemein Produkten beziehen.

Ressource: Ressourcenmetriken für diejenigen Mittel, die für einzelne Prozesse benötigt werden.

Produkt: Produktmetriken für diejenigen Artefakte, die das Ergebnis eines Prozesses sind.

Eine weitere Klassifikation von Metriken ist anhand der **Attribute** oder Eigenschaften der zu messenden Objekte möglich. Fenton und Pfleeger (1998, S. 74) differenzieren hierbei folgende Merkmalsausprägungen:

Intern (direkt): Interne Attribute oder Eigenschaften eines Prozesses, Produkts oder Ressourcen sind diejenigen Attribute, die nicht in Bezug auf den zugrundeliegenden

[122] Vgl. Fenton und Pfleeger (1998, S. 74).

Prozess, das Produkt oder die Ressource selbst gemessen und somit unabhängig von dem Verhalten gemessen werden können.

Extern (indirekt): Externe Attribute oder Eigenschaften eines Prozesses, Produkts oder Ressourcen sind diejenigen Attribute, die lediglich in Bezug zu der Umgebung, in der der zugrundeliegende Prozess, das Produkt oder die Ressource agiert, gemessen werden können.

Eine weitere Unterscheidung von Metriken, die im Rahmen dieser Arbeit relevant sind, kann laut BALZERT (1998) anhand der **Ermittlung** der Kennzahl erfolgen:

Objektiv: Objektive Metriken sind leicht quantifizierbar und messbar (Prozessumfang, Durchlaufzeit etc.).

Subjektiv: Subjektive Metriken erfordern eine menschliche Einschätzung (Abdeckung der Problemdomäne durch einen Prozess).

Das in dieser Arbeit letzte relevante Kriterium zur Klassifikation von Metriken ist die **Perspektive** auf den zu betrachtenden Gegenstand. Anhand dieses Kriteriums können Metriken wie folgt unterschieden werden:

Vorhersagend: Vorhersagende Metriken können Kennzahlen im voraus ermitteln bzw. generieren und könne somit zur Steuerung eingesetzt werden.

Erklärend: Erklärende Metriken werden im Nachhinein ermittelt und geben Rückschlüsse über einen vorherigen Zustand eines Gegenstandes.

4.4 Konstruktion von Metriken

Eine grundlegende Voraussetzung für eine gute Qualität des Messens mittels Metriken ist das Einhalten der in Abschnitt 4.2 beschriebenen Gütekriterien. Zur Einhaltung der Gütekriterien muss ein strukturiertes Vorgehen zur Erstellung von Metriken gewählt werden, welches dies unterstützt.

Ein systematisches und strukturiertes Verfahren zur Operationalisierung der Erstellung von Metriken ist die *Goal-Questions-Metrics*-Methode (GQM), die BASILI UND ROMBACH (1988) vorgestellt haben.[123] Die GQM-Methode ist in der Literatur stetig erweitert und diskutiert worden. Beispielhaft seinen hier OLSSON UND RUNESON (2001) (V-

[123] Neben der GQM-Methode existieren weitere Qualitätsmodelle, deren Ziel jedoch meist nicht ein entwicklungs- oder unternehmensspezifisches Qualitätsmodell für Metriken ist. Als Vertreter können die *Factors-Criteria-Metrics*-Methode (FCM) von MCCALL *et al.* (1977) oder der *Quality Function Deployment Approach* (QFD) von BALZERT (1998) genannt werden. Aufgrund der Einfachheit und der weiten Verbreitung der GQM-Methode wurde diese für das weitere Vorgehen gewählt.

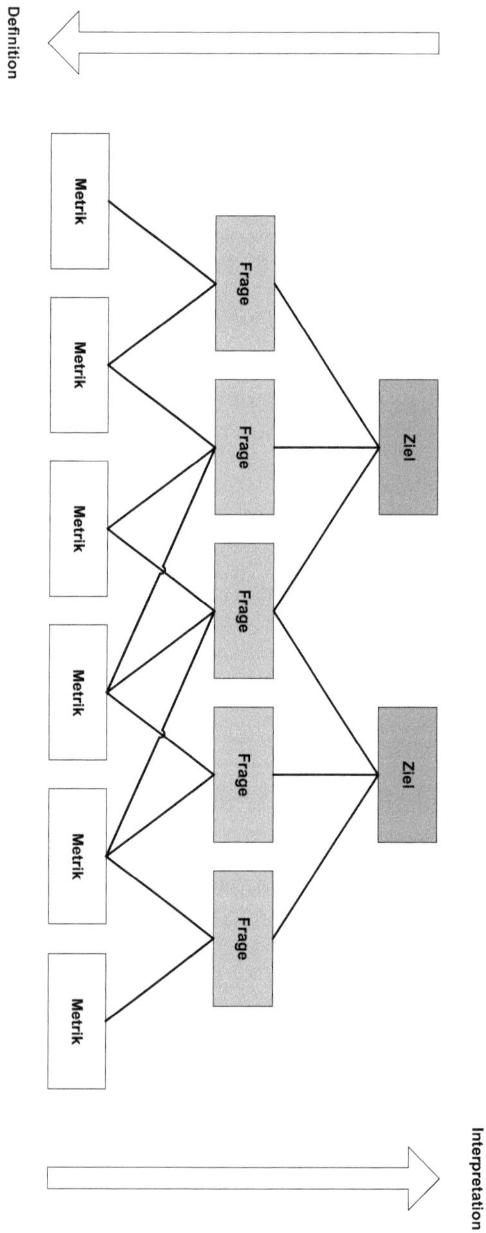

Abbildung 4.2: Hierarchische Struktur des GQM-Methode
Quelle: In Anlehnung an BASILI *et al.* (1994, S. 529) und WALLMÜLLER (2001, S. 34)

GQM), BRIAND *et al.* (2002) (GQM|MEDEA) sowie BERANDER UND JÖNSSON (2006) genannt. Die Grundsätzliche hierarchische Struktur der Methode ist in Abbildung 4.2 dargestellt und beinhaltet drei Level:[124]

Konzeptionelles Level (engl. *goal*) Für einen Gegenstand oder ein Objekt wird aus verschiedenartigen Gründen, welche unterschiedliche Qualitätsmodelle und Sichtweisen in Bezug auf die zu betrachtende Umgebung berücksichtigen, ein Ziel definiert. Messbare Objekte sind, wie in Abschnitt 4.3 beschrieben Produkte, Prozesse oder Ressourcen.

Operatives Level (engl. *question*) Eine Menge an Fragen werden genutzt bzw. erarbeitet, um die Art der Zuordnung bzw. Erreichung eines spezifischen Ziels auf Basis eines charakterisierenden Modells zu beschreiben. Die Fragen versuchen das messbare Objekt (Produkt, Prozess, Ressource) unter Berücksichtigung eines gewählten Qualitätsergebnisses zu beschreiben und ihre Qualität, in Bezug auf die gewählte Sichtweise, zu ermitteln.

Quantitatives Level (engl. *metric*) Daten werden den Fragen zugeordnet, um diese quantitativ beantworten zu können. Diese Daten sind *objektiv*, wenn sie nur von dem messbaren Objekt abhängen und nicht von der Sichtweise die eingenommen wird, oder *subjektiv*, wenn sie von beidem abhängen, dem messbaren Objekt und der Sichtweise auf das Objekt.

Das Vorgehen bei der Erstellung (Definition) von Metriken mittels der *top-down Goal-Questions-Metrics*-Methode erfolgt anhand der beschriebenen Level, wohingegen die Interpretation der resultierenden Ergebnisse aus den Metriken (Kennzahlen) *bottom-up* erfolgt (siehe auch Abbildung 4.2).[125] Die Operationalisierung der Qualitätsvorstellungen geschieht bei dem Vorgehen mittels der GQM-Methode anhand der folgenden Schritte:

Schritt 1: Im ersten Schritt erfolgt die Definition der Ziele. Bei der Definition eines Ziels werden fünf Aspekte unterschieden: Das Objekt der Messung, mit dem das Ziel verbunden ist (Produkt, Prozess, Ressource); der Zweck der Messung, auf das sich das Ziel bezieht (Verbesserung, Auswertung etc.); der Qualitätsfokus, auf den sich das Ziel bezieht (Performance, Effizienz etc.); die Perspektive, von der aus das Messobjekt betrachtet wird (Kunde, Mitarbeiter etc.); sowie der Kontext der Betrachtung (Angaben über Firma, Abteilung etc.). Der letzte Aspekt wird in der Literatur als optional beschrieben.

Schritt 2: Ein Ziel wird durch eine Anzahl von Fragen konkretisiert, deren Beantwortung die aktuelle Situation und Veränderungen in der Organisation mit Bezug auf das Ziel klären helfen.

124 Siehe BASILI *et al.* (1994, S. 528 f.).

125 OLSSON UND RUNESON (2001) stellen das V-GQM vor, dass die Perspektive der GQM-Methode auf den gesamten Lebenszyklus erweitert und somit auch die Interpretation und Anpassung von Zielen, Fragen und Metriken beinhaltet.

Schritt 3: Für jede Frage werden Metriken angegeben, deren Erfassung eine quantitativ gestützte Beantwortung ermöglicht. Die Metriken können sowohl subjektiver als auch objektiver Natur sein. Sollen mehrere Metriken zur Beantwortung einer Frage zusammengefasst werden, müssen die Werte der Merkmale normiert werden. Ziel einer Normierung ist, unterschiedliche Merkmale auf den gleichen Wertebereich zu transformieren und auf diese Weise Verzerrungen im Merkmalsraum auszugleichen. Der Grund dafür liegt in den oftmals großen Spannweiten einzelner Merkmale, die aufgrund verwendeter Distanzmetriken oder Gewichtungen stärker in das Ergebnis eines Vergleichs einfließen würden als Merkmale mit kleinen Spannweiten.

Schritt 4: Für die identifizierten Metriken erfolgt die Entwicklung von Mechanismen zur Datensammlung. Es wird beschrieben, wie die Daten und Maße zu erfassen sind, und wie diese in einem Plan festgehalten werden können.

Schritt 5: Im letzen Schritt erfolgt die Datensammlung, Analyse und Interpretation der gesammelten Daten.

Teil II

Konzept und Evaluation

Kapitel 5

Problemidentifikation und -motivation

5.1 Überblick

Wie in Abschnitt 1.1 motiviert, sehen sich Unternehmen heute vielfältigen und sich beschleunigenden Veränderungen und Umwelteinflüssen ausgesetzt. Um den damit einhergehenden stetigen Veränderungen der Geschäftsprozesse zu begegnen, nutzen die Unternehmen wiederkehrende Analysen sowie den Vergleich ihrer Geschäftsprozesse mit dem Ziel der effektiven und effizienten Gestaltung und Anpassung dieser Prozesse.

Eine zentrale Bedeutung kommt bei der Analyse, sowie einem darauf aufbauenden Vergleich der Geschäftsprozesse, der Dokumentation und Beschreibung dieser Prozesse als Ausgangspunkt einer jeden Betrachtung zu. Laut SCHEER (2002, S. 3) schafft die Dokumentation von Geschäftsprozessen durch Prozessmodelle[126] zunächst einmal das Wissen über die Struktur und die Abläufe der unternehmerischen Aktivitäten sowie die Möglichkeit zur Analyse und kontinuierlichen Verbesserung. Somit kann die Prozessdokumentation als notwendige Voraussetzung für eine Analyse und einem Vergleich angesehen werden. In Abschnitt 1.1 wurde eine automatisierte Unterstützung bei der Analyse und dem Vergleich von Geschäftsprozessen und dem zugrunde liegenden Begriffsverständnis als ein Beitrag zur Reduktion des Aufwands bei der Gestaltung und Anpassung der Prozesse motiviert. Weiterhin wurde eine effizientere Kommunikation und Diskussion über die Prozesse beschrieben. In Abschnitt 1.2 wurde, aufbauend auf dieser Erkenntnis, die dieser Arbeit zugrunde liegende wissenschaftliche Zielsetzung definiert.

Der identifizierte Bedarf einer Lösung zur zentralen Speicherung von Prozessinformationen zur automatisierten Analyse und zum Vergleich dieser Informationen sowie die wissenschaftliche Zielsetzung sind Ergebnisse der Forschungsaktivitäten[127] *A1: Problemidentifikation und -motivation* und *A2: Ziel einer Lösung*. Im Folgenden werden diese

[126] Zur Einführung und Klassifikation von Prozessmodellen siehe Abschnitt 2.7.

[127] Die zugrunde liegende Forschungsmethodik ist in Abschnitt 1.4 beschrieben.

Forschungsaktivitäten und deren Ergebnisse detailliert dargestellt. Zunächst werden in Abschnitt 5.2 die Analyse und der Vergleich von Prozessen mittels Prozessmodellen sowie identifizierte Optimierungspotenziale aufgezeigt. Im Anschluss folgt in Abschnitt 5.3 ein Literaturreview mit dem Ziel der Aufarbeitung des aktuellen Standes der Forschung und Identifizierung schon existierender (Teil-)Lösungen in diesem Bereich. Das Kapitel schließt in Abschnitt 5.4 mit der Beschreibung von Zielen zur Erstellung eines Konzepts zur automatisierten Analyse und zum Vergleich von Prozessen.

5.2 Analyse und Vergleich von Prozessen mittels Prozessmodellen

Als notwendige Voraussetzung für eine Analyse und einen Vergleich von Geschäftsprozessen wurde die Dokumentation von Prozessmodellen identifiziert. Erst auf Grundlage bestehender Prozessdokumentationen können durch manuelle oder automatisierte Interpretationen Optimierungspotentiale identifiziert, diskutiert und Prozesse verglichen werden. Die Prozessdokumentation bildet daher in Abschnitt 5.2.1 den Ausgangspunkt der vorliegenden Betrachtung. Aufbauend auf der Prozessdokumentation werden die bestehenden Optimierungspotenziale im Bereich der automatisierten Prozessanalysen und -vergleiche mittels dieser Informationen in Abschnitt 5.2.2 erarbeitet. Da insbesondere im Bereich des Geschäftsprozessmanagement die Analyse von Geschäftsprozessen sowie der Vergleich mit anderen Unternehmen (Benchmarking), mit dem Ziel die Wettbewerbsfähigkeit eines Unternehmens zu erhöhen und dessen betriebswirtschaftliches Ergebnis zu verbessern, ein häufiger Vorgang ist, wird der Anwendungsfall des Prozessbenchmarking in Abschnitt 5.2.3 motiviert. Der Anwendungsfall wird auch im Weiteren zur Konzeption und Evaluation sowie der Identifizierung von Anwendungspotentialen genutzt.

5.2.1 Prozessdokumentation

Zur Dokumentation organisatorischer Richtlinien, Geschäftsprozesse und ggf. auch Regeln werden in der Literatur vier grundsätzlich mögliche Dokumentationsformen, mit unterschiedlichen Vor- und Nachteilen, beschrieben:[128]

Beschreibung als Text: Die Beschreibung der Prozesse erfolgt in einer natürlichen Sprache mittels eines Textverarbeitungsprogramms. Die Beschreibung ist sehr flexibel und leicht verständlich, sofern die Problemdomäne und geschäftsspezifischen Ausdrücke bekannt sind. Bei komplexen Prozessen kann die Beschreibung sehr umfangreich und unübersichtlich werden, so dass eine Validierung, ob zum Beispiel alle Prozessinhalte erfasst wurden, sich als sehr schwierig erweist. Eine automatisierte Analyse und ein Vergleich ist mit Hilfe dieser Dokumentation nicht möglich.

[128] Vgl. ALLWEYER (2005, S. 130 ff.).

Tabellarische Darstellung: Bei dieser Dokumentationsform erfolgt die Beschreibung mittels Tabellen eines Tabellenkalkulationsprogramms. Die Erfassung ist, wie die Beschreibung als Text, sehr flexibel und leicht verständlich, hierbei jedoch kompakter und, zumindest für einfache Prozesse, übersichtlicher. Der Vergleich und die inhaltliche Prüfung ist mit dieser Dokumentationsform wesentlich einfacher. Die Erfassung von Kontrollflüssen und Zusammenhängen zwischen den einzelnen Prozessschritten ist jedoch auch nur bedingt möglich.

Grafische Darstellung ohne Verwendung einer bestimmten Notation: Es können zur Beschreibung beliebige Grafikprogramme gewählt werden. Meist erfolgt eine Ablaufbeschreibung mittels Rechtecken, Pfeilen, weiteren grafischen Elementen sowie weiterführenden Erläuterungen mittels Text an den einzelnen Elementen. Eine Erstellung solcher Dokumentationen ist sehr einfach und Kontrollflüsse können übersichtlich dargestellt werden. Aufgrund einer fehlenden Vorgabe der Notation erfolgt eine uneinheitliche Darstellung eines Prozesses durch mehrere Modellierer. Die Modelle werden bei intensiver Nutzung aller Möglichkeiten der Grafikprogramme meist unübersichtlich, wodurch eine systematische Analyse und ein Vergleich erschwert wird. Eine automatisierte Verarbeitung dieser Informationen ist nicht möglich.

Grafische Modelle mit Hilfe einer definierten Notation: Die Modellierung und Dokumentation von Geschäftsprozessen mittels einer definierten Notation kann mit Hilfe geeigneter Modellierungsprogramme oder Grafikprogramme erfolgen. Modellierungsprogramme bieten den Vorteil, dass der Modellierer bei der Auswahl von Modellelementen beschränkt ist. Es sind nur Elemente der gewählten Notation erlaubt. Hierdurch können Kontrollflüsse anschaulich dargestellt werden und die Modelle sind insgesamt sehr übersichtlich. Weiterhin können einige Modellierungselemente auch durch weiter Attribute wie Durchlaufzeiten und Kosten erweitert werden. Einige der Modellierungsprogramme stellen eine Auswertung, Analyse und Weiterverarbeitung der Modelle gemäß einer bestimmten Notation zur Verfügung. Ein Nachteil dieser Dokumentationsform ist, dass die Notation zunächst erlernt werden muss und einige dieser Notationen sehr komplex sein können. Auch besteht bei der Interpretation der Modelle, die mittels einer einheitlichen Notation erstellt wurden, ein gewisser Spielraum.[129] Ergebnis der hier beschriebenen Art der Dokumentation von Geschäftsprozessen sind semi-formale Prozessmodelle.

Da ausschließlich grafische Modelle mit Hilfe einer definierten Notation im Ergebnis automatisiert auswertbare semi-formale Prozessmodelle erzeugen, wird im Weiteren ausschließlich diese Art der Dokumentation betrachtet. Die Wahl der Notation zur Prozessbeschreibung ist entweder dem Modellierer vorbehalten oder sie wird durch Unternehmensrichtlinien vorgegeben. Zusätzlich erfolgt die Wahl einer Notation auch aufgrund des Ziels der Prozessdokumentation. Daher wurden zur optimalen Beschreibung des zu un-

[129] Zur Reduktion dieses Interpretationsspielraumes wurden Modellierungskonventionen und Regeln zur Prozessmodellierung erstellt (siehe Abschnitt 2.3). Jedoch kann der Interpretationsspielraum durch Konventionen und Regeln nicht gänzlich überwunden werden.

terstützenden Anwendungsbereichs verschiedene Notationen bzw. Prozessmodellierungssprachen entwickelt.[130] Eine automatisierte Analyse von semi-formalen Prozessmodellen muss aufgrund dieser Voraussetzung unabhängig von der gewählten Notation sein.

Zur Reduktion der Komplexität werden zusätzlich auch unterschiedliche Abstraktionsgrade der Modellierung unterschieden. MARKOVIC *et al.* (2009, S. 685 f.) unterscheiden 6 Ebenen der Abstraktion mit unterschiedlichen Zielsetzungen und Detaillierungsgraden in der Modellierung (siehe Abbildung 5.1). Prozessmodelle auf der obersten Ebene (*Business Motivation*) weisen hierbei den geringsten Detaillierungsgrad auf, da die Modellierung auf dieser Ebene den Fokus auf Strategien, Metriken und Zielen hat, während Prozessmodelle auf der untersten Ebene (*Business Process Step*) jeden Prozessschritt detailliert beschreiben. Diese Modelle werden zur Ablaufsteuerung etc. genutzt und sind aufgrund ihrer Detaillierung für ein Prozessbenchmarking geeignet.

Neben den unterschiedlichen Modellierungssprachen und dem gewählten Abstraktionsgrad der Prozessmodelle unterscheiden sich die Modelle eines Prozesses auch in Bezug auf die Ausprägung der zu modellierenden Informationen.[131] MARKOVIC *et al.* (2009, S. 686 ff.) beschreiben die unterschiedlichen Informationen über einen Prozess aus einer prozessorientierten Sicht, die in Abbildung 5.2 illustriert sind. Weiterhin vertreten MARKOVIC *et al.* (2009, S. 688) die Auffassung, dass alle diese Informationen auf jedem Abstraktionslevel mehr oder weniger detailliert vorhanden sein müssen. Aus Sicht der Analyse von Prozessmodellen wird diese Ansicht in dieser Arbeit geteilt und eine mögliche Informationsanreicherung von Prozessmodellen soll beachtet werden. Zum automatisierten Leistungsvergleich von Prozessen anhand ihrer Modelle, sind zum Beispiel die Angaben von Leistungsinformationen, zur möglichen Verdichtung dieser zu *Key Performance Indicators*, notwendig.

Zur vollständigen Beschreibung eines Prozesses über alle Abstraktionsebenen und Prozesssichten, in der oben dargestellten Form, ist nicht nur ein Prozessmodell ausreichend. Daher existieren mitunter eine Vielzahl von Modellen eines Prozesses in einem Unternehmen. Ggf. auch in unterschiedlichen Sprachen.[132] Um jedoch die Anzahl der Modelle eines Prozesses in der Praxis zu beschränken und mehrere Sichten auf einen Prozess zu integrieren, werden einige Prozessmodelle mit Fließtext um Informationen angereichert, die nicht durch die Notation der gewählten Modellierungssprache abgedeckt sind. Dies haben ZUR MUEHLEN UND INDULSKA (2010) zum Beispiel bei der Modellierung

[130] Eine Übersicht ist in Abschnitt 2.7 dargestellt.

[131] Nach Ansicht von GREEN UND ROSEMANN (2000, S. 78) sollte die Prozessmodellierung mehr als nur eine Visualisierung von Kontrollflüssen ergeben.

[132] ZUR MUEHLEN *et al.* (2007a) haben unter Verwendung des BWW-Models (siehe Abschnitt 6.2.1) die Beschreibungsmöglichkeiten von Prozessmodellierungssprachen und Geschäftsregelsprachen untersucht. Sie kamen zu dem Ergebnis, dass die Kombination der Prozessmodellierungssprache BPMN mit der Geschäftsregelsprachen SRML (siehe COVER PAGES (2001)) die höchste Aussagekraft besitzt. Jedoch gibt es auch hier sich überschneidende Konstrukte, so dass eine Kombination von Modellierungssprachen auch zu Fehlinterpretationen führen kann.

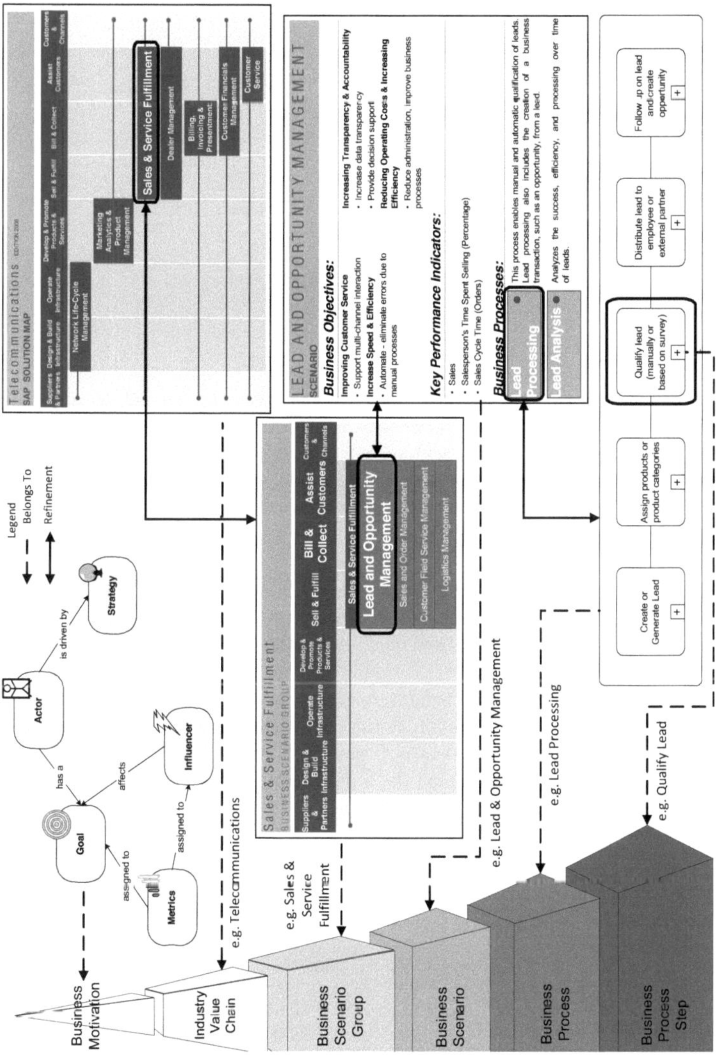

Abbildung 5.1: Abstraktionslevel
Quelle: MARKOVIC *et al.* (2009, S. 686)

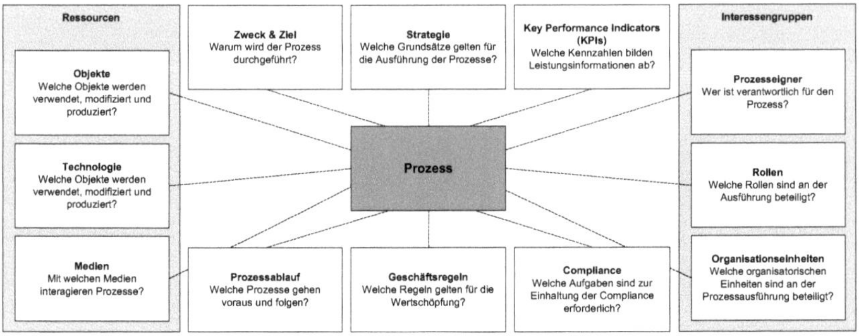

Abbildung 5.2: Prozessinformationen
Quelle: In Anlehnung an MARKOVIC *et al.* (2009, S. 687)

von Geschäftsregeln im Zusammenhang der Geschäftsprozessmodellierung festgestellt.[133] Hierbei werden die Prozessregeln innerhalb des Modells mittels Fließtext erfasst. Diese Informationen entziehen sich jedoch durch ihre unstrukturierte Form einer automatisierten Auswertung sowie Wiederverwertung und sind daher für die vorliegende Arbeit kritisch zu sehen. Das Konzept muss daher die Möglichkeit zur Erweiterung bieten, so dass auch diese Informationen für den speziellen Anwendungsfall bzw. die benötigte Analyse betrachtet werden können.

Zur formalen Erfassung von Prozessinformationen bzw. einer semantischen Beschreibung von Modellkonstrukten wird eine semantische Erweiterung von Prozessmodellen in den letzten Jahren diskutiert.[134] Unter einer semantischen Erweiterung oder Annotation[135] von Prozessmodellen wird der Vorgang zur Anreicherung von Prozessmodellen durch weiterführende semantische Informationen verstanden. Ausgangspunkt ist ein Prozessmodell, welches durch eine in der Praxis gebräuchlichen Modellierungssprache entwickelt wurde, sowie eine formale Wissensbasis bzw. Ontologie.[136] Das Ergebnis dieses Vorgangs mündet in einer Erweiterung der Prozessmodellierungssprachen, mit deren

[133] *„In a recent study of the representational capabilities of the Business Process Modeling Notation (BPMN), we found that organizations frequently supplement their BPMN process models with textual annotations of business rules* RECKER *et al. (2006). This practice introduces problems regarding the consistency, reuse, and enforcement of rules – problems that are acknowledged by some of the organizations using this technique“* (vgl. ZUR MUEHLEN UND INDULSKA (2010, S. 3)). Vgl. auch ALLWEYER (2005, S. 138).

[134] Eine Übersicht von Modellierungsleistungen und wie diese durch semantische Technologien unterstützt werden können bieten FELLMANN *et al.* (2010b).

[135] Eine Annotation enthält Erläuterungen und zusätzliche Informationen zu einem Objekt. Das annotierte Objekt kann z.B. ein Textdokument oder Modellelement sein. Die Annotation kann in Form einer Hervorhebung oder Markierung bestimmter Elemente, als Textbemerkung oder Verweis zu einer anderen Ressource existieren. Von einer semantischen Annotation spricht man, wenn die Annotation von Maschinen gelesen und verarbeitet werden kann. Eine detaillierte Beschreibung und Einordnung des Begriffs in verschiedene Kontexte bieten BETTENCOURT *et al.* (2006).

[136] Siehe Abschnitt 3.

Hilfe die in natürlicher Sprache formulierte Semantik der Bezeichner von Prozessmodellelementen durch formale Begriffe einer Ontologie repräsentiert werden können. Laut THOMAS UND FELLMANN (2009b, S. 2) können durch diese Formalisierung der modellelementbezogenen Semantik „...die mit der Verwendung der natürlichen Sprache einhergehenden Interpretationsspielräume eliminiert sowie die Suche in Modellierungswerkzeugen verbessert werden."

Als notwendige Voraussetzung für eine automatisierte Auswertung von Prozessinformationen wurde eine Beschreibung des zu untersuchenden Prozesses in einer semi-formalen Notation identifiziert. Weiterhin bietet sich eine detaillierte Beschreibung auf der untersten Ebene für jeden Prozessschritt an (siehe Abbildung 5.1). Es wurden die folgenden Probleme aufgrund der gängigen Dokumentation von Prozessen mittels Prozessmodellen in Bezug auf eine automatisierte Auswertung identifiziert:

Prozesssicht und Sprache: Prozesse werden mittels einer bestimmten Prozessmodellierungssprache dokumentiert, die auf eine bestimmte Sicht auf den Prozess spezifiziert ist. Da die gewählte Modellierungssprache auf die Dokumentation des Prozesses dieser Sicht optimiert ist, ist lediglich eine Auswertung dieser Sichtweise mit Hilfe der Notation möglich.

Keine formalen Modelle: Informationen sind nicht in formalen Modellen gespeichert. Lediglich in semi-formalen Modellen, die ggf. um Fließtext oder formale Wissensbasen erweitert werden.

Keine Wiederverwertung: Eine Wiederverwertung der als Fließtext erfassten Informationen ist schwierig, da diese stets durch den Modellierer analysiert und verarbeitet werden müssen. Zu diesen Prozessinformationen fehlt zusätzlich eine zentrale Speicherung.

Vorhandene Prozessinformationen: In den Prozessbeschreibungen werden Leistungsinformationen wie Finanz- oder Transaktionsinformationen nicht oder nur unzureichend berücksichtigt.

Vereinheitlichung: Prozesse werden durch viele unterschiedliche Modelle mit unterschiedlichen Sichten auf den Geschäftsprozess dokumentiert. Um alle vorhandenen bzw. dokumentierten Prozessinformationen automatisiert auswerten zu können, müssen diese vereinheitlicht werden.

Benötigte Informationen in Bezug auf das Analyseziel: Insgesamt liegt die benötigte Prozessbeschreibung im Spannungsfeld der späteren Analyse und der Daten die hierzu benötigt werden. Es müssen alle relevanten Informationen über den Prozess zur Analyse vorhanden sein.

5.2.2 Analyse und Vergleich von Prozessmodellen

Um eine automatische Analyse und einen Vergleich von Geschäftsprozessen zu erreichen, müssen formale oder semi-formale Beschreibungssprachen bzw. Notationen zur Dokumentation der Prozesse gewählt werden.[137] Die Nutzung von Prozessmodellierungssprachen ist somit eine notwendige Bedingung zur effizienten automatischen Analyse und zum Vergleich von Prozessen.

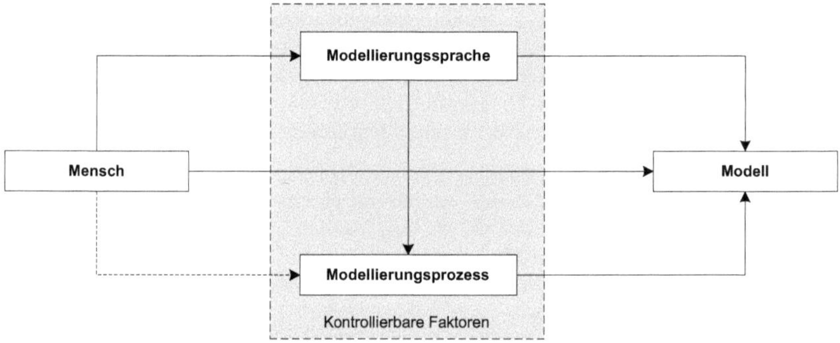

Abbildung 5.3: Einflussfaktoren auf das Ergebnis der Modellierung
Quelle: HADAR UND SOFFER (2006, S. 573)

Unter einer Prozessanalyse wird im Folgenden die systematische Untersuchung (Analyse) von Prozessen verstanden. Hierbei findet eine Zerlegung des Prozesses in seine Einzelteile statt, um Verständnis über den Prozess als Ganzes zu erlangen und um Schwachstellen und Verbesserungspotentiale aufzuzeigen. Diese Zerlegung muss auf ein vorher festgelegtes Analyseziel ausgerichtet sein. Im Bereich des Geschäftsprozessmanagement zielt eine solche Analyse meist auf die Validierung und Auswertung der Prozessmodelle bzw. Dokumentationsqualität und nicht auf den beschriebenen Prozess ab. Qualitative Auswertungen stehen somit bei diesen Analysen meist nicht im Fokus der Betrachtung.[138] Bei der Analyse von Prozessmodellen muss in Betracht gezogen werden, dass der Prozess der Modellierung erheblichen Einfluss auf das Ergebnis der Modellierung hat. HADAR UND SOFFER (2006) beschreiben die Einflussfaktoren auf das Modell, als Ergebnis der Modellierung (siehe Abbildung 5.3). Als Einflussfaktoren identifizieren sie den Menschen (Modellierer) sowie die ausgewählte Modellierungssprache und den Modellierungsprozess. Die beiden letzteren Einflussfaktoren gilt es nach Ansicht der Autoren zu kontrollieren. Der Einfluss des Modellierers kann durch Vorgaben und Richtlinien[139] lediglich abgeschwächt werden (als gestrichelter Pfeil in Abbildung 5.3 dargestellt). Daher muss das Verständnis des Modellierers über den modellierten Realitätsausschnitt bzw. Prozess ex-

[137] Siehe Abschnitt 5.2.1.
[138] Vgl. VOM BROCKE *et al.* (2010, S. 2).
[139] Siehe Abschnitt 2.3.

pliziert werden. Nur so kann ein einheitliches Verständnis bei der Interpretation und Analyse vorausgesetzt werden.

Der Vergleich und die Analyse von Prozessmodellen muss auf einem einheitlichen syntaktischen und semantischen Verständnis des Prozessmodells und der modellierten Problemdomäne (Realitätsausschnitt) erfolgen. Für ein einheitliches Verständnis müssen folgende fundamentale Aspekte identifiziert und betrachtet werden:[140]

Syntaktischer Aspekt: Es werden zur Prozessmodellierung unterschiedliche Sprachen und schwer vergleichbare Notationen bzw. Syntax genutzt.

Semantischer Aspekt I: Die Semantik der Konstrukte der einzelnen Modellierungssprachen sind nicht vergleichbar.

Semantischer Aspekt II: Die Semantik der modellierten Elemente in den einzelnen Prozessmodellen sind nicht vergleichbar.

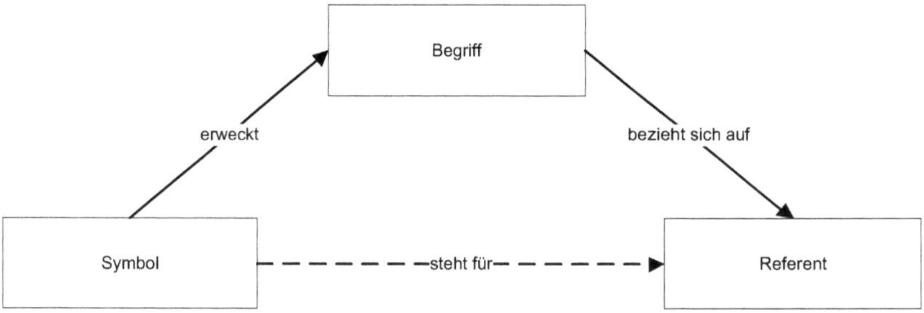

Abbildung 5.4: Semiotisches Dreieck
Quelle: OGDEN UND RICHARDS (1923)

Die Ursachen für die **semantischen Aspekte I** und **II** können durch das semiotische Dreieck begründet werden (siehe Abbildung 5.4).[141] Die Kernaussage ist, dass ein Symbol keinen direkten Bezug zu dem damit repräsentierten Referent (Ding) besitzt. Der Bezug wird erst indirekt durch einen Begriff ermöglicht, welcher sich auf den Referenten bezieht. Dies bedeutet, dass ein Mensch sich bei der Interpretation eines Modells zunächst über ein mit den Symbolen assoziiertes Bergiffsverständnis ein internes mentales Modell erstellt. Da die Begriffsbildung abhängig vom Vorwissen (Weltbild) und der Vorstellungskraft des Menschen ist, führt dies zu einer unterschiedlichen Interpretation und Modellierung eines Realweltausschnittes mittels eines Modells. Insbesondere der **seman-**

140 Die Aspekte sind nicht speziell auf Prozessmodelle ausgerichtet und können auch auf allgemeine Informationsmodelle übertragen werden. Vgl. HARS (1994, S. 194 ff.).

141 Siehe auch Abschnitt 2.2.

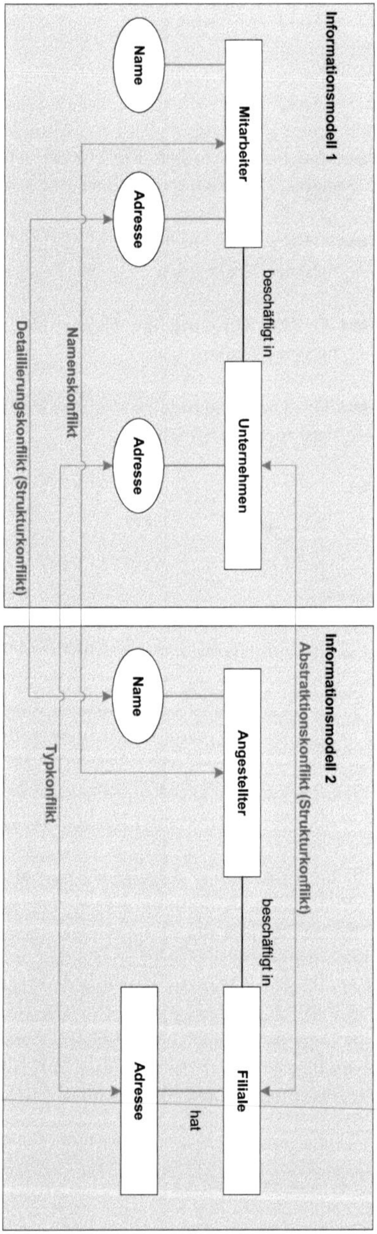

Abbildung 5.5: Konflikttypen beim Vergleich von Informationsmodellen
Quelle: In Anlehnung an PFEIFFER UND GEHLERT (2005, S. 115)

tische Aspekt II ist in der Literatur eingehend untersucht worden.[142] Dieser Aspekt führt zu folgenden Konflikttypen (siehe Abbildung 5.5):

Namenskonflikt: Namenskonflikte entstehen durch etwaige Sprachdefekte (Homonyme, Synonyme). Homonyme (identische Begriffe für unterschiedliche Realweltobjekte) können zu fehlerhaften Erkenntnissen führen, während Synonyme (unterschiedliche Begriffe für identische Realweltobjekte) die Identifikation von Korrespondenzen erschweren.

Typkonflikt: Typkonflikte entstehen durch die (syntaktisch und semantisch richtige) Verwendung unterschiedlicher methodischer Konzepte zur Abbildung eines Sachverhalts und somit aufgrund der gegebenen Modellierungsfreiräume einer Notation.

Strukturkonflikt: Strukturkonflikte liegen vor, wenn die zu integrierenden Modelle semantische Widersprüche zueinander aufweisen. Stärker noch als Typkonflikte bedingt die Auflösung von Strukturkonflikten deshalb den Einbezug eines fachkompetenten Mitarbeiters. Typ- und Strukturkonflikte müssen insbesondere dann berücksichtigt werden, wenn unterschiedliche Personen an der Erstellung der Modelle beteiligt sind. Hierzu zählen Abstraktions- sowie Detaillierungskonflikte.

Für eine automatisierte Analyse und einen Vergleich von Prozessen mittels Prozessmodellen wurden die folgende Probleme identifiziert:

Syntaktische und semantische Aspekte: Die unterschiedlichen Konflikttypen syntaktischer Aspekt, semantischer Aspekt I und semantischer Aspekt II erschweren den Vergleich von Prozessmodellen.

Explizite Informationen: Es können lediglich explizite Informationen ausgewertet werden. Implizite Informationen entziehen sich der automatisierten Analyse.

5.2.3 Anwendungsfall Prozessbenchmarking

Beim Prozessbenchmarking[143] (PBM) sollen tiefgehende Informationen über die Prozesse ausgewählter Vergleichspartner ermittelt werden, um aus diesen Informationen Optimierungspotenziale für die einzelnen Prozesse zu identifizieren. Hierbei ist das Sammeln, Analysieren und Interpretieren dieser Informationen in der Regel mit einem hohen manuellen Aufwand verbunden. Die Analysen sollen dabei möglichst nachvollziehbar und wiederholbar sein. Der Aufwand erhöht sich insbesondere dadurch, dass die meisten Informationen beim Prozessbenchmarking nur in unstrukturierter Form vorliegen und

[142] Vgl. Batini *et al.* (1986), Hars (1994, S. 194 ff.), Lawrence und Barker (2001) sowie Pfeiffer und Gehlert (2005, S. 114 f.).

[143] Einen Überblick über das Benchmarking allgemein bieten Dattakumar und Jagadeesh (2003).

nicht wiederverwertet werden können.[144] MÜLLER *et al.* (2010) haben das strategische IT/IS Benchmarking untersucht. Die Autoren kommen zu dem Schluss, das die Qualität der Daten, auf denen ein Benchmarking durchgeführt wird, maßgeblich zum Erfolg beiträgt.

Das Prozessbenchmarking wird in dieser Arbeit als Anwendungsfall gewählt, da es eine Analyse sowie einen Vergleich von Prozessen beinhaltet. Die Zielsetzung des Prozessbenchmarking ist hierbei die kontinuierliche Steigerung der Leistungsfähigkeit von Geschäftsprozessen.[145] Da die Prozesse in Form von Prozessmodellen beschrieben werden können, kann hier ein Einsatz von Prozessmodellen als Vergleichsobjekt bzw. Datengrundlage eine vereinfachte Analyse und somit auch einen vereinfachten Vergleich ermöglichen. Eine Automatisierung dieser Analysen und Vergleiche wäre somit erstrebenswert. Weiterhin kann durch Speicherung der Prozessinformationen ein wiederholtes Benchmarking beschleunigt werden.

Als Voraussetzung für den Anwendungsfall des automatisierten Prozessbenchmarkings mittels Prozessmodellen wurde eine gute Datenqualität identifiziert. Weiterhin wurden die folgenden Probleme identifiziert:

Wiederverwertbarkeit: Unstrukturiert vorliegende Prozessinformationen können nicht wiederverwertet werden.

Nutzung von Metriken: Es werden Metriken zur Analyse gebraucht, die nachvollziehbar sind und auf alle Prozesse der Benchmarkingpartner anwendbar sind.

5.3 Literaturreview

Um die aktuellen Forschungstätigkeiten im Bereich der semantischen Prozessanalyse sowie Prozessmodellierung aufzuzeigen, wurde eine systematische Literaturanalyse durchgeführt. Das Vorgehen orientierte sich an den im Handbuch der Reviewforschung von COOPER UND HEDGES (1994, S. 9 ff.) vorgeschlagenen 5 Phasen „Problemformulierung“, „Literatursuche“, „Literaturauswertung“, „Analyse und Interpretation“ sowie „Präsentation“.[146] Die Ergebnisse jeder Phase werden nachfolgend beschrieben, wobei das Ergebnis der letzten Phase „Präsentation“ der vorliegende Abschnitt dieser Arbeit ist.

Ein erstes Review wurde im Jahr 2007 durchgeführt. Einzelne Phasen wurden im Laufe der Forschung wiederholt. So konnten während der Forschung aktuelle Entwicklungen in diesem Bereich berücksichtigt werden.

---

144 Siehe Abschnitt 5.2.1.

145 Vgl. LEGNER UND ÖSTERLE (1999, S. 4).

146 Vgl. hierzu auch FETTKE (2006, S. 260).

5.3.1 Problemformulierung

Zur zielgerichteten und nachvollziehbaren Suche und Analyse wurden die gefundenen Beiträge anhand von festgelegten Kriterien untersucht und eingeordnet. Aufgrund der Suchbegriffe bei der Literatursuche wurde das Kriterium zur *Nutzung semantischer Technologien* meist mit „ja" beantwortet. Nur in Einzelfällen wurde die Suche auch auf Beiträge erweitert, die dieses Kriterium nicht erfüllten. Folgende Kriterien bzw. Fragen wurden aufgrund der vorher durchgeführten Forschung im Bereich der Prozessdokumentation[147] sowie der Analyse und dem Vergleich von Prozessmodellen[148] bei der Suche berücksichtigt:

Anwendungsbereich: Welcher Anwendungsbereich wird durch den Beitrag betrachtet? [149]

Nutzung semantischer Technologien: Werden *semantische Technologien*[150] zur Analyse von Prozessen oder Prozessmodellen in dem Beitrag genutzt?

Modellierungssprachenunabhängig: Ist der Beitrag Modellierungssprachenunabhängig oder bezieht er sich auf eine oder mehrere spezielle Prozessmodellierungssprachen?

Modellvergleich: Wird in dem Beitrag der Vergleich von Prozessmodellen in verschiedenen Modellierungssprachen (wie zum Beispiel BPMN, EPK, UML etc.) oder von Prozessmodellierungsmustern berücksichtigt?

Modellanalyse: Werden die Prozessmodelle hinsichtlich ihrer Struktur oder Aussagekraft analysiert oder verifiziert?

Modellerweiterung: Erfolgt durch den Ansatz eine erweiterte Erfassung von Prozessinformationen über die in den Modellen hinterlegten Informationen hinaus?

Prozessanalyse: Werden die Prozessmodelle zur Auswertung der Prozesse, ggf. durch Metriken, genutzt?

Evaluationsansatz: Präsentieren die Autoren einen Evaluationsansatz und wenn ja, welche Art der Evaluation wurde gewählt?

---

[147] Siehe Abschnitt 5.2.1.

[148] Siehe Abschnitt 5.2.2.

[149] Es werden die Anwendungsbereiche Geschäftsprozessmodellkonstruktion, Prozessanalyse, Prozessmodellanalyse und Prozessmodelltransformation unterschieden.

[150] Unter „semantischen Technologien" werden in dieser Arbeit Methoden und Techniken der Modellierung und der formalen Logik zusammengefasst, die eine automatisierte Analyse und Inferenz von erfasstem Wissen ermöglichen. Vgl. zum Begriff der semantischen Technologien im Bereich des Geschäftsprozessmanagement ABRAMOWICZ *et al.* (2010).

5.3.2 Literatursuche

Den Ausgangspunkt der Literatursuche bildete eine eingehende Analyse der Konferenzen „Internationale Tagung Wirtschaftsinformatik", „Conference on Advanced Information Systems Engineering (CaiSE)", „European Conference on Information Systems (ECIS)", „International Conference on Enterprise Information Systems (ICEIS)", „International Conference on Information Systems (ICIS)" und „Multikonferenz Wirtschaftsinformatik" der Jahre 2005 bis 2010. Die Konferenzen wurden aufgrund der Kategorisierung von FRANK *et al.* (2008) ausgewählt[151] und nach den Begriffen „business process ontology", „process model annotation", „process model ontology", „process ontology", „semantic business process management", „semantic business process modeling", „semantic process", „semantic process benchmarking", „semantic process metrics" und „semantic process model" durchsucht.

Im Anschluss wurden zunächst die 10 von SCHRADER UND HENNIG-THURAU (2009) für die Wirtschaftsinformatik und das Informationsmanagement als relevantesten wissenschaftlich eingestuften Zeitschriften durchsucht. Aufgrund der geringen Anzahl identifizierter relevanter Beiträge, in einer ersten Untersuchung der Zeitschriften, wurde die Anzahl der zu untersuchenden Zeitschriften erhöht. Es wurden schließlich Zeitschriften der Kategorien A+, A sowie teilweise Zeitschriften der Kategorie B zur Suche herangezogen. Grundlage der Suche waren wiederum die oben erwähnten Begriffe sowie der Zeitraum von 2005 bis 2010.

Anschließend wurde, zur Berücksichtigung aller Beiträge der bisher gefundenen Autoren, gezielt nach weiteren Publikationen dieser Autoren gesucht, wobei hier die Beschränkung des Untersuchungszeitraums fallengelassen wurde. Zur Erweiterung des Suchraums wurde zusätzlich die Suche auch auf Konferenzen sowie Workshops erweitert, bei denen die gefundenen Autoren Beiträge eingereicht haben. Hierzu zählen die Konferenzen „European Semantic Web Conference (ESWC)", „Geschäftsprozessmanagement mit Ereignisgesteuerten Prozessketten", „International Conference on Interoperability for Enterprise Software and Applications China 2009", „International Workshop on Semantic Business Process Management (SBPM)", „Modellierung" und „Modellierung betrieblicher Informationssysteme (MobIS)". Zusätzlich wurden die Literaturverzeichnisse der einzelnen Beiträge analysiert.

Durch die Literatursuche konnten aufgrund einer ersten Durchsicht insgesamt 68 Beiträge aus den Jahren 1996 bis 2010 als potenziell relevant für die weitere Analyse identifiziert werden. Von zentraler Bedeutung zur Beurteilung der Beiträge war, neben den im Abschnitt 5.3.1 vorgestellten Kriterien, die *Nutzung semantischer Technologien* im Zusammenhang mit Prozessmodellen. Vor dem Jahr 2004 wurden lediglich 2 Beiträge als potenziell relevant identifiziert. Dies lässt sich mit den erst in den letzten Jahren

[151] Es wurden alle Konferenzen der Kategorie A ausgewählt sowie eine subjektive Auswahl der Konferenzen getroffen, die eine hohe inhaltliche Übereinstimmung mit der hier vorgestellten Forschungsfrage versprechen.

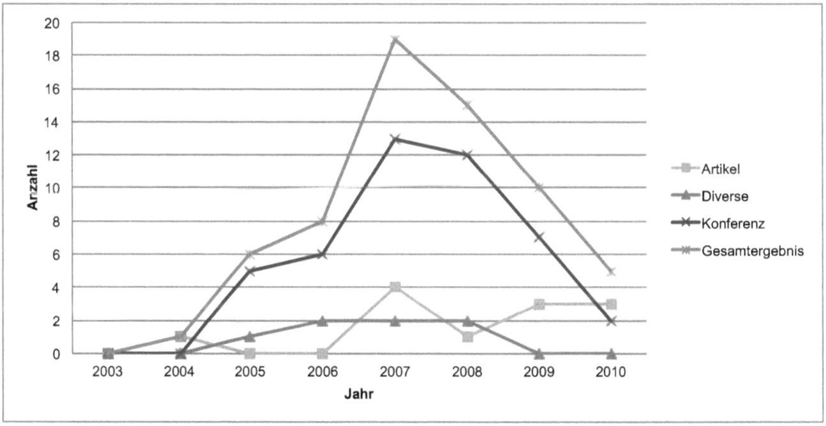

Abbildung 5.6: Anzahl von Publikationen in den Jahren 2003 bis 2010

möglichen technischen Lösungen bzgl. des *Semantic Web*[152] erklären. Die Beiträge wurden in die drei Kategorien *Konferenz*, *Artikel* und *Diverse* unterteilt. Die Kategorie *Konferenz* repräsentiert alle Beiträge die auf Konferenzen, Workshops und weiteren mit Konferenzen im Zusammenhang stehenden Veranstaltungen präsentiert wurden. Unter der Kategorie *Artikel* werden Beiträge in wissenschaftlichen Fachzeitschriften und unter *Diverse* Buchkapitel, Dissertationen und Arbeitsberichte zusammengefasst. Eine zeitliche Übersicht über die gefundenen Beiträge ist in Abbildung 5.6 illustriert. Es lässt sich erkennen, dass die meisten als relevant eingeschätzten Veröffentlichungen in den Jahren 2007 und 2008 stattfanden und auf Konferenzen vorgestellt wurden.

Eine kurz vor Abschluss der Forschung (Anfang 2012) bzw. der Beschreibung der Ergebnisse der Forschung durchgeführte Literatursuche, führte zu keinem neuen Erkenntnisgewinn. Es wurden lediglich Publikationen gefunden, die den eingeschlagenen Weg der Forschung rechtfertigen bzw. unterstützen. Dabei erweitern bzw. stellen die Autoren meist ihre schon aus vorherigen Publikationen dargestellten Forschungsergebnisse dar oder ergänzen diese (Fellmann und Thomas (2011), Abramowicz *et al.* (2012), Fellmann *et al.* (2012), Heinrich *et al.* (2012) sowie Lin und Strasunskas (2012)).[153] Insbesondere der Beitrag von Fill (2011) stützt jedoch das in dieser Arbeit vorgestellte Konzept zur semantischen Analyse und zum Vergleich von Prozessen mittels einer ontologischen Repräsentation der Prozessinformationen. Der Autor verfolgt ein ähnliches Konzept zum semantischen Prozessbenchmarking. Der Fokus liegt jedoch auf der semantischen Beschreibung von Prozessen, so dass diese verglichen werden können. Durch die Nutzung eines möglichst einheitlichen Vokabular zur Beschreibung der Prozesse, soll darüber hinaus auch die Grundlage eines Mechanismus zur Verschleie-

[152] Vgl. Berners-Lee *et al.* (2001).

[153] Eine Übersicht und Einschätzung der gefunden Publikationen befindet sich im Anhang A.

rung sensibler Informationen geschaffen werden. Dies soll als zusätzlicher Anreiz zur Bereitstellung von Prozessinformationen dienen. Eine vollständige Evaluation sowie die Erweiterung der Prozessinformationen erfolgt nicht.

5.3.3 Literaturauswertung

Basierend auf den durch die Literatursuche gefundenen potentiellen Beiträgen, wurde eine inhaltliche Prüfung im Hinblick auf die in Abschnitte 5.3.1 beschriebenen Kriterien durchgeführt. Weiterhin wurde die Relevanz des Beitrags für die weitere Analyse betrachtet. Es wurden hierbei die folgenden Anwendungsbereiche unterschieden:

Geschäftsprozessmodellkonstruktion: Ziel der Beiträge ist die semantische Unterstützung bei der Modellkonstruktion. Hierzu zählen zum Beispiel das Auffinden von Mustern in einer Modelldatenbank oder die Geschäftsprozessanalyse im Bereich der *Semantic Web Services* mit dem Ziel der Unterstützung des Geschäftsprozessmanagement (GPM) sowie der Steigerung der Interoperabilität.

Prozessanalyse: Ziel der Beiträge ist die Analyse der modellierten Prozesse mit Hilfe von Prozessmodellen sowie erweiterter Prozessmodellinformationen.

Prozessmodellanalyse: Ziel der Beiträge ist die semantische Analyse von Modellierungssprachen und Modellen sowie deren Eignung zur Repräsentation des modellierten Artefaktes. Weiterhin wird hierunter auch die Verifikation von Prozessmodellen verstanden.

Prozessmodelltransformation: Ziel der Beiträge ist die Transformation von Modellen einer Modellierungssprache in eine andere.

Durch die Kategorisierung stellte sich heraus, dass 74% (50) aller für die Arbeit als relevant angesehenen Beiträge (68) in der Kategorie der *Geschäftsprozessmodellkonstruktion* zusammengefasst werden können (siehe Abbildung 5.7). Lediglich 6% (4 Beiträge) konnten mit dem in dieser Arbeit verfolgten Ziel der *Prozessanalyse* mittels Prozessmodellen identifiziert werden, wobei lediglich die Beiträge von Ahlemann *et al.* (2006) und Fill (2011) den Einsatz *semantische Technologien* motivieren. Es wurden daher Beiträge aus allen vier Anwendungsbereichen zur theoretischen Fundierung genutzt, auch wenn diese nur Teilbereiche des in dieser Arbeit vorgestellten Konzepts unterstützen.

Sollte ein beschriebener Ansatz eines gefundenen Beitrags ggf. auch durch frühere Beiträge der Autoren oder anderer Autoren gestützt werden, so wurde in diesen Fällen der Beitrag ausgewählt, der, aus Sicht der vorliegenden Arbeit, den höchsten Einfluss vorweisen kann. Insgesamt wurden 20 Beiträge identifiziert, die einen signifikanten Einfluss auf die Forschung bzw. den Ansatz haben.

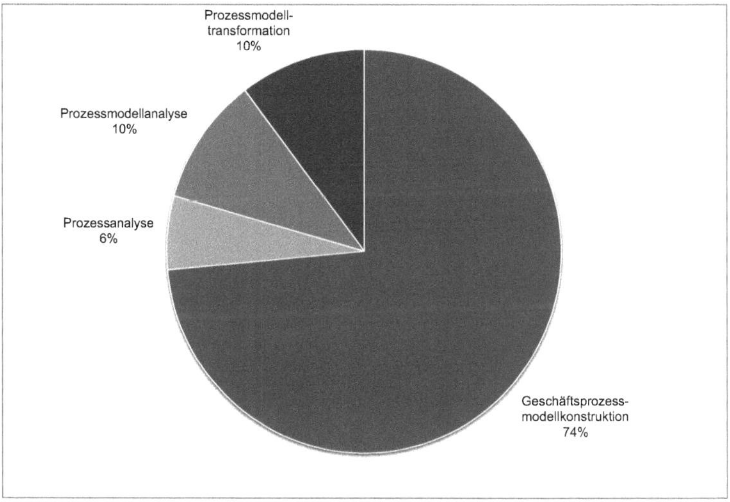

Abbildung 5.7: Klassifizierung der Beiträge nach dem Forschungsziel

5.3.4 Analyse und Interpretation

Im Folgenden werden die Beiträge des Literaturreviews dargestellt, die bei der Forschung zur Zielerreichung beigetragen haben. Einige dieser Arbeiten sind während der Konzeption, Evaluation und Ausarbeitung dieser vorliegenden Arbeit erschienen und haben die bis dato erzielten Ergebnisse der Forschung belegt oder Impulse für Anpassungen gegeben. Da der Beitrag von AHLEMANN *et al.* (2006) den Ausschlag zur Forschung in diesem Bereich gegeben hat, kann dieser Beitrag als Grundlage bzw. Motivation der Forschung angesehen werden.[154] Eine Übersicht sowie Einordnung der als besonders relevant erkannten Beiträge, anhand der in Abschnitt 5.3.1 vorgestellten Kriterien, findet sich in den Tabellen 5.1 und 5.2.[155]

Die Verwendung von Ontologien und *semantischen Technologien*, in Bezug auf Informationssysteme sowie Informations- und Prozessmodelle, wurde in den letzten Jahren in vielen Beiträgen mit unterschiedlichen Zielsetzungen beschrieben und motiviert. Insbesondere für den *Anwendungsbereich* des Geschäftsprozessmanagement (GPM) wurde eine Vielzahl von Beiträgen publiziert.[156] Ziel dieser Beiträge ist es meist, die administrati-

[154] Siehe Abschnitt 1.4.

[155] Eine Übersicht und Einordnung aller gefundener Beiträge befindet sich im Anhang A.

[156] Ein „State of the Art" bzgl. des semantischen Geschäftsprozessmanagement liefert HOANG *et al.* (2010). Weiterhin wurden in dem hier vorgestellten Review die meisten Beiträge in diesem Anwendungsbereich gefundenen (siehe Abbildung 5.7).

Autoren	Titel	Jahr	Anwendungsgebiet	Nutzung semantischer Technologien	Modellierungssprache n-unabhägig	Modellvergleich	Modellanalyse	Modellerweiterung	Prozessanalyse	Evaluationsansatz	Erläuterung
Abramowicz, W.; Filipowska, A.; Kaczmarek, M. & Kaczmarek, T.	Semantically enhanced Business Process Modelling Notation	2007	Prozessmodelltransformation	ja	nein	nein	nein	nein	nein	Fallstudie	Semantische Erweiterung für die Prozessmodellierungssprache BPMN mittels einer Ontologie (sBPMN). Zielsetzung ist die Probleme bei der Überführung der von Business-Analysten erstellten Prozessmodellen in BPMN in Ausführbare BPEL-Modelle zu überwinden.
Ahlemann, F.; Teuteberg, F. & Brune, G.	Ontologie-basierte Attributierung von Informationsmodellen: Grundlagen und Anwendungsgebiete	2006	Prozessanalyse	ja	ja	ja	ja	ja	nein	n/a	Semantische Erweiterung von Informationsmodellsprachen über die Zuordnung von Ontologie-Konzepten zu Modellelementen. eine Speicherung von Prozessinformationen in einer Ontologien ist nicht vorgesehen. Es werden lediglich mögliche Anwenungsbereiche skizziert. Eine mögliche Umsetzung wird nicht vorgestellt.
Bögl, A.; Schrefl, M.; Pomberger, G. & Weber, N.	Semantic Annotation of EPC Models in Engineering Domains by Employing Semantic Patterns	2008	Geschäftsprozessmodellkonstruktion	ja	nein	nein	nein	nein	nein	n/a	Semantische Erweiterung für die Prozessmodellierungssprache EPK. Dies jedoch lediglich für die Sprachkonstrukte Funktion und Ereignis über Namenskonventionen. Es wird die semantische Erweiterung zur automatisierten Identifikation von gemeinsamen Modellierungsmustern von EPK-Funktionen und -Ereignisse genutzt.
vom Brocke, J.; Recker, J. & Mendling, J.	Value-oriented process modeling: integrating financial perspectives into business process re-design	2010	Prozessanalyse	nein	nein	ja	ja	nein	ja	Fallstudie	Im Fokus der Betrachtung liegen die Prozesse und deren Ausgestaltung zum Zeitpunkt der Erstellung oder des Redesign, da zu diesem Zeitpunkt die größten Auswirkungen auf das Betriebsergebnis erzielt werden können.
Chabrol, M.; Chauvet, J.; Féniès, P. & Gourgand, M.	A Methodology for Process Evaluation and Activity Based Costing in Health Care Supply Chain	2006	Prozessanalyse	nein	ja	nein	ja	nein	ja	n/a	Fokussiert auf einen methodischen Ansatz für die Supply Chain Modellierung und Evaluierung von Prozessen im Gesundheitssystem mittels Prozesskostenrechnung.
Ehrig, M.; Koschmider, A. & Oberweis, A.	Measuring Similarity between Semantic Business Process Models	2007	Geschäftsprozessmodellkonstruktion	ja	nein	ja	ja	nein	ja	Prototyp	Konzentrieren Sie sich auf die Messung der Ähnlichkeiten zwischen semantischen Geschäftsprozessmodellen durch (Semi-) automatisch erkannen von Synonymen, Homonymem unter Prozess Elementnamen. Lediglich Petri-Netze.
Fellmann, M.; Hogrebe, F.; Thomas, O. & Nüttgens, M.	An Ontology-driven Approach to Support Semantic Verification in Business Process Modeling	2010	Geschäftsprozessmodellkonstruktion	ja	ja	nein	ja	nein	nein	Fallstudie	Wie "How to ensure correct process models? A semantic approach to deal with resource problems".
Fettke, P. & Loos, P.	Ontological Evaluation of Scheer's Reference Model for Production Planning and Control Systems	2007	Prozessmodellanalyse	ja	nein	ja	ja	nein	nein	n/a	Fokussiert auf die semantische Evaluation des Y-CIM Referenzmodells von Scheer. Es wird das BWW-Modell genutzt, um ontologische Annomalien des Referenzmodells aufzuzeigen. Bei Anwendung des Referenzmodells kann so gezielt auf diese Annomalien reagiert werden.
Heinrich, B.; Bewernik, M.-A.; Henneberger, M.; Krammer, A. & Lautenbacher, F.	SEMPA – Ein Ansatz des Semantischen Prozessmanagements zur Planung von Prozessmodellen	2008	Geschäftsprozessmodellkonstruktion	ja	ja	nein	ja	nein	nein	Prototyp	Es wird eine teilweise automatisierte Planung und Modellierung von Prozessmodellen vorgestellt, über die eine (automatisierte) Web Service Komposition erfolgen kann.
Hepp, M. & Roman, D.	An Ontology Framework for Semantic Business Process Management	2007	Geschäftsprozessmodellkonstruktion	ja	nein	nein	nein	ja	nein	n/a (geplant)	Ontologisches Framework sowie die IS-Perspektive auf Geschäftsprozesse.
Höfferer, P.	Achieving Business Process Model Interoperability Using Metamodels and Ontologies	2007	Geschäftsprozessmodellkonstruktion	ja	ja	nein	nein	nein	nein	Prototyp in der Entwicklung	Konzentrieren Sie sich auf die semantische Interoperabilität von Geschäftsprozessen.

Tabelle 5.1: Übersicht relevanter Beiträge (1)

Autoren	Titel	Jahr	Anwendungsgebiet	Nutzung semantischer Technologien	Modellierungssprache n-unabhägig	Modellvergleich	Modellanalyse	Modellerweiterung	Prozessanalyse	Evaluationsansatz	Erläuterung
Koschmider, A. & Oberweis, A.	Ontology Based Business Process Description	2005	Geschäftsprozessmodellkonstruktion	ja	nein	nein	nein	ja	ja	Prototyp	Semantische Erweiterung für Petri-Netze mittels Ontologien. Es soll die heirdurch eine leichtere, flexibelere und teilweise automatisierte Kopplung loser Prozesse ermöglicht werden.
Liao, L.; Qu, Y. & Leung, H. K. N.	A Software Process Ontology and its Application	2005	Geschäftsprozessmodellkonstruktion	ja	nein	nein	nein	nein	nein	Prototyp	Mittels einer vorgestellten Software Process Ontology (SPO) sollen Softwareprozesse konzeptionell beschrieben werden. Schlussfolgerungen innerhalb der SPO sollen in der weiteren Forschung untersucht werden. Ein mögliches Benchmarking wird zwar motiviert, jedoch nicht im Detail dargestellt.
Lin, Y. & Strasunskas, D.	Ontology-based Semantic Annotation of Process Templates for Reuse	2005	Geschäftsprozessmodellkonstruktion	ja	ja	nein	nein	nein	nein	n/a	Prozessmodelle werden mittels einer General Process Ontology (GPO) semantisch annotiert. Hierdurch können Prozessmodelle genralisiert werden und es kann das Speichern und Auffinden von Prozessvorlagen sowie deren Wiederverwendung unterstützt werden.
Lin, Y.	Semantic Annotation for Process Models: Facilitating Process Knowledge Management via Semantic Interoperability	2008	Geschäftsprozessmodellkonstruktion	ja	ja	nein	nein	nein	ja	Prototyp, Fallstudie	Ziel des Beitrags ist die Verbesserung der Interoperabilität von Prozessmodellen mit Hilfe von Ontologien in Process Knowledge Management Anwendungen. Es sollen das Wiederverwerten, Finden und die Integration von Prozessmodellen in diesen Anwendungen unterstützt werden.
Markovic, I.; Hasibether, F.; Jain, S. & Stojanovic, N.	Process-oriented Semantic Business Modeling	2009	Geschäftsprozessmodellkonstruktion	ja	nein	nein	nein	ja	nein	n/a	Es wird ein prozessorientiertes Framework zur Erstellung von Ontologien zur Erfassung aller relevanten Aspekte von Prozessmodellen. Die Speicherung von Prozessinformationen wird aufgearbeitet.
Recker, J. C.; Rosemann, M.; Indulska, M. & Green, P.	Business process modeling - a comparative analysis	2009	Prozessmodellanalyse	ja	nein	ja	ja	nein	nein	n/a	Es werden die semantische Aussagekraft einzelner Prozessmodellierungssprachen miteinander verglichen.
Thomas, O. & Fellmann, M.	Semantic EPC: Enhancing Process Modeling Using Ontology Languages	2007	Geschäftsprozessmodellkonstruktion	ja	nein	nein	nein	nein	nein	n/a	Semantische Erweiterung für die Prozessmodellierungssprache EPK. Weiterhin werden Geschäftsprozessregeln mit aufgenommen.
Thomas, O. & Fellmann, M	Semantische Prozessmodellierung: Konzeption und informationstechnische Unterstützung einer ontologiebasierten Repräsentation von Geschäftsprozessen	2009	Geschäftsprozessmodellkonstruktion	ja	ja	nein	ja	nein	nein	Prototyp	Sehr ähnlicher Ansatz bei der semantischen Annotation wie das hier vorgestellte Konzept. Auch fachlich motiviert jedoch wird lediglich die Semantik der Prozessmodelle formalisiert. Es erfolgt keine Erweiterung auf Leistungsinformationen etc.
Vanderhaeghen, D.; Zang, S. & Scheer, A.-W.	Interorganisationales Geschäftsprozessmanagement durch Prozessmodelltransformation	2005	Prozessmodelltransformation	nein	ja	nein	nein	nein	nein	n/a	Transformation von Geschäftsprozessmodellen

Tabelle 5.2: Übersicht relevanter Beiträge (2)

ve „Seite" mit der technologischen „Seite" zusammenzuführen.[157] Die Ausrichtung dieser Arbeiten sind daher meist technisch motiviert und es werden Konzepte und Modelle zur Validierung, Konstruktion und Auswahl von Prozessmodellen oder Prozessmodellmustern beschrieben. Da das Ziel der vorliegenden Arbeit die inhaltliche Analyse von Prozessen unter Zuhilfenahme von Prozessmodellen ist, konnten die gefundenen Beiträge daher lediglich Teilaspekte der Forschung unterstützen. Hier insbesondere die Nutzung von Ontologien und die prototypische Umsetzung der Lösung.

Die meisten der untersuchten Beiträge, welche Ansätze zur *Nutzung semantischer Technologien* im Bereich der Prozessmodellierung beschreiben, verfolgen eine semantische Annotation der Prozessmodelle. Dabei werden häufig die in Prozessmodellen verwendeten Begriffe als Konzepte einer Ontologie dargestellt. Ziele der Beiträge im Bereich des *Geschäftsprozessmodellmanagement* sind hierbei eine Unterstützung der Modellierer bei der Erstellung, Anpassung und Auswahl von Prozessmodellen sowie in der Prozessdurchführung und semantischen Integration (HEPP UND ROMAN (2007)). KOSCHMIDER UND OBERWEIS (2005) und EHRIG *et al.* (2007) stellen hierzu eine semantische Erweiterung für Petri-Netze, THOMAS UND FELLMANN (2007b) und BÖGL *et al.* (2008) für Ereignisgesteuerte Prozessketten (EPK) vor. ABRAMOWICZ *et al.* (2007) stellen hingegen eine semantische Erweiterung für die *Business Process Modeling and Notation* (BPMN) mit dem Ziel der *Prozessmodelltransformation* vor. Bei allen Ansätzen steht eine automatische Verarbeitung der semiformalen Modellelemente durch Anreicherung formaler semantischer Informationen im Vordergrund. Es wird in diesen Ansätzen lediglich das implizite Wissen über Modellkonstrukte formalisiert. In Bezug auf die vorliegende Arbeit, haben die Beiträge eine Vereinheitlichung der Modellelemente verschiedener Modellierungssprachen in eine Ontologie unterstützt bzw. motiviert.

Eine *Modellsprachenunabhängigkeit* wird nur in wenigen der gefundenen Beiträgen verfolgt. Meist beziehen sich die Ansätze, wie im vorherigen Absatz dargestellt, auf eine konkrete Prozessmodellierungssprache wie Petri-Netze, EPK oder BPMN. LIN UND STRASUNSKAS (2005) sowie LIN (2008) stellen jedoch eine *General Process Ontology* zur Generalisierung von Prozessmodellen bzw. deren Informationen vor. Durch die Generalisierung soll das Speichern und Auffinden von Prozessvorlagen sowie deren Wiederverwendung unterstützt werden. HÖFFERER (2007) nutzt Ontologien sowie die Metamodelle verschiedener Modellierungssprachen mit dem Ziel der Verbesserung der semantischen Interoperabilität von Prozessmodellen. VANDERHAEGHEN *et al.* (2005) nutzt Metamodelle mit dem Ziel des interorganisationalen Geschäftsprozessmanagements und bezieht sich hierbei auf die Modellierungssprachen EPK und BPMN. Zu einem frühen Stand der Forschung haben die Beiträge zur Transformation von Prozessmodellen unterschiedlicher Sprachen mittels Metamodellen eine entscheidende Rolle bei der Überführung von Prozessmodellen in eine Ontologie gespielt. Durch die Abstraktion mittels der Metamodelle einzelner Prozessmodellierungssprachen konnten einheitliche Modellkonstrukte identifiziert werden. Die meiste Übereinstimmung der in dieser Arbeit verfolgten modellsprachenunabhängigen Repräsentation von Prozessinformationen wird jedoch mit dem Ansatz von THOMAS UND FELLMANN (2009b) erzielt. Dieser Beitrag wurde im Verlaufe der

[157] Vgl. HOANG *et al.* (2010, S. 159 f.).

Forschung vorgestellt und bestätigte die Bestrebungen zur Vereinheitlichung von Prozessinformationen mehrerer Modellierungssprachen innerhalb einer Ontologie. Die Ontologie ist hierbei das führende Artefakt zur Speicherung und Nutzung der Prozessinformationen und wird somit nicht nur als Erweiterung einer Prozessmodellierungssprache genutzt. Jedoch lieferten auch Ansätze wie der von BÖGL *et al.* (2008), die nur auf eine Modellierungssprache ausgerichtet sind, einen Beitrag bzgl. der Erstellung einer geeigneten ontologischen Repräsentation von Prozessmodellinformationen. Sprachspezifika konnten somit identifiziert werden und mit in die Überlegungen einfließen. Im Gegensatz zu allen in der Literatur gefundenen Beiträgen wird in dem hier vorgestellten Ansatz jedoch auch eine Erweiterung der ontologischen Repräsentation von Prozessmodellen bzw. deren Informationen vorgesehen. Es sollen auch Leistungsinformationen und alle für die weiteren Analysen als relevant erachteten Informationen in der Ontologie gespeichert werden.

Ansätze, die einen *Modellvergleich* von Prozessmodellen in verschiedenen Modellierungssprachen oder von Prozessmodellierungsmustern unterstützen, wurden mit dem Ziel der Unterstützung des Anwendungsfalls des Prozessbenchmarking untersucht. EHRIG *et al.* (2007) stellen einen Ansatz zur Messung der Ähnlichkeiten zwischen semantischen Geschäftsprozessmodellen durch (semi-)automatisches Erkennen von Synonymen und Homonymem unter Prozesselementnamen vor. Weiterhin haben die Ansätze von FETTKE UND LOOS (2007) sowie RECKER *et al.* (2009) zur Realisierung eines Modellvergleichs Impulse gegeben. In beiden Beiträgen wird das Bunge-Wand-Weber Repräsentationsmodell[158] (BWW) zur ontologischen Evaluierung und zum Vergleich von (Referenz-)Prozessmodellen genutzt. Hierbei werden Metriken zur Messung der Ausdrucksstärke von Modellierungssprachen eingesetzt, die zum Prozessbenchmarking adaptiert wurden.

Die Beiträge von FETTKE UND LOOS (2007) sowie RECKER *et al.* (2009) haben durch ihre *Modellanalyse* weiterhin erheblichen Einfluss auf die Ausgestaltung einer geeigneten ontologischen Repräsentation von Prozessmodellinformationen. Durch die Analyse der Ausdrucksstärke von Prozessmodellierungssprachen sowie von (Referenz-) Prozessmodellen wird deutlich, dass lediglich durch eine Kombination mehrerer Modellierungssprachen eine vollständige Sicht auf den zugrundeliegenden Prozess möglich ist. Eine Überführung aller relevanter Prozessmodellinformationen in eine einheitliche Sicht wird hierdurch unterstützt.

Eine *Modellerweiterung* um Prozessinformationen, die nicht in Prozessmodellen der unterschiedlichen Modellierungssprachen ausgedrückt werden können, stellen unter anderem KOSCHMIDER UND OBERWEIS (2005) vor. Die semantische Erweiterung erfolgt in diesem Beitrag mittels einer Ontologie für Petri-Netze. Hierdurch soll eine semantische Vernetzung von Geschäftsprozessen und die Kommunikation bei der Prozess-Implementierung auf Basis von Software-Komponenten erleichtert werden. Es werden zusätzlich Attribute zu den einzelnen Aktivitäten mit Hilfe der Ontologien erfasst, die jedoch auf den beschriebenen Anwendungsfall beschränkt sind. Weiterhin können in diesem Zusammenhang die Beiträge von CHABROL *et al.* (2006) und VOM BROCKE *et al.*

158 Vgl. WAND *et al.* (1999).

(2010) erwähnt werden. Diese Beiträge nutzen jedoch keine *semantischen Technologien* und motivieren somit lediglich den Bedarf zusätzlicher Informationen an Prozessmodellen. FELLMANN *et al.* (2010a) erweitern die Prozessmodelle mit Hilfe von Ontologien um Prozessregeln und nutzen diese bei der Auswertung der Prozessmodelle. MARKOVIC *et al.* (2009) stellen ein prozessorientiertes Ontologie-Framework zur Erfassung aller relevanten Aspekte von Prozessmodellen vor. Die Speicherung von Prozessinformationen in verschiedenen Abstraktionsgraden zur Reduktion der Modellkomplexität steht dabei im Mittelpunkt. Mögliche Anwendungsfälle für ein solches Framework werden skizziert. Ein Evaluation der möglichen Anwendungsfälle wurde bisher jedoch noch nicht durchgeführt.

Zur *Prozessanalyse* von Prozess- und Leistungsinformationen, die durch die Modellerweiterung gespeichert werden, liefern CHABROL *et al.* (2006) einen methodischen Ansatz für die Supply Chain Modellierung und Evaluierung von Prozessen im Gesundheitssystem mittels Prozesskostenrechnung. Die genutzte Prozesskostenrechnung wird im Anwendungsfall des Prozessbenchmarkings genutzt. Weiterhin liefern VOM BROCKE *et al.* (2010) mögliche Prozessanalysen mittels Prozessmodellen.

Die gefundenen Beiträge wurden zusätzlich anhand ihres *Evaluationsansatz* untersucht. Hierdurch sollten Rückschlüsse auf einen eigenen Evaluationsansatz gezogen werden. Jedoch motivierten lediglich die prototypischen Umsetzungen von HEINRICH *et al.* (2008), LIAO *et al.* (2005) und LIN (2008) die Auswahl der zu nutzenden Frameworks und *semantischer Technologien*.

5.4 Konzeptionelle Zielsetzung

Aus den aufgeführten Problemstellungen und der Einarbeitung in das Thema wurde das übergeordnete Ziel für ein Konzept abgeleitet.[159] Das Konzept sowie das methodische Vorgehen soll eine automatisierte semantische Analyse und einen Vergleich betriebswirtschaftlicher Prozesse ermöglichen und semantische Fragestellungen bezüglich der Prozessmodelle beantworten können. Um dieses Ziel zu erreichen, müssen mögliche Lösungen zur Überwindung der identifizierten Probleme gefunden werden. Die identifizierten Probleme sind in Abbildung 5.8 nochmals zusammengefasst.

Bei der Problemlösung sowie der Konzeption wird der Fokus auf den Anwendungsfall des Prozessbenchmarking gelegt. Weiterhin werden die oben identifizierten Voraussetzungen einer detaillierten semi-formalen Beschreibung der Prozesse mit Hilfe von Prozessmodellen sowie eine guten Datenqualität vorausgesetzt. Folgende konzeptionelle Zielsetzung wird festgelegt:

[159] Die wissenschaftliche Zielsetzung der gesamten Arbeit ist in Abschnitt 1.2 beschrieben.

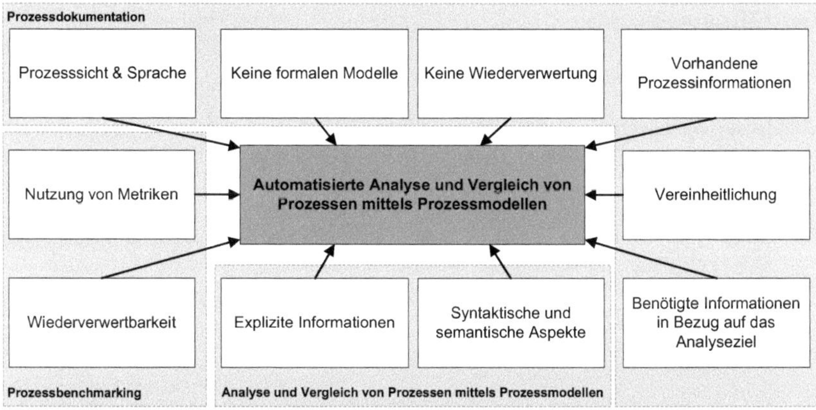

Abbildung 5.8: Identifizierte Probleme

Syntaktisch unabhängige Analysen von Prozessmodellen: Es soll eine syntaktische Vereinheitlichung der Prozessmodelle und eine semantische Beschreibung der Prozessmodellelemente erfolgen. Hierdurch sollen die Konflikttypen **(syntaktischer Aspekt)** und **(semantischer Aspekt I)** gelöst werden.

Erweiterung der Prozessmodelle um semantische Informationen: Es soll eine Vergleichbarkeit geschaffen werden sowie eine detaillierte Beschreibung der Prozessmodellelemente ermöglicht werden. Hierdurch soll der Konflikttyp **(semantischer Aspekt II)** gelöst werden.

Automatisierte semantische Analysen von Prozessmodellen: Es soll eine automatisierte Unterstützung bei der Analyse und dem Vergleich erstellt werden.

Modellsprachenunabhängigkeit: Es soll keine Festlegung auf eine oder mehrere Modellierungssprachen erfolgen.

Erweiterbarkeit: Es soll je nach Auswertungsziel eine Erweiterung des Konzepts auf benötigte Prozessinformationen möglich sein. Weiterhin sollen die Prozessmodelle auch um Leistungsinformationen erweitert werden. Es soll auch der Abstraktionsgrad bei der Vereinheitlichung angepasst werden können.

Inferenz: Es soll eine automatisierte Analyse und ein Vergleich von Prozessen anhand von Prozessinformationen mittels Inferenz möglich sein.

Geschäftsprozessregeln: Geschäftsprozessregeln sollen unterstützt werden, um im Zusammenspiel mit Ontologien neue Möglichkeiten der Validierung und Auswertung von Prozessmodellen zu eröffnen.

Wiederverwertbarkeit: Jegliche Prozessinformationen und Ergebnisse sollen wiederverwertet werden können. Daher soll die Speicherung der Prozessinformationen mehrerer Modelle mittels eines einheitlichen Verfahrens erfolgen.

Metriken: Eine Nutzung von Metriken zur zielgerichteten Analyse soll ermöglicht werden. Es sollen quantitative und qualitative Auswertungen ermöglicht werden.

Kapitel 6

Konzept

6.1 Überblick

Die Anforderungen an eine Lösung zur zentralen Speicherung von Prozessinformationen, zur automatisierten Analyse und zum Vergleich dieser Informationen, wurden als Ergebnisse der Forschungsaktivität[160] *A1: Problemidentifikation und -motivation* identifiziert. Weiterhin wurde die wissenschaftliche Zielsetzung dieser Arbeit (*A2: Ziel einer Lösung*) im vorherigen Kapitel motiviert und beschrieben. Aufbauend auf den Ergebnissen bzw. dieser Zielsetzung wird in diesem Kapitel ein Konzept zur Lösung der in diesem Zusammenhang identifizierten Probleme als Ergebnis der Forschungsaktivität *A3: Design und Entwicklung* dargestellt. Voraussetzung für die Konzeption einer solchen Lösung sind detaillierte semi-formale Beschreibungen der Prozesse mit Hilfe von Prozessmodellen sowie eine gute Datenqualität.

Die Folgenden Abschnitte fassen die Ergebnisse der Teilaspekte, die bei der Erarbeitung des Konzepts berücksichtigt wurden, zusammen. Zunächst erfolgt in Abschnitt 6.2 die Vereinheitlichung und ontologische Repräsentation von Prozessmodellen. Im Anschluss wird im Abschnitt 6.3 die ontologische Repräsentation von Prozessmodellen auf zusätzliche Prozessinformationen erweitert. Aufbauend auf dieser Repräsentation, die alle für eine Analyse benötigten Prozessinformationen enthalten sollte, erfolgt in Abschnitt 6.4 die Darstellung einer solchen Analyse und ein darauf aufbauender Vergleich. Das Kapitel schließt in Abschnitt 6.5 mit einer Beschreibung der Nutzung des Konzepts im Anwendungsfall des Prozessbenchmarkings.

[160] Die zugrunde liegende Forschungsmethodik ist in Abschnitt 1.4 beschrieben.

6.2 Vereinheitlichung und ontologische Repräsentation von Prozessmodellen

Da der Ausgangspunkt zur Analyse und zum Vergleich von Prozessen, bestehende semiformale Prozessmodelle sind, kann bei einer nachträglichen Betrachtung auf das Vorgehen der Modellierung, und somit dem Ergebnis der Modellierung, kein Einfluss genommen werden. Der Heterogenität der Modelle muss Rechnung getragen werden, insbesondere bei Modellen unterschiedlicher Firmen und unterschiedlicher Sprachen. Zum Vergleich und der einheitlichen nachvollziehbaren Analyse muss diese daher auf einer syntaktischen und semantischen Vereinheitlichung der Prozessmodelle erfolgen. Diese geht allerdings, aufgrund der unterschiedlichen Aussagekraft der in den einzelnen Modellierungssprachen zur Verfügung stehenden Modellierungskonstrukte, einher mit einem Informationsverlust. Dieser Informationsverlust muss dem Ziel der Analyse angemessen sein und darf die Ergebnisse der Analyse nicht beeinflussen. Die syntaktische Vereinheitlichung, und somit die Vergleichbarkeit von Prozessmodellen, kann nur auf einer einheitlichen Syntax sowie einem einheitlichen Verständnis der Syntax (Semantik) der zu betrachtenden Modellierungssprachen geschehen. Weiterhin müssen alle zur Analyse benötigten Prozessinformationen aus den Prozessmodellen zur Verfügung stehen.

Ziele dieses Abschnittes sind eine syntaktische Vereinheitlichung der Prozessmodelle und eine semantische Beschreibung der Prozessmodellkonstrukte[161]. Hierdurch sollen die Konflikttypen **(syntaktischer Aspekt)** und **(semantischer Aspekt I)** gelöst werden. Weiterhin soll eine Modellsprachenunabhängigkeit erreicht werden.

6.2.1 Syntaktische und semantische Vereinheitlichung von Prozessmodellen

Zur syntaktischen und semantischen Vereinheitlichung können die Ideen der Metamodellierung sowie Modelltransformation herangezogen werden. Hierbei müssen die Ausdrucksstärke und die Repräsentationsmöglichkeiten von Prozessmodellierungssprachen im allgemeinen analysiert und beachtet werden. Durch diese Betrachtung können Rückschlüsse auf benötigte Konstrukte sowie deren Semantik zur Analyse gezogen werden.

[161] Im Folgenden sind Prozessmodellkonstrukte und -elemente zu unterscheiden. Ein Prozessmodellkonstrukt ist ein Teilaspekt der Notation einer Modellierungssprache, welches durch ein Symbol dargestellt wird. Ein Prozesselement ist eine Ausprägung eines Konstruktes in einem Modell.

Modelltransformation mittels Metamodellen

Die Beschreibung der Syntax von Konstrukten einer Modellierungssprache kann als grundlegende Aufgabe von Metamodellen angesehen werden.[162] Ein Metamodell ist die konzeptionelle Beschreibung einer Modellierung, die sowohl die verwendeten Modellierungskonzepte als auch ihre Verwendung verdeutlicht. Metamodelle erlauben durch ihre semantische Beschreibung von Modellierungssprachen einen Rückschluss auf die Beziehung zwischen den Konstrukten verschiedener Modellierungssprachen.

Metamodelle werden auch zur Transformation von Modellen in verschiedene Modellierungssprachen genutzt. So finden sich in den Metamodellen der einzelnen Prozessmodellierungssprachen Beschreibungen von syntaktischen Konstrukten aufgrund des ähnlichen Aufgabenbereiches wieder, welche als äquivalent zueinander angesehen werden können. In der Literatur werden daher eine Vielzahl an Verfahren beschrieben, die sich die Metamodellierung zum Austausch, zur Übersetzung und zur Transformation von Prozessmodellen zu Nutze machen.[163] MURZEK (2008, S. 2) beschreibt die Modellintegration, -transformation und -synchronisation als Szenarien. Meist werden in diesen Ansätzen direkte Zuordnungen (engl. *Mappings*) zwischen den Metamodellkonstrukten von zwei Modellierungssprachen definiert. Ein entscheidender Nachteil dieses Vorgehens ist allerdings, dass das in der Zuordnung enthaltene Wissen nicht für Zuordnungen zu weiteren Modellierungssprachen beziehungsweise Metamodellen verwendet werden kann. Aus diesem Grund wächst die Anzahl der zu definierenden Zuordnungen überproportional zu der Zahl involvierter Modellierungssprachen, welches die Entwicklung eines Prozess-Integrations-Metamodell als „Vermittler" rechtfertigen kann. So muss lediglich die Zuordnung auf das Prozess-Integrations-Metamodell erstellt werden.

Das Ziel der Vereinheitlichung von Prozessmodellen soll auf die Analyse und den Vergleich der Modelle ausgerichtet sein. Zur Reduktion der Komplexität muss für die Vereinheitlichung der Grundsatz der Relevanz und Wirtschaftlichkeit aus den Grundsätzen ordnungsmäßiger Modellierung berücksichtigt werden.[164] In diesem Zusammenhang führen ÖSTERLE *et al.* (1994, S. 15), im Hinblick auf ihr Referenz-Metamodell, den Begriff des Realmodells ein und formulieren: „(Ein Realmodell) fasst nur (Modellierungs-) Konzepte zusammen, die sich in der einen oder anderen Form in der Praxis bereits bewährt haben und in Methoden und Werkzeugen verfügbar sind.". Dieser Argumentation wird in dieser Arbeit gefolgt. Das hier vorgestellte Verfahren beschreibt lediglich eine Vereinheitlichung und Extraktion der elementaren Modellkonstrukte von Prozessmodellen, die zur Analyse genutzt werden.

Über eine Analyse von Metamodellen einzelner Modellierungssprachen, die eine bestimmte Prozesssicht beschreiben, können Rückschlüsse auf vorhandene Prozesskonstrukte und deren Aussagekraft durch die jeweiligen Prozessmodellierungssprachen gezogen

[162] Vgl. STRAHRINGER (1998, S. 3). Zur Einführung in die Metamodellierung siehe Abschnitt 2.4.
[163] Vgl. VANDERHAEGHEN *et al.* (2005), STROMMER *et al.* (2007) sowie MURZEK (2008).
[164] Vgl. BECKER *et al.* (1995, S. 438 ff.).

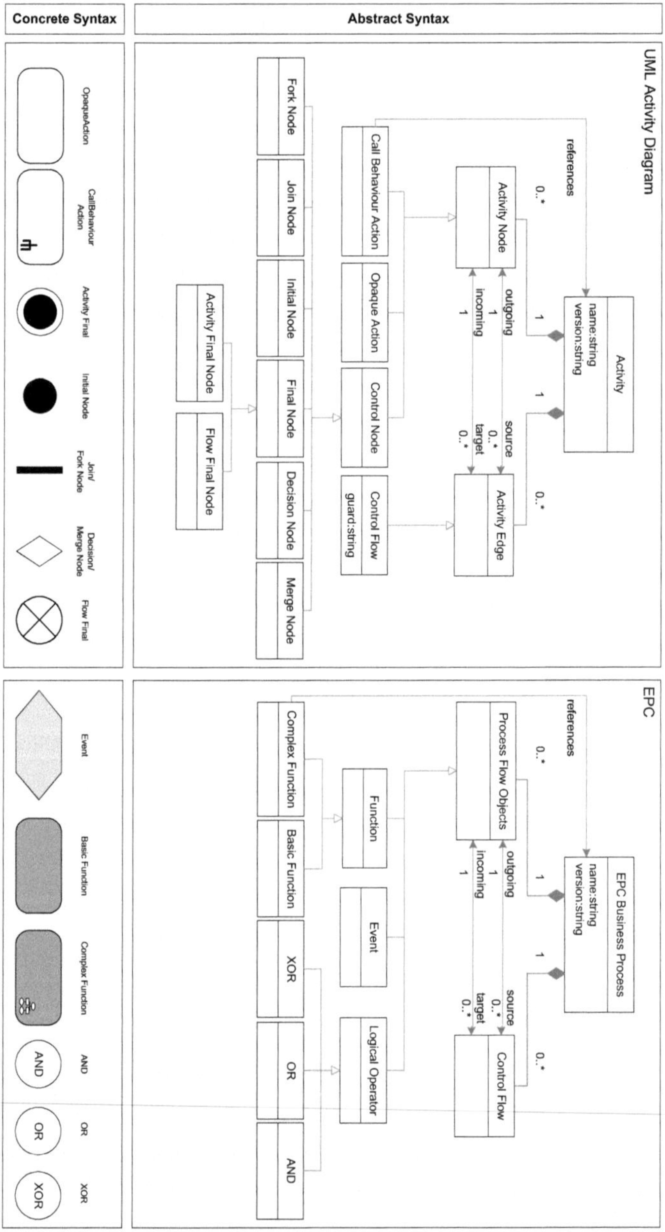

Abbildung 6.1: Ausschnitte aus dem UML-AD 2.1 und EPK Metamodell
Quelle: STROMMER *et al.* (2007, S. 3)

werden. Beispielhaft ist dies für die aktivitätsorientierten Modellierungssprachen EPK und UML-AD in Abbildung 6.1 dargestellt.

IntL	ADONIS®	BPMN	EPC	AD
Task	Activity	Task	Basic Function	Opaque Action
Sub-Process	Subprocess	Sub-Process	Complex Function	Call Behavior Action
Event	n/a	n/a	Event	n/a
Start	Start	Start Event	Event	Initial Node
Multiple Starts	n/a	yes XOR	yes XOR	yes AND
End (local)	End (local)	End Event	Event	Flow Final Node
End (global)	End (global)	n/a	n/a	Activity Final Node
AND (split)	Parallel Split	Parallel Fork	AND	Fork Node
AND (join)	Parallel Join	Parallel Join	AND	Join Node
OR (split)	Decision	Inclusive (OR)	OR	Fork Node + Conditions
OR (join)	implicit	Inclusive (OR)	OR	n/a
XOR (split)	Decision + Conditions	Exclusive (XOR)	XOR	Decision Node
XOR (join)	implicit	Exclusive (XOR)	XOR	Merge Node
Control Flow	Successor	Sequence Flow	Control Flow	Control Flow

Tabelle 6.1: Vergleich von ausgewählten Prozessmodellierungskonstrukten
Quelle: MURZEK UND KRAMLER (2007, S. 6)

Elementare und benötigte Modellelemente können aus Metamodellen extrahiert werden. So vergleichen MURZEK UND KRAMLER (2007) Prozessmodellierungskonstrukte verschiedener Sprachen (siehe Tabelle 6.1). Ziel der Arbeit von MURZEK UND KRAMLER (2007) ist es dabei, ein integriertes Prozess-Metamodell zu erstellen, welches alle benötigten Konstrukte zur Modelltransformation dieser Sprachen beinhaltet. Das Ergebnis ihres Vergleichs ist in Abbildung 6.2 dargestellt. Aufbauend auf dem integrierten Prozess-Metamodell werden dann von den Autoren Modelltransformationen beschrieben. Hierzu werden Adapter für jede Prozessmodellierungssprache dargestellt, um von einer Modellierungssprache in die andere zu übersetzen.[165] Zur Hinzunahme einer weiteren Modellierungssprache muss somit in diesem Ansatz ein neuer Adapter zur vollständigen Transformation erstellt werden.

Das Ziel der vorliegenden Arbeit ist keine vollständige Transformation von Modellen, sondern eine semantische Beschreibung von, für die Analyse als relevant erachteter, Modellelemente. Im Hinblick auf diese Zielsetzung kann die Idee einer integrierten Prozessmodellsicht über ein Metamodell, zur Identifizierung relevanter Konstrukte, verfolgt werden. Diese Sicht oder dieses Modell soll als relevant erachtete Modellierungskonstruk-

[165] Vgl. MURZEK (2008, S. 53 ff.).

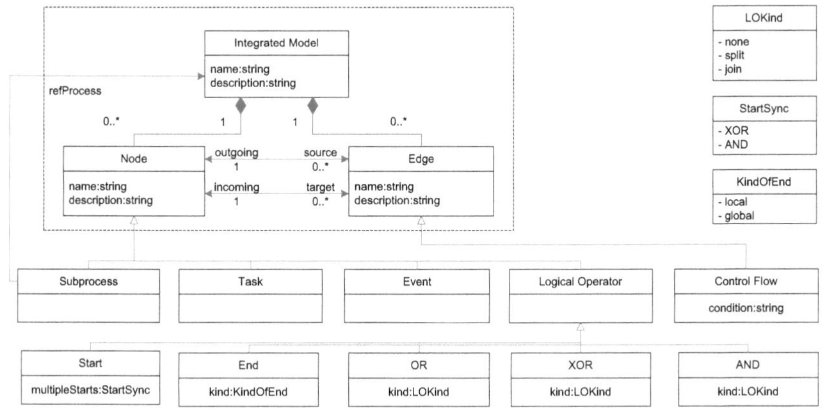

Abbildung 6.2: Integriertes Prozess-Metamodell
Quelle: MURZEK UND KRAMLER (2007, S. 8)

te vereinheitlichen und beschreiben. Die Abstraktion zur Vereinheitlichung muss flexibel gestaltet werden, so dass die Sicht auf das Ziel hin angepasst werden kann. Hierzu muss auch eine Zuordnung von Modellierungsskonstrukten einer Modellierungssprache bzw. des Metamodells zu diesem integrierten Prozess-Metamodell beschreiben werden. Weiterhin muss die semantische Bedeutung von Prozessmodellierungskonstrukten analysiert werden, um die Zuordnung auf einer validen Basis durchführen zu können. Dies soll unter Berücksichtigung der Repräsentationstheorie durchgeführt werden. Es soll im Ergebnis ein Prozess-Integrations-Metamodell gefunden werden, dass eine nötige Abstraktion zur Analyse bietet und die benötigten grundlegenden Konstrukte enthält.

Repräsentationstheorie

Die in dieser Arbeit genutzte Repräsentationstheorie (engl. *Representation Theory*) in Bezug auf Informationssysteme beruht auf der Arbeit von Wand und Weber.[166] Die von den Autoren genutze Ontologie wurde als Adaption auf einer von BUNGE (1977) vorgeschlagenen Ontologie über Informationssysteme entwickelt. Die Theorie beschreibt ein Repräsentationsmodell, das Bunge-Wand-Weber-Modell (BWW-Modell), als Benchmark zur Evaluation der begrifflichen Leistungsfähigkeit von Modellierungstechniken in der Domäne der Informationssysteme. Hierzu zählen auch die Ausdrucksstärke und Repräsentationsmöglichkeiten von Prozessmodellen. Mittels dieser Repräsentationsanalyse kann eine semantische Analyse von Prozessmodellierungssprachen erfolgen. Sie erlaubt eine Analyse und Verifizierung der Vollständigkeit und Ausdrucksstärke einer Model-

[166] Vgl. WAND UND WEBER (1990), WAND UND WEBER (1993), WAND UND WEBER (1995) und WEBER (1997).

lierungssprache. Weiterhin können essentiell benötigte Konstrukte einer Modellierungssprache identifiziert werden. Zur Ermittlung benötigter Konstrukte erfolgt zunächst eine Einführung in die Repräsentationstheorie, das BWW-Modell sowie eine Aufarbeitung relevanter Literatur zu diesem Themenkomplex.

Die Repräsentationstheorie ist nicht ausschließlich auf die Evaluation von Modellierungssprachen beschränkt. So nutzen zum Beispiel FETTKE UND LOOS (2003c) die ontologische Evaluierung auf Basis des BWW-Modells in Bezug auf Referenzmodelle. WAND UND WEBER (1990, S. 1282) beschreiben in ihrem Modell Konzepte von Informationssystemen mittels einer mengentheoretischen Sprache. Sie sagen hierzu, dass zwei relevante Einsatzgebiete für Ontologien in der *Information System* Disziplin existieren. Erstens, da Informationssysteme selber Modelle der realen Welt sind, identifiziert die Ontologie grundlegende Dinge in der realen Welt, die mittels Informationssystemen modelliert werden können sollten. Zweitens, da Informationssysteme auch Dinge in der realen Welt sind, bieten sie eine Grundlage zur Modellierung der Informationssysteme selbst.

Aufbauend auf der Erkenntnis, dass Informationssysteme Repräsentationen von Realweltsystemen und Abbildungen von Bunges ontologischen Modell sind, spezifiziert das BWW-Modell eine Menge an Konstrukten, die als zwingende Voraussetzung zur Repräsentation eines jeglichen Informationssystems angesehen werden können. Aufgrund dieser Erkenntnis sollten diese Konstrukte in jeder konzeptionellen Modellierungssprache vorhanden sein, so dass das Realsystem mit möglichst wenig Informationsverlust repräsentiert werden kann. Ein Kritikpunkt an dem BWW-Modell ist jedoch, dass es aufgrund der mathematischen Beschreibung nicht sehr verständlich ist. Daher haben ROSEMANN UND GREEN (2002) die Konstrukte des BWW-Modells analysiert und in ein für IS-Forscher verständliches Metamodell überführt.[167] ROSEMANN UND GREEN (2002) identifizieren vier Gruppen (engl. *Cluster*) von BWW-Konstrukten und entwickeln auf dieser Basis ein Metamodell. Durch das Gruppieren kann das Ergebnis einer Repräsentationsanalyse einer Modellierungssprache besser mit anderen Analysen verglichen werden. Daher wird die Gruppierung auch im weiteren Verlauf genutzt:[168]

things including properties and types of things Die Grundeinheit des BWW-Modells sind Dinge. Ein Ding bezieht sich auf ein Objekt in einer realen Welt. Zwei oder mehr Dinge können in der Zusammensetzung auch für ein Ding stehen.

states assumed by things Ein Zustand bezieht sich auf alle Eigenschaften eines Dings zu einem bestimmten Zeitpunkt.

[167] Das Metamodell besteht auf 50 Entitätstypen und 92 Relationstypen. Vgl. ROSEMANN *et al.* (2005, S. 158). Eine vollständige Beschreibung der BWW-Konzepte ist im Anhang B.1 aufgeführt.

[168] Aufgrund der weiten Verbreitung der Gruppierungen in der Literatur und der ausschließlichen englischen Bezeichnung, werden in dieser Arbeit auch die englischen Bezeichnung der Gruppen beibehalten. Vgl. auch RECKER *et al.* (2005, S. 2) und RECKER *et al.* (2009, S. 336).

events and transformations occurring on things Ereignisse beziehen sich auf das Eintreten einer Zustandsänderung eines Dings. Eine Transformation ist die Zuordnung von zwei Zuständen eines Dings.

systems structured around things Dies bezieht sich auf die Zusammensetzung von Dingen zu Systemen, die Subsysteme und Schnittstellen zur Umwelt des Systems haben können.

Ein Kritikpunkt an dem BWW-Modell ist, dass das BWW-Modell selbst hinreichend definiert wurde, der Prozess der Anwendung der Repräsentationsmodell als Teil einer repräsentativen Analyse jedoch nicht ausreichend spezifiziert wurde.[169] In der Literatur wurden daher Vorgehensmodelle erarbeitet und vorgeschlagen, wodurch Forscher durch den Prozess des Vergleichens des Repräsentationsmodells mit der ausgewählten Modellierungstechniken geleitet werden.[170] Die Phasen der Repräsentationsanalyse von Modellierungstechniken mittels des BWW-Modells wurden von ROSEMANN *et al.* (2010, S. 6), wie in Abbildung 6.3 dargestellt, beschrieben. Weiterhin wird von WYSSUSEK (2006) eine nicht ausreichende empirische Prüfung kritisiert. ROSEMANN *et al.* (2004) bemängeln die Abdeckung der Analyse, die durch die Fokussierung auf die Notation von Modellierungstechniken entsteht, sowie die Verständlichkeit der BWW-Konzepte.[171] Trotz dieser Kritik erfolgte die Wahl des BWW-Modell zur Evaluation von Prozessmodellierungssprachen aufgrund der weiten Verbreitung und tiefen Auseinandersetzung mit dem Modell in der Literatur.

Zur Evaluation der begrifflichen Leistungsfähigkeit von Modellierungstechniken mittels der Repräsentationstheorie können neben dem BWW-Modell auch weitere ontologische Modelle genutzt werden.[172] Die Wahl des BWW-Modells als Repräsentationsmodell in dieser Arbeit, erfolgt aufgrund der weiten Verbreitung des Modells zur Evaluation von Prozessmodellen. So erfolgte die erste Evaluation der Prozessmodellierungssprache Ereignisgesteuerte Prozesskette (EPK) durch GREEN UND ROSEMANN (2000). In den folgenden Jahren wurden weitere Prozessmodellierungssprachen analysiert.[173] So evaluieren zum Beispiel EVERMANN UND WAND (2001a), EVERMANN UND WAND (2001b) und OPDAHL UND HENDERSON-SELLERS (2002) die *Unified Modelling Language* (UML), RECKER *et al.* (2005) BPMN sowie RECKER UND INDULSKA (2007) Petri-Netze. Weiterhin wurden Beiträge zum Vergleich von Prozessmodellierungssprachen in Bezug auf deren Ausdrucksstärke veröffentlicht. So beschreiben INDULSKA *et al.* (2008) die Evaluation und den Vergleich von 12 populären Modellierungssprachen. Einen ähnlichen Beitrag stellen ROSEMANN *et al.* (2006) und RECKER *et al.* (2009) vor, mit dem Ziel, Schwachstellen der einzelnen Modellierungssprachen zu identifizieren. ZUR MUEHLEN *et al.* (2007b) stellen eine Analyse der Geschäftsprozessmodellierung mittels BWW-Modell

169 Vgl. ROSEMANN UND WYSSUSEK (2005, S. 153).

170 Vgl. FETTKE UND LOOS (2003b, S. 234 f.), ROSEMANN UND WYSSUSEK (2005) sowie ROSEMANN *et al.* (2010, S. 6).

171 Vgl. ROSEMANN *et al.* (2010, S. 4).

172 Hierzu zählen zum Beispiel CHISHOLM (1992), USCHOLD *et al.* (1998) oder GUIZZARDI (2005).

173 Eine Übersicht bietet RECKER *et al.* (2009, S. 337 f.).

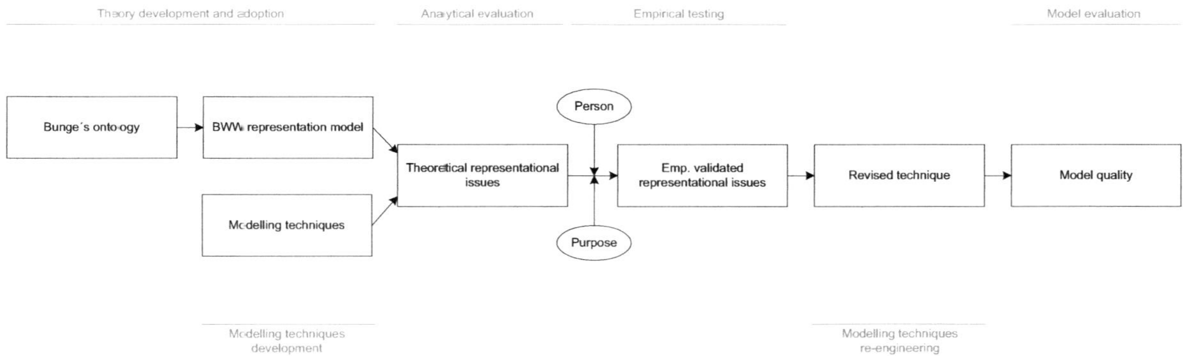

Abbildung 6.3: Phasen der Repräsentationsanalyse von Modellierungstechniken
Quelle: ROSEMANN *et al.* (2010, S. 6)

im Allgemeinen vor. Ziel ist die Evaluierung der Komplexität von Prozessmodellierungssprachen. Hierdurch sollen Rückschlüsse auf eine optimale kosteneffektive Nutzung von Prozessmodellierungssprachen gezogen werden. zur Muehlen und Indulska (2010) beschreiben eine Evaluation von Prozessmodellierungssprachen in Kombination mit Regeln für Geschäftsprozesse. Hierdurch soll eine aus Sicht der Repräsentationstheorie bestmögliche Kombination von Modellierungssprachen und Geschäftsprozessregelsprachen gefunden werden.

Im Allgemeinen konzentriert sich die repräsentative Analyse auf Beziehungen zwischen den Modellkonstrukten und BWW-Konzepten, die nicht 1:1 dargestellt werden können. Modellierungssprachen bzw. dessen Konstrukte werden hierbei mittels ihrer Metamodelle repräsentiert. In Abbildung 6.4 ist dies für das von Rosemann und Green (2002, S. 89) aus dem BWW-Modell abgeleiteten Metamodell illustriert. Es ist ein beispielhafter Bestellprozess in UML-AD sowie EPK dargestellt. Über die Metamodelle der beiden Sprachen sind zusätzlich die Beziehungen zu dem von Rosemann und Green (2002) vorgestellten BWW-Metamodell (Ontologie) mittels gestrichelter Linien illustriert. Es ist ersichtlich, dass eine „Funktion" (engl. *Function*) im EPK Modell und eine „Aktivität" (engl. *Activity*) im UML-AD Modell eine „Transformation" (engl. *Transformation*) in der Ontologie repräsentieren. Beide Konstrukte repräsentieren somit dasselbe ontologische BWW-Konzept. Green und Rosemann (2000, S. 81) haben die Sprachkonstrukte der Modellierungssprache EPK im Detail analysiert. Das Ergebnis ist in Tabelle 6.2 dargestellt. Es zeigt sich, dass EPK-Konstrukte ontologisch unklar und mehrdeutig interpretiert werden können. Jedoch weisen Fettke und Loos (2003a, S. 71 f.) als weiteren Kritikpunkt darauf hin, dass die Interpretation der Konstrukte subjektiven Einflüssen unterliegen. Die gleichen Einschränkungen treffen somit auch auf die Zuordnungen von Dussart *et al.* (2004, S. 15) für die Analyse der Sprache UML-AD zu (siehe Tabelle 6.2). Auch aus dieser Gegenüberstellung kann abgeleitet werden, dass unter einer Aktivität in einem UML-AD und unter einer Funktion in der EPK das semantisch gleiche BWW-Konzept „Transformation" verstanden wird. Weiterhin lässt sich jedoch auch erkennen, dass das Konzept „Aktivität" und „Funktion" von den Autoren weiteren BWW-Konzepten zugewiesen wird.

Zur repräsentativen Analyse von Prozessmodellierungssprachen wird in der Regel nicht das gesamte BWW-Modell benötigt. Die Relationen, die nicht als 1:1 Beziehung dargestellt werden können, werden als theoretische repräsentative Mängel von Modellierungssprachen klassifiziert. Diese Mängel werden in vier Arten unterschieden (siehe Abbildung 6.5):[174]

Überladung (engl. *overload*) beschreibt eine Situation, in der ein Konstrukt in der Prozessmodellierungstechnik zwei oder mehr Konstrukte des Repräsentationsmodells repräsentiert (m:1 Beziehung).

[174] Vgl. Weber (1997).

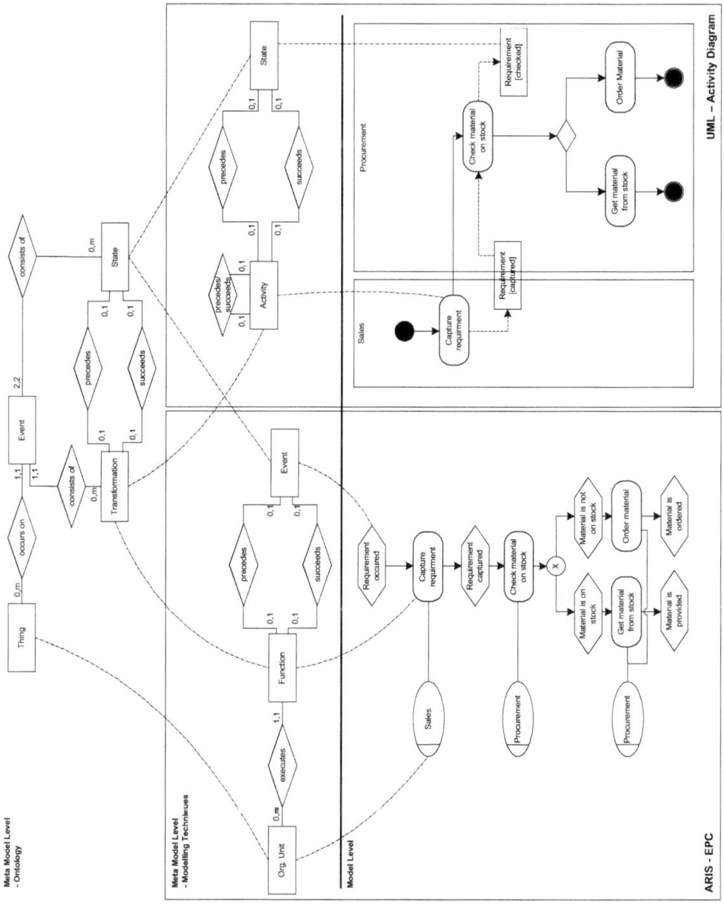

Abbildung 6.4: Abgeleitetes BWW-Metamodell nach Rosemann
Quelle: ROSEMANN UND GREEN (2002, S. 89)

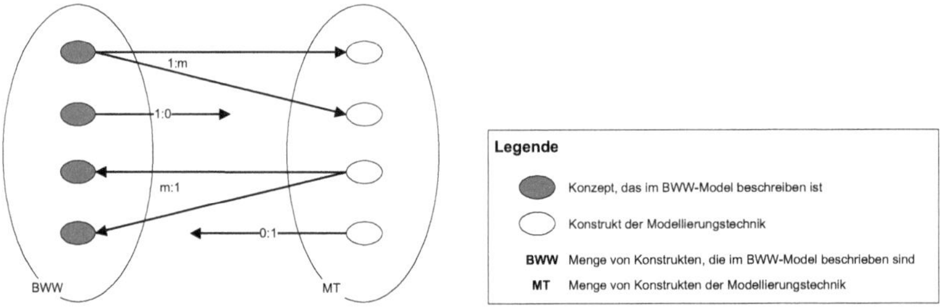

Abbildung 6.5: Repräsentative Mängel von Modellierungssprachen
Quelle: WEBER (1997)

Redundanz (engl. *redundancy*) ist der umgekehrte Fall zur Überladung. Ein Konstrukt des Repräsentationsmodells wird durch zwei oder mehr Konstrukte in der Prozessmodellierungstechnik konstruiert (1:m-Beziehung).

Exzess (engl. *excess*) tritt auf, wenn ein Konstrukt in der Prozessmodellierungstechnik nicht durch ein Konstrukt im Repräsentationsmodell repräsentiert wird (0:1 Beziehung).

Defizit (engl. *deficit*) beschreibt den Fall, in dem ein Konstrukt des Repräsentationsmodells durch kein Konstrukt in der Prozessmodellierungstechnik konstruiert wird (1:0 Beziehung).

Basierend auf den vier Arten von repräsentativen Defiziten von Modellierungssprachen, ist es laut WEBER (1997) möglich, Aussagen über die Fähigkeiten einer Prozessmodellierungstechnik zur vollständigen und klaren Darstellung der zu modellierenden Domäne zu treffen. Dies ist insbesondere dann der Fall, wenn eine Prozessmodellierungstechnik Konstrukte für jedes Konzept des Repräsentationsmodells bietet. Dies bedeutet, dass **Defizite** nicht vorhanden sind und die Prozessmodellierungstechnik als ontologisch abgeschlossen betrachtet werden kann. Im Gegensatz dazu kann die ontologische Klarheit einer Prozessmodellierungstechnik durch den Grad der **Überladung**, **Redundanz** und **Exzess** gemessen werden.

Aufbauend auf diesen vier Arten von Mängeln, können folgende Kennzahlen zum Vergleich von Modellierungstechniken und zur Ermittlung von Stärken und Schwächen der einzelnen Modellierungstechniken abgeleitet werden.[175] Dabei beschreibt die erste Kennzahl die ontologische Vollständigkeit (engl. *ontological completeness*), während die drei folgenden Kennzahlen die ontologische Klarheit (engl. *ontological clarity*) beschreiben:[176]

[175] Vgl. u.a. ZUR MUEHLEN *et al.* (2007b, S. 4), INDULSKA *et al.* (2008, S. 4), RECKER *et al.* (2009, S. 340 ff.).

[176] Vgl. INDULSKA *et al.* (2008, S. 4).

BWW Construct	Cluster	EPC (Process View)	UML Activity Diagram)
THING	Things including properties and types of things		
PROPERTY in general in particular hereditary emergent intrinsic non-binding mutual binding mutual Attributes		Function type Attribute type	Activity Swimlane
CLASS			
KIND			
STATE	States assumed by things	Event type (only the state variables that trigger the fuction)	State of the object
CONCEIVABLE STATE SPACE			
LAWFUL STATE SPACE			
STATE LAW		Function type -> Connector -> Event type	
STABLE STATE			
UNSTABLE STATE			
HISTORY			
EVENT	Events and transformations occurring on things	Event type -> Function type -> Event type	Activity
CONCEIVABLE EVENT SPACE			
LAWFUL EVENT SPACE		End event type (no outgoing arrow)	
EXTERNAL EVENT		Start event type (no ingoing arrow)	
INTERNAL EVENT		Event type -> Function type -> Event type	
WELL-DEFINED EVENT		Event type -> Function type -> Event type	
POORLY DEFINED EVENT			
TRANSFORMATION		Function type	Activity
LAWFUL TRANSFORMATION stability condition corrective action		Function type -> Connector -> Event type	Guard conditions on transitions
ACTS ON			
COUPLING binding mutual property			
SYSTEM	Systems structured arou		
SYSTEM COMPOSITION			
SYSTEM ENVIRONMENT			
SYSTEM STRUCTURE			
SUBSYSTEM			
SYSTEM DECOMPOSITION			
LEVEL STRUCTURE		Series of function type or event type decomposition indicators	

Tabelle 6.2: Zuordnung BWW-Konzepten zu EPK/UML-AD Konstrukten
Quelle: In Anlehnung an GREEN UND ROSEMANN (2000, S. 81) und DUSSART *et al.* (2004, S. 15)

1. Der Grad der Vollständigkeit (engl. *degree of completeness* (DoC)) ist das Verhältnis zwischen der Anzahl der BWW-Konstrukte, für die eine Zuordnung zu Konstrukten der Modellierungstechnik gefunden wurde, geteilt durch die Gesamtzahl der Konzepte im BWW-Modell. Es ist also das Inverse über das Ausmaß der **Defizite** (engl. *degree of deficit* (DoD)) in einer Modellierungstechnik.

2. Der Grad der **Redundanz** (engl. *degree of redundancy* (DoR)) ist das Verhältnis zwischen der Anzahl der Sprachkonstrukte zu denen eine Zuordnung zu einem BWW-Konzepten gefunden wurde, geteilt durch die Gesamtzahl der Konstrukte in der Modellierungssprache.

3. Der Grad der **Überladung** (engl. *degree of overload* (DoO)) ist das Verhältnis zwischen der Anzahl der Sprachkonstrukte, die zu mehr als einem BWW-Konzept eine Zuordnung besitzen, geteilt durch die Gesamtzahl der Konstrukte in der Modellierungssprache.

4. Der Grad der **Exzess** (engl. *degree of excess* (DoE)) ist das Verhältnis zwischen der Anzahl der Sprachkonstrukte, die zu keinem BWW-Konzept eine Zuordnung haben, geteilt durch die Gesamtzahl der Konstrukte in der Modellierungssprache.

Technique (year)	DoC	DoR (DoR / DoC)	DoE (DoE / DoC)	DoO (DoO / DoC)	Average 'lack-of-clarity-to-coverage'
ebXML 1.01	72.41%	15.69% (21.67%)	13.73% (18.96%)	1.96% (2.71%)	14.45%
WS-BPEL 1.1	51.72%	31.91% (61.70%)	12.77% (24.69%)	2.13% (4.12%)	30.17%
WSCI 1.0	51.72%	30.61% (59.18%)	18.37% (35.52%)	4.08% (7.89%)	34.20%
BPML 1.0	34.48%	30.43% (88.25%)	28.26% (81.96%)	0.00% (0.00%)	56.74%
Petri nets	41.38%	28.57% (69.04%)	0.00% (0.00%)	42.86% (103.58%)	57.54%
BPMN 1.0	65.52%	51.28% (78.27%)	38.46% (58.70%)	25.64% (39.13%)	58.70%
EPC	37.93%	0.00% (0.00%)	42.86% (113.00%)	28.57% (75.32%)	62.77%

Tabelle 6.3: *lack-of-clarity-to-coverage* von ausgewählten Prozessmodellierungssprachen
Quelle: Recker *et al.* (2009, S. 351)

Recker *et al.* (2009, S. 351) kommen mittels der Repräsentationsanalyse zu dem Ergebnis, dass nicht alle Prozessmodellierungssprachen eine vollständige Repräsentation der realen Welt bieten und gleichzeitig dabei Ausdrucksstark sind. Um einen hohen Grad der Vollständigkeit zu erreichen, sollten sie einen möglichst hohen DoC-Wert haben. Um jedoch gleichzeitig die Darstellung von Domänen zu erleichtern, sollten sie einen relativ niedrigen Grad an **Redundanz** (DoR), **Exzess** (DoE) und **Überladung** (DoO) haben.

Die Ergebnisse ihrer Evaluation sind beispielhaft für 7 Modellierungssprachen in Tabelle 6.3 dargestellt.[177]

WEBER (1997, S. 85) führt an, dass Modellierungstechniken in ihrer Repräsentation von Realwelt-Phänomenen so vollständig wie möglich sein sollten. Gleichzeitig sollten sie jedoch auch so klar wie möglich sein, also einen relativ niedrigen Grad an Redundanz, Exzess und Überladung aufweisen. Wie Tabelle 6.3 zeigt, ist dies jedoch nicht für alle Prozessmodellierungssprachen der Fall. RECKER *et al.* (2009, S. 351) zeigen dies mittels des *lack-of-clarity-to-coverage*-Wert. Zur Ermittlung dieses Wertes werden zunächst die Maße DoR, DoE und DoO durch DoC geteilt. Der Mittelwert dieser 3 Ergebnisse bildet den *lack-of-clarity-to-coverage*. Je niedriger dieser Wert ist, desto vollständiger und klarer kann mittels einer Modellierungssprache die reale Welt repräsentiert werden.

Ontologien werden somit im Zusammenhang mit der Repräsentationstheorie zur Evaluation modellierungssprachlicher Artefakte oder Konstrukten angewandt bzw. genutzt. In dieser Arbeit sollen Ontologien dazu genutzt werden, diese Konstrukte näher zu beschreiben und semantisch gleichbedeutende Modellierungskonstrukte zu identifizieren, so dass diese Vereinheitlicht werden können. Die Repräsentationstheorie kann hierbei zum Verständnis der benötigten Modellierungskonstrukte für eine bestimmte Analyse beitragen. So identifiziert RECKER *et al.* (2009, S. 342), dass nur Modellierungssprachen, welche die Gruppe **things including properties and types of things** in einem ausreichenden Maße unterstützen, zur Fehler-Ursachen-Analyse (engl. *root-cause-analysis*) oder Prozesskostenanalyse (engl. *activity-based costing* (ABC)) genutzt werden können.[178] Aus dieser Erkenntnis können Modellierungssprachen, die eine spezielle Sicht auf einen Prozess darstellen und die zur Analyse benötigte Gruppen nicht ausreichend unterstützen, für eine automatisierte Analyse ggf. ausgeschlossen werden.

Nutzung von Modellierungskonstrukten

Neben der semantischen Beurteilung der Eignung von Modellierungskonstrukten zur Analyse, kann auch die Häufigkeit der Nutzung einzelner Konstrukte zur Eingrenzung betrachtet werden. Es kann argumentiert werden, dass Modellierer nicht alle Modellierungskonstrukte, die ihnen durch eine Modellierungssprache an die Hand gegeben werden, auch tatsächlich nutzen. So haben ZUR MUEHLEN UND RECKER (2008) die Nutzung von BPMN-Konstrukten evaluiert. Das Ergebnis dieser Evaluation ist in Abbildung 6.6 dargestellt.[179] Es ist ersichtlich, dass einige Konstrukte in den betrachteten Modellen wenig oder gar nicht genutzt werden. In Anlehnung an die Grundsätze ordnungsmäßiger Modellierung nach BECKER *et al.* (1995) sollen gemäß des Relevanz- und Wirtschaftlichkeitsgrundsatzes in einem zu entwickelnden Prozess-Metamodell nur solche Konstrukte

[177] Ein detaillierter Vergleich einzelner Modellierungssprachen findet sich im Anhang B.2.

[178] Vgl. auch ROSEMANN UND GREEN (2000, S. 625 f.).

[179] Nicht in allen Modellen wurde das Konstrukt „Task" genutzt, da die Modellierer sich in diesem Fall für das Konstrukt „Subprocess" entschieden.

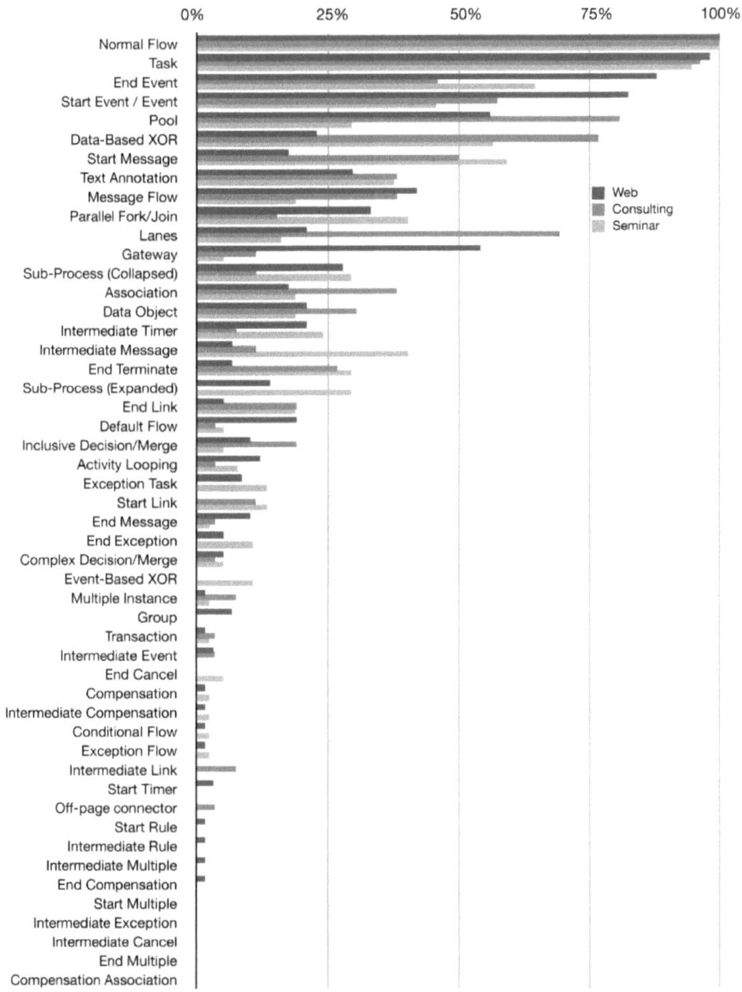

Abbildung 6.6: Häufigkeit der Nutzung von BPMN-Konstrukten
Quelle: zur Muehlen und Recker (2008, S. 5)

abgebildet werden, denen eine zentrale Bedeutung zugesprochen werden kann.[180] Eine semantische Vereinheitlichung der Syntax muss somit dem Umfang angemessen sein.

		Zeitschriften				Referenzmodelle							
	EPK	ISeBM	WirtInf	ObSpe	*Σ*	[Kr et al.00]	[Pump00]	[BeSc96]	[Sche95]	[Ha et al.03]	Σ	**Σ**	%
Modellierungskonstrukte	Ereignis	2	8	2	*12*	38	6	54	38	2	138	**150**	100
	Kontrollfluss	2	8	2	*12*	38	6	54	38	2	138	**150**	100
	Funktion	2	8	2	*12*	38	6	54	38	2	138	**150**	100
	Konnektor	2	5	2	*9*	22	4	54	32	2	114	**123**	82
	Informationsobjekt	0	4	0	*4*	37	0	42	0	0	79	**83**	55
	Unterprozess	0	1	0	*1*	10	0	30	0	0	40	**41**	27
	Organisationseinheit	0	3	2	*5*	6	0	2	0	0	8	**13**	9
	Anwendungssystem	0	2	0	*2*	0	0	0	0	0	0	**2**	1
	Ressourcenobjekt	0	0	0	*0*	0	0	0	0	0	0	**0**	0
	Dokument	0	0	0	*0*	0	0	0	0	0	0	**0**	0
	Anzahl Diagramme	**2**	**8**	**2**	***12***	**38**	**6**	**54**	**38**	**2**	**138**	**150**	100

Tabelle 6.4: Häufigkeit der Nutzung von EPK-Konstrukten
Quelle: BLINDE (2006, S. 19)

In Bezug auf die EPK und das UML-AD wurde am Lehrstuhl für Unternehmensrechnung und Wirtschaftsinformatik der Universität Osnabrück[181] im Rahmen einer Bachelorarbeit eine Erhebung relevanter Modellierungskonstrukte durchgeführt.[182] Die Ergebnisse sind in den Tabellen 6.4 und 6.5 dargestellt. In der Untersuchung wurden öffentlich zugängliche Modelldiagramme aus Fachzeitschriften sowie Referenzmodelle betrachtet. Die Referenzmodelle wurden nach den Kriterien der Zugänglichkeit, Aktualität sowie arbeitsrelevanter Modellierungssprachen aus dem Referenzmodellkatalog nach FETTKE UND LOOS (2004b) ausgewählt. Da für eine zweckbezogene Aussage allein der Gebrauch der Konstrukte eine Rolle spielt, wurde auf eine Untersuchung der Häufigkeit innerhalb eines Modelldiagramms verzichtet. Somit wurde nur geprüft, ob ein Konstrukt in einem Modell verwendet wird oder nicht.

180 ÖSTERLE UND GUTZWILLER (1992, S. 29) verwenden in diesem Zusammenhang den Begriff „essentielles Modell" bzw. „Realmodell" ÖSTERLE *et al.* (1994, S. 15). Prozessbezogene Erweiterungen in Form von Grundsätzen ordnungsmäßiger Prozessmodellierung finden sich bspw. bei ROSEMANN (1996b).

181 Siehe `http://www.uwi.uni-osnabrueck.de/index.html` [14.09.2012].

182 Vgl. BLINDE (2006, S. 16 ff.).

	UML-Aktivitätsdiagramm	Zeitschriften				Referenzmodelle				
		ISeBM	WirtInf	ObSpe	*Σ*	[Ahle05]	[Schl00]	*Σ*	**Σ**	%
Modellierungskonstrukte	Kontrollfluss	4	12	20	*36*	18	14	*32*	**68**	100
	Aktion	4	12	20	*36*	17	12	*29*	**65**	96
	Start- und Endknoten	3	8	14	*25*	18	14	*32*	**57**	84
	Entscheidungsknoten	2	8	12	*22*	14	14	*28*	**50**	74
	Objektknoten	0	1	6	*7*	17	14	*31*	**38**	56
	Objekzustand	0	0	2	*2*	17	14	*31*	**33**	49
	Gabelung	0	5	6	*11*	6	6	*12*	**23**	34
	Aktivitätsbereich	1	3	0	*4*	17	0	*17*	**21**	31
	Aktivität	0	1	4	*5*	8	7	*15*	**20**	29
	Signal	0	0	0	*0*	9	0	*9*	**9**	13
	Kontrollflussende	0	1	2	*3*	2	0	*2*	**5**	7
	Kommentar	0	0	3	*3*	1	0	*1*	**4**	6
	Konnektor	0	0	0	*0*	3	0	*3*	**3**	4
	Conditions für Aktionen	0	0	0	*0*	0	0	*0*	**0**	0
	Schleifenknoten	0	0	0	*0*	0	0	*0*	**0**	0
	Bedingungsknoten	0	0	0	*0*	0	0	*0*	**0**	0
	Unterbrechungsbereich	0	0	0	*0*	0	0	*0*	**0**	0
	Expansionsknoten	0	0	0	*0*	0	0	*0*	**0**	0
	Anzahl Diagramme	**4**	**12**	**20**	***36***	**18**	**14**	***32***	**68**	100

Tabelle 6.5: Häufigkeit der Nutzung von UML-Konstrukten
Quelle: BLINDE (2006, S. 20)

Prozess-Integrations-Metamodell

Aufbauend auf den Erkenntnissen der Repräsentationstheorie und der Nutzung von Modellierungskonstrukten erfolgt die Entwicklung eines Prozess-Integrations-Metamodells. Ziel ist es, den Sprachumfang von Prozessmodellierungssprachen so weit zu repräsentiert, dass die Probleme, die sich durch die syntaktische Heterogenität von Modellierungssprachen ergeben, beseitigt werden und Prozessmodelle verschiedener Notationen miteinander verglichen werden können. Um darüber hinaus einen hohen Grad an Pragmatismus zu gewährleisten und dem Grundsatz der Klarheit[183] gerecht zu werden, soll dem Modell eine eindeutige und verständliche Terminologie zugrunde liegen sowie eine übersichtliche und unkomplizierte Darstellung gewählt werden. Hieraus resultiert ein Zielkonflikt bei der Erstellung des Prozess-Integrations-Metamodells, da durch eine sehr hohe Abstraktion eine einfache Zuordnung möglich ist, jedoch gleichzeitig ein hoher Informationsverlust in Kauf genommen werden muss. Dieser Zielkonflikt muss bei der weiteren Ausarbeitung beachtet werden.

Ausgangspunkt für das Prozess-Integrations-Metamodell ist zunächst die Analyse der benötigten semantischen Konzepte zur Prozesskostenrechnung. Wie ROSEMANN UND GREEN (2000, S. 625 f.) darstellen, werden die ontologischen Konzepte *Thing*, *Class*, *Kind*, *Property*, *Process*, *Event*, *Transformation* und *Lawful Transformation* benötigt (siehe Tabelle 6.2). Stellt man diese benötigten Konzepte den Konstrukten der Modellierungssprachen EPK und UML-AD gegenüber, so werden aus der EPK die Konstrukte *Function*, *Process model*, *Event* und *Connector* benötigt. Aus dem UML-AD werden die Konstrukte *Object Swimlane*, *Activity*, *Activity diagramm* und *Gurad conditions on transitions* benötigt. Die repräsentativen Defizite der beiden Modellierungssprachen sind sofort ersichtlich. So existieren in beiden Sprachen keine Konstrukte für die Konzepte *Class* und *Kind*. Eine Erweiterung, um diese im Prozessmodell ggf. fehlenden Informationen, soll zur Analyse möglich sein und wird im nächsten Abschnitt beschrieben und diskutiert.

Im Ergebnis wurde das in Abbildung 6.7 dargestellte Prozess-Integrations-Metamodell zur Vereinheitlichung von Prozessmodellierungssprachen zur Prozesskostenrechnung erarbeitet. Durch das Prozess-Integrations-Metamodell soll keine vollständige Vereinheitlichung mehrerer Prozessmodellierungssprachen ohne Informationsverlust möglich sein. Vielmehr sollen die für die weitere Analyse relevant identifizierte Konstrukte von zu unterstutzenden Modellierungssprachen spezifiziert werden:

Process: Der Prozess (engl. *Process*) repräsentiert den gesamten dargestellten Prozess und beinhaltet alle Prozesselemente.

Process Element: Prozesselemente (engl. *Process Element*) werden zur Generalisierung aller im Modell vorhandenen Konstrukte genutzt.

[183] Vgl. BECKER *et al.* (1995, S. 440).

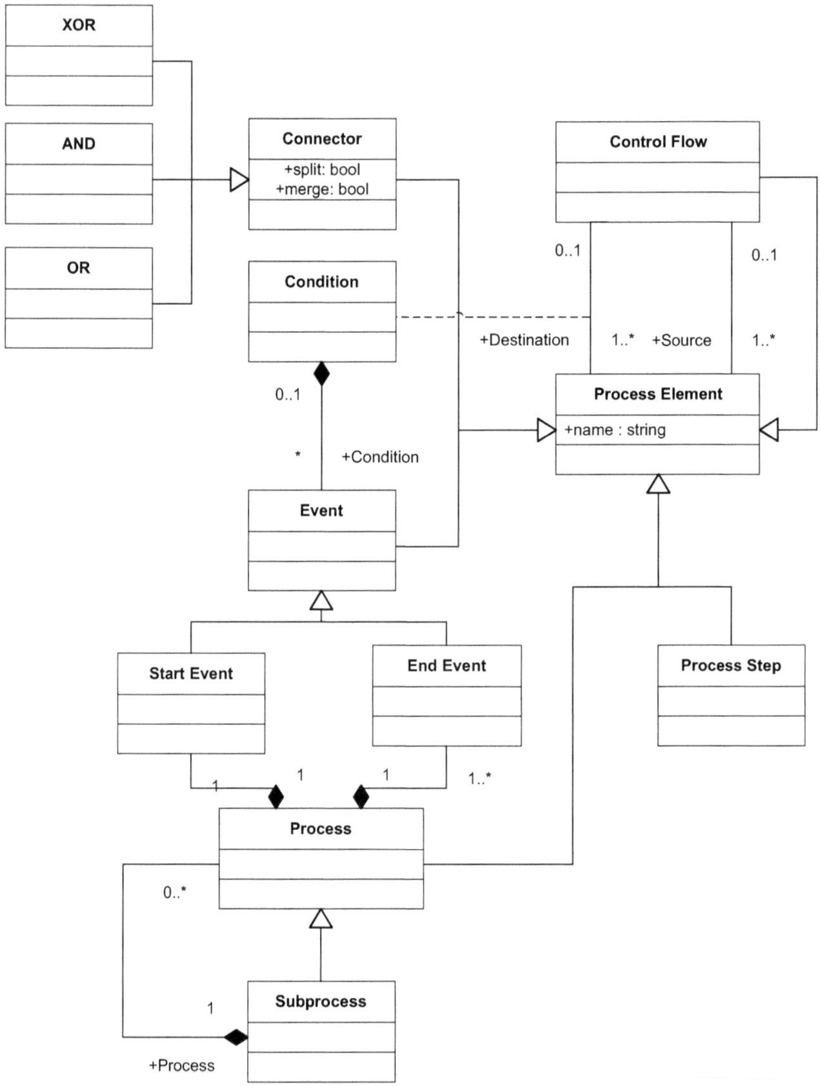

Abbildung 6.7: Prozess-Integrations-Metamodell
Siehe auch BLINDE (2006, S. 31)

Process Step: Der Prozessschritt (engl. *Process Step*) kennzeichnet aktive Prozesselemente, die Zeit und darüber hinaus weitere Ressourcen konsumieren können. Da es sich um Vorgänge handelt, die im Rahmen des modellierten Gesamtprozesses nicht weiter zerlegt werden, können diese auch als atomar bezeichnet werden.

Event: Bei einem Ereignis (engl. *Event*) handelt es sich um eine spezifische Situation, die im Rahmen des Netzparadigmas durch einen Prozessschritt hervorgerufen wird. Im Gegensatz zum Prozessschritt, der einen Zeitraum beschreibt, ist ein Ereignis zeitpunktbezogen. Ereignisse können verschiedene Arten von Gegebenheiten zum Ausdruck bringen. Zum einen definieren sie Zustände als Folge eines Prozessschritts, zum anderen stellen sie Bedingungen für den weiteren Prozessverlauf im Rahmen von Verzweigungen und somit Auslöser für Zustandsübergänge dar.[184].

Start Event, End Event: Durch Start- und Endereignisse (engl. *Start/End Event*) werden das Initiieren und die Terminierung eines Prozesses abgebildet. Da die inhaltliche Abgeschlossenheit jeden Prozess kennzeichnet, muss ein Prozessmodell durch genau ein Startereignis und mindestens ein Endereignis begrenzt sein.[185].

Control Flow: Der Kontrollfluss (engl. *Control Flow*) repräsentiert die gerichteten Kanten in einem Prozessmodell, durch welche die Prozessmodellelemente in eine zeitliche und sachlogische Reihenfolge gebracht werden.[186] Ein Kontrollfluss verbindet hierzu grundsätzlich genau zwei Prozesselemente.

Connector: Für die Abbildung nicht-linearer Prozessverläufe, wie Fallunterscheidungen und Parallelisierungen, wird der Konnektor (engl. *Connector*) verwendet, der den Kontrollfluss in mehrere Prozesspfade teilt bzw. diese zusammenführt.[187]

Subprocess: Mithilfe des Teilprozesses (engl. *Subprocess*) lassen sich Prozessmodelle in eine Hierarchie bringen, wodurch zum einen die Darstellung vereinfacht und zum anderen die redundanzfreie Wiederverwendung von Prozessteilen ermöglicht wird. Bis auf die Eigenschaft, dass ein Teilprozess mindestens einem Prozess untergeordnet ist, kann er mit letzterem gleichgesetzt werden.

6.2.2 Ontologische Repräsentation

Um eine semantische Interpretation der Prozessmodellsyntax ermöglichen zu können, wird das erarbeitete Prozess-Integrations-Metamodell in eine Ontologie überführt. Diese Ontologie wird im Weiteren Basisontologie genannt und enthält alle für die Analyse re-

[184] Vgl. ROSEMANN (1996a, S. 95) sowie VOM BROCKE (2003, S. 119).

[185] Vgl. ROSEMANN (1996a, S. 39).

[186] Obwohl Informationsflüsse in Prozessmodellen ebenfalls durch gerichtete Kanten repräsentiert werden, sind sie semantisch von Kontrollflüssen zu differenzieren.

[187] Vgl. ROSEMANN (1996a, S. 66).

levanten Informationen der einzelnen Prozessmodelle. Diese ontologische Repräsentation von Prozessmodellinformationen muss ebenso wie das Prozess-Integrations-Metamodell Problemangemessen sein.[188] Für die vorliegende Arbeit wurde ein evolutionärer Ansatz gewählt und ist somit erweiterbar für zusätzliche Analysen.

Basisontologie

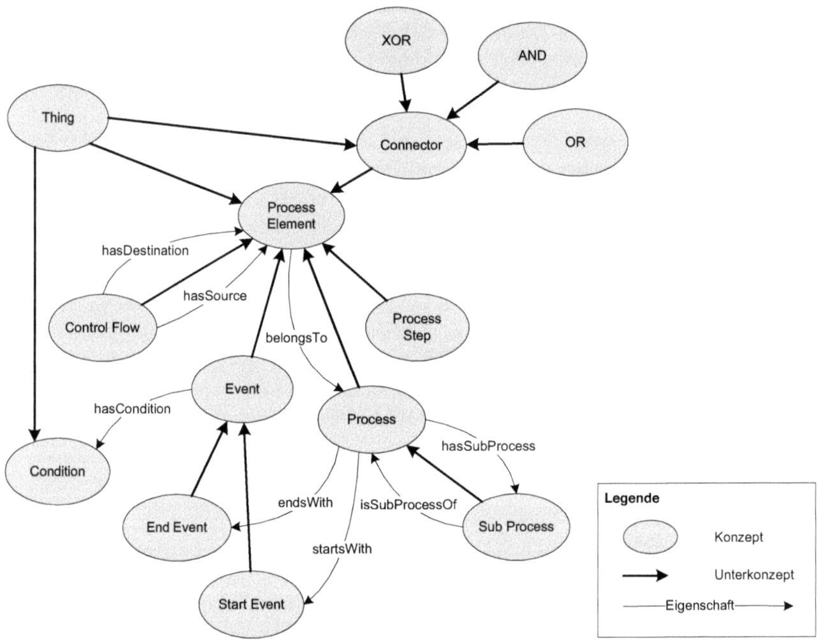

Abbildung 6.8: Basisontologie zur semantischen Beschreibung von Prozessmodellen
Quelle: Siehe auch TEUTEBERG *et al.* (2009, S. 5)

Basierend auf der vorangegangenen Diskussion über die, im Kontext dieser Arbeit, als relevant deklarierten Konstrukte von Prozessmodellierungssprachen, kann eine einheitliche Ontologie zur Beschreibung von Prozessmodellen entwickelt werden. Mit Hilfe dieser als Basisontologie bezeichneten Ontologie wird die relevante Syntax, die im Prozess-Integrations-Metamodell beschrieben ist, semantisch repräsentiert. Hierdurch wird eine

[188] HEPP (2007, S. 94) schreibt generell zum Nutzen von Ontologien: „*In practice, useful ontologies must be small enough to have reasonable familiarization and commitment costs and big enough to provide substantial added value for using them.*“

Überführung und gleichzeitige formale Betrachtung und Analyse der Syntax und Semantik der Modellkonstrukte möglich.Das Ergebnis dieser Überführung ist in Abbildung 6.8 dargestellt. Zur Überführung des Prozess-Integrations-Metamodell in die Basisontologie wurden folgende Schritte durchgeführt:

1. Jedes Konzept (engl. *concept*) der Basisontologie ist ein abgeleitetes Unterkonzept (engl. *subconcept*) des Konzepts „Thing".

2. Für jedes Konstrukt des Prozess-Integrations-Metamodell wird ein gleichnamiges Konzept in der Basisontologie erzeugt.

3. Jede Generalisierung im Prozess-Integrations-Metamodell zwischen zwei Konstrukten wird als Unterkonzept der entsprechenden Konzepte dargestellt.

4. Jede Beziehung zwischen Konstrukten wird als Eigenschaft oder Relation (engl. *property*) dargestellt. Die Kardinalität wird als Restriktion abgebildet.[189]

Merkmal	Merkmalsausprägung			
Abhängigkeit (Aufgabe/Sicht)	Top-Level-Ontologie	Domänen-ontologie	Aufgaben-Ontologie	Anwendungs-ontologie
Wiederverwertbarkeit	Hoch	Mittel		Niedrig
Anwendbarkeit	Hoch	Mittel		Niedrig
Ausdrucksstärke	leichtgewichtig		schwergewichtig	
Formalität	Implizit	Informal (explizit)	Formal (für Menschen)	Formal (für Maschinen)

Tabelle 6.6: Klassifizierung der Basisontologie

Die Ausdrucksstärke der überführten Basisontologie ohne Abbildung der Kardinalität in Bezug auf die Beschreibungslogik ist $\mathcal{ALC}$.[190] Es werden ausschließlich Konstruktoren genutzt, mittels der die Ontologie aussagenlogisch abgeschlossen und entscheidbar ist. Bildet man die Kardinalität in Form von qualifizierenden Zahlenrestriktionen zusätzlich ab, wie zum Beispiel die Beschränkung eines Kontrollfluss (engl. *Control Flow*) auf genau eine Quelle und ein Ziel, so ist die Ausdrucksstärke $\mathcal{ALCQ}$. Durch einige Erweiterungen

[189] Auf eine Darstellung der Restriktionen wurde in Abbildung 6.8 verzichtet.
[190] Siehe Abschnitt 3.3.

der Basisontologie um inverse Relationen, die eine spätere Nutzung zur Analyse vereinfachen, verändert sich die Ausdrucksstärke auf $\mathcal{ALCIQ}$. Hierzu zählt zum Beispiel die Abbildung der Relation `isSubProcessOf` und die inverse Relation `hasSubProcess`. Klassifiziert werden kann die Basisontologie als eine formelle IS-A Ontologie (ohne Instanzen). Aufgrund des hohen Abstraktionsniveaus und der hohen Wiederverwertbarkeit kann die Basisontologie weiterhin als Top-Level-Ontologie klassifiziert werden. Die Klassifizierung ist in Tabelle 6.6 dargestellt.

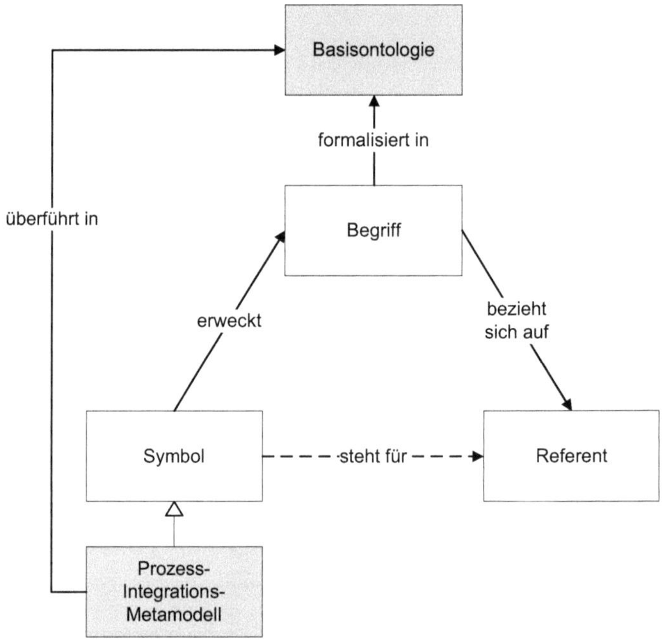

Abbildung 6.9: Um das Prozess-Integrations-Metamodell und Basisontologie erweiterte semiotische Dreieck
Quelle: In Anlehnung an Thomas und Fellmann (2009b, S. 6)

Durch die Verwendung der Basisontologie, sollen die Begriffe, welche durch die genutzten Symbole in Prozessmodellen erweckt werden, formalisiert werden. Der Zusammenhang ist mittels einer Erweiterung des semiotischen Dreieck in Abbildung 6.9 dargestellt. Die Begriffsbildung bzgl. der genutzten Syntax bzw. Symbole ist hierdurch für den identifizierten Anwendungsbereich nicht mehr von subjektiven Einflüssen abhängig und expliziert. Weiterhin kann die Analyse durch eine formale Repräsentation automatisiert durchgeführt bzw. unterstützt werden.

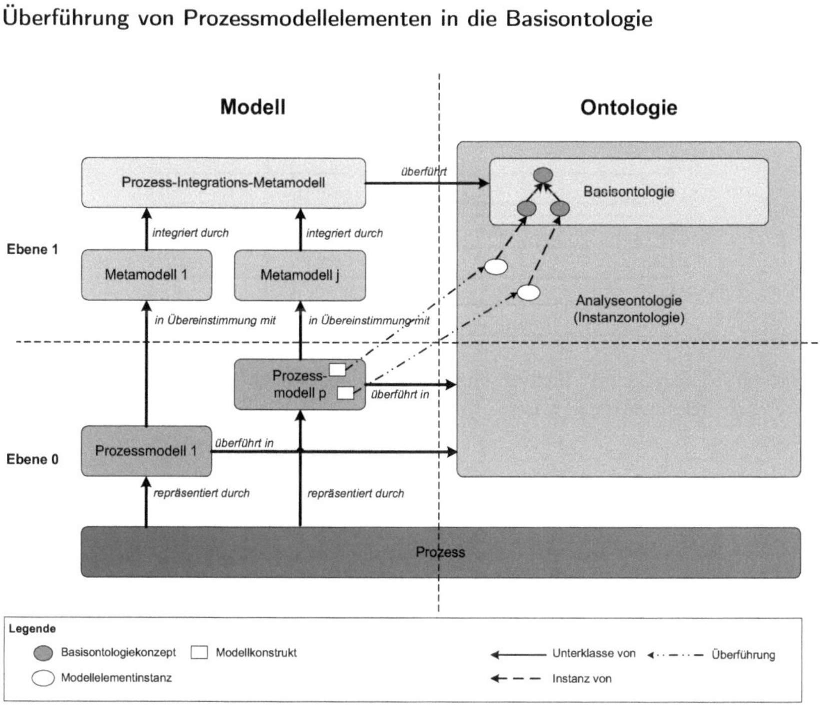

Abbildung 6.10: Zusammenhang Modell und Ontologie (1)
Quelle: Siehe auch TEUTEBERG *et al.* (2012, S. 11)

Die Überführung von Prozessmodellelementen in die Basisontologie erfolgt durch Nutzung des Prozess-Integrations-Metamodell sowie einer Instanziierung der zugehörigen Basisontologiekonzepte.[191] Das Ergebnis dieser Überführung wird als Analyseontologie bezeichnet. Der Zusammenhang zwischen Modell und Ontologie in dem vorliegenden Konzept ist in Abbildung 6.10 illustriert. Zu jedem Prozessmodell auf der Ebene 0 werden, über das Prozess-Integrations-Metamodell, die Konzepte der Basisontologie auf der Ebene 1 für die relevanten Prozessmodellkonstrukte bzw. dessen Elementen identifiziert. Durch eine Überführung bzw. Instanziierung der identifizierten Konzepte für das jeweilige Modellelement, erfolgt eine Repräsentation der relevanten Prozessmodellelemente als Instanzen der Basisontologiekonzepte. Diese werden im Weiteren Prozessmodellelementinstanzen genannt.

[191] THOMAS UND FELLMANN (2009b, S. 9) verfolgen einen ähnlichen Ansatz und sprechen in diesem Zusammenhang von Modellelementinstanzen. Diese Bezeichnung wird auch im Kontext dieser Arbeit genutzt.

	Basisontologiekonzepte			
Modellelemente	BK_1	BK_2	...	BK_n
$ME_{1,1}$	$I(ME_{1,1}BK_1)$	$I(ME_{1,1}\ BK_2)$	...	$I(ME_{1,1}\ BK_n)$
$ME_{1,2}$	$I(ME_{1,2}\ BK_1)$	$I(ME_{1,2}\ BK_2)$	...	$I(ME_{1,2}\ BK_n)$
...	...	...	...	...
$ME_{1,k(1)}$	$I(ME_{1,k(1)}\ BK_1)$	$I(ME_{1,k(1)}\ BK_2)$	...	$I(ME_{1,k(1)}\ BK_n)$
$ME_{2,1}$	$I(ME_{2,1}\ BK_1)$	$I(ME_{2,1}\ BK_2)$	...	$I(ME_{2,1}\ BK_n)$
$ME_{2,2}$	$I(ME_{2,2}\ BK_1)$	$I(ME_{2,2}\ BK_2)$	...	$I(ME_{2,2}\ BK_n)$
...	...	...	...	...
$ME_{2,k(2)}$	$I(ME_{2,k(2)}\ BK_1)$	$I(ME_{2,k(2)}\ BK_2)$	...	$I(ME_{2,k(2)}\ BK_n)$

Tabelle 6.7: Überführung (Instanziierung) von Modellelementen in Instanzen von Basisontologiekonzepten

Die Überführung von Prozessmodellelementen ME in Konzepte der Basisontologie BK, wird mittels der folgenden Funktion beschrieben:

$$I(ME_{p,k(p)}, BK_n) \quad = \quad \left\{ \begin{array}{lcl} 0 & = & \texttt{No Instantiation} \\ 1 & = & \texttt{Instantiation} \end{array} \right\} \tag{6.1}$$

Das Ergebnis der Überführung von Prozessmodellelementen in die Basisontologie mittels Funktion 6.1 kann anhand einer Übersicht (siehe Tabelle 6.7) dargestellten werden. Hierbei wird jedes Modellelement des Prozessmodell p durch $ME_{p,k(p)}$ beschrieben. Da von einer Basisontologie zur Analyse ausgegangen wird, erfolgt eine Beschreibung durch die Basisontologiekonzepte BK_n. Die folgende Überführung ist dabei möglich:

`0 = No Instantiation` Das Modellelement $ME_{p,k(p)}$ wird nicht mittels Basisontologiekonzept BK_n instanziiert (engl. *instantiate*).

`1 = Instantiation` Das Modellelement $ME_{p,k(p)}$ wird mittels Basisontologiekonzept BK_n instanziiert.

Die Basisontologie kann leicht um weitere Aspekte und Informationen erweitert werden. So können zum Beispiel Integritätsregeln definiert werden, die besagen, dass ein Konstrukt eines Prozessmodells nur in die Instanz eines Konzepts der Basisontologie überführt werden darf. Weiterhin könnten Regeln für zulässige Zuordnungen definiert werden.

6.3 Erweiterte ontologische Repräsentation von Prozessinformationen

Neben der Vereinheitlichung und ontologische Repräsentation von Prozessmodellen, also der semantischen Beschreibung der Syntax von Prozessmodellen, soll zusätzlich auch eine erweiterte ontologische Repräsentation von Prozessmodellen erfolgen. Zum Beispiel konnten, wie in der vorherigen Beschreibung ersichtlich wurde, nicht für alle zur Prozesskostenanalyse benötigten Konzepte auch Konstrukte in den jeweiligen Prozessmodellierungssprachen gefunden werden.[192] Die semantischen Defizite der Modellierungssprachen sollen durch Erweiterungen ausgeglichen werden. Im Gegensatz zu THOMAS UND FELLMANN (2009b), die eine semantische Prozessmodellierung mittels Ontologien vorschlagen, wird in dieser Arbeit die Erfassung von Prozessinformationen in der Ontologie weiter gefasst. Es wird eine semantische Beschreibung der Modellelemente sowie eine mögliche evolutionäre Erweiterung auf weitere Prozessinformationen verfolg. Zu diesen erweiterten Prozessinformationen zählen zum Beispiel auch Leistungsinformationen oder Geschäftsprozessregeln, die meist nicht im Prozessmodell zur Verfügung stehen.

Die erweiterte ontologische Repräsentation von Prozessinformationen auf Grundlage der vorgestellten Basisontologie kann in zwei Teile unterteilt werden. Erstens, in die semantische Annotation von Prozessmodellelementen zur semantischen inhaltlichen Beschreibung. Und zweitens, in die semantische Erweiterung der Basisontologie um erweiterte Prozessinformationen, die ggf. nicht im Prozessmodell vorhanden sind. Diese Informationen sollen auch zu einer automatischen Analyse genutzt werden können. Durch die Erweiterungen soll der Konflikttyp **(semantischer Aspekt II)** gelöst und alle für die Analyse benötigten Informationen explizit erfasst werden **(Explizite Informationen)**. Zusätzlich sollen mögliche Defizite einzelner Modellierungssprachen ausgeglichen werden können.

6.3.1 Semantische Annotation

Die semantische Annotation von Prozessmodellelementen[193] muss auf Basis einer formalen Beschreibung des Anwendungsgebietes erfolgen. Hierzu bieten sich, ggf. schon vorhandene, Domänenontologien an. Die Domänenontologie soll zur Beschreibung der domänenspezifischen Terminologien (dem Fachwissen) genutzt werden.[194] Unter einer

[192] Siehe Abschnitt 6.2.1.

[193] Es erfolgt eine Unterscheidung zwischen Prozessmodellelementen und Prozessmodellkonstrukten. Unter einem Konstrukt wird in dieser Arbeit ein Symbol einer Prozessmodellierungssprache verstanden, welches zur Syntax dieser Sprache gehört und durch das zugehörige Metamodell beschrieben ist. Ein Element hingegen wird als Ausprägung eines Konstrukts des modellierten Prozesses aufgefasst.

[194] Vgl. LIN (2008, S. 66) zur Wahl der zwei Ontologien, eine zur Repräsentation bzw. zur semantischen Beschreibung von Modellierungssprachen bzw. Konstrukten und eine zur Beschreibung der domänenspezifischen Terminologien.

semantischen Annotation wird analog zu THOMAS UND FELLMANN (2009b, S. 9) die Verknüpfung von in der Basisontologie repräsentierten Prozessmodellelementen mit Konzepten bzw. Instanzen der Domänenontologie bezeichnet. Die Annotation erfolgt somit in diesem Ansatz nicht mittels einer frei formulierten Textnotiz sondern durch eine maschinell auswertbaren Ontologie.

Domänenontologien

<table>
<tr><th>Merkmal</th><th colspan="6">Merkmalsausprägung</th></tr>
<tr><td>Abhängigkeit (Aufgabe/Sicht)</td><td>Top-Level-Ontologie</td><td colspan="2">Domänen-ontologie</td><td colspan="2">Aufgaben-Ontologie</td><td>Anwendungs-ontologie</td></tr>
<tr><td>Wiederverwertbarkeit</td><td colspan="2">Hoch</td><td colspan="2">Mittel</td><td colspan="2">Niedrig</td></tr>
<tr><td>Anwendbarkeit</td><td colspan="2">Hoch</td><td colspan="2">Mittel</td><td colspan="2">Niedrig</td></tr>
<tr><td>Ausdrucksstärke</td><td colspan="3">leichtgewichtig</td><td colspan="3">schwergewichtig</td></tr>
<tr><td>Formalität</td><td>Implizit</td><td colspan="2">Informal (explizit)</td><td colspan="2">Formal (für Menschen)</td><td>Formal (für Maschinen)</td></tr>
</table>

Tabelle 6.8: Mögliche Klassifizierung der Domänenontologie

Die semantische Annotation bzw. Beschreibung von Prozessmodellelementen muss auf einer maschinell auswertbaren, validen und akzeptierten Basis erfolgen. Dies ist nur durch ein gemeinsames Verständnis der jeweiligen Anwendungsdomäne möglich. Weiterhin muss diese gemeinsame Beschreibung von allen Beteiligten akzeptiert sein.[195] Hierzu bieten sich Domänenontologien an. Die Klassifizierung der Domänenontologie im Kontext dieser Arbeit ist in Tabelle 6.8 dargestellt.[196]

Die zu nutzende Domänenontologie muss hierbei entweder vorab entwickelt oder eine schon existierende ausgewählt werden.[197] Eine Domänenontologie im Allgemeinen

[195] Alle Anwender einer Ontologie müssen mit den formalisierten Begriffen in der Ontologie einverstanden sein. MÄDCHE *et al.* (2001, S. 393) formuliert hierzu: „Auf der soziokulturellen Seite erfordern Ontologien daher die Einigung einer Gruppe von Anwendern auf die jeweiligen Begriffe und deren Zusammenhänge.“

[196] Nach dem *reusability-usability trade-off problem* von KLINKER *et al.* (1991) ist die Wiederverwertung dieser Ontologie nicht so hoch einzustufen, wie die der Basisontologie, da diese Ontologie einen spezielles Anwendungsgebiet adressiert.

[197] Zur Konstruktion von Ontologien siehe Abschnitt 3.5.

besteht aus einem Vokabular (Begriffe), mit dem Konzepten der Problemdomäne beschrieben werden, und einer Menge von logischen Aussagen über die Begriffe und ihre Zusammenhänge.[198] Zusätzlich können mit Hilfe der Ontologie weitergehende Integritätsregeln definiert werden, welche helfen, die Wahrscheinlichkeit von späteren fehlerhaften Annotation zu vermeiden. Die Repräsentation des Prozessmodells ist nach der Zuordnung von Konzepten der Domänen (Instanzen der Domänenontologie) nicht länger ein Gebilde, welches allein formalen Konstruktionsregeln der zugrunde liegenden Prozessmodellen gehorcht. Innerhalb der Modellstruktur ist mit Hilfe der Ontologie die Bedeutung und Logik einzelner Modellelemente abgebildet.

Problemangemessenheit und Ausdrucksstärke der Domänenontologie

Die Problemangemessenheit einer Ontologie in dem hier vorgestellten Konzept ist gegeben, wenn alle fachlichen Aspekte der potenziell zu annotierenden Prozessmodellelemente von der Ontologie abgedeckt werden. HEPP (2007, S. 94) schreibt, wie oben erwähnt, generell zum Nutzen von Ontologien: *„In practice, useful ontologies must be small enough to have reasonable familiarization and commitmet costs and big enough to provide substantial added value for using them.“* Um dieses zu gewährleisten, bietet sich der Rückgriff auf Standards, Normen und Referenzmodelle an, die im Zusammenhang mit Informationsmodellen für die Problemdomäne entwickelt worden sind. Der Detaillierungsgrad dieser Aufgabe wird dabei von wirtschaftlichen Gesichtspunkten bestimmt.[199] Eine zu weit fortgeschrittene Detaillierung ist zu aufwendig und bildet eventuell Aspekte ab, die keinen Nutzen entfalten, da sie nur in wenigen Modellen abgebildet sind. Eine zu grobe Detaillierung lässt dagegen unter Umständen nur wenig aussagekräftige Analysen zu. Die Prüfung der Problemangemessenheit einer Domänenontologie stellt insofern eine offene Forschungsfrage dar und wird hier nicht weiter verfolgt.

Eine Restriktion besteht bei der Domänenontologie hinsichtlich ihrer Ausdrucksstärke, da hierdurch die mögliche Inferenz des weiteren Verfahrens beeinflusst wird. So sollte ein Kompromiss zwischen der Ausdrucksstärke und der Komplexität der Inferenz gefunden werden. Als höchste Ausdrucksstärke sollte $\mathcal{SROIQ}^{(\mathrm{D+})}$ genutzt werden, da dies nach Stand der Forschung den besten Kompromiss darstellt.[200]

Verknüpfung von Modellelementinstanzen zu Domänenontologieinstanzen

Durch das Vorhandensein einer Domänenontologie ist die Voraussetzungen gegeben, die überführten Prozessinformationen in der Basisontologie semantisch zu annotieren. Es ist nun möglich, ein Element eines spezifischen Prozessmodells einem einzelnen Konzept

[198] Vgl. MÄDCHE *et al.* (2001, S. 393).
[199] SCHÜTTE (1998, S. 127 ff.) zählt die Wirtschaftlichkeit zu den Grundsätzen ordnungsmäßiger Modellierung.
[200] Siehe Abschnitt 3.3.

einer Domänenontologie bzw. dessen Instanz zuzuordnen und es so zu beschreiben. Je vollständiger die Modellelemente entsprechenden Instanzen der Domänenontologie zugeordnet werden können, desto höher ist die Güte der Annotation. Im Folgenden wird die semantische Annotation bzw. Zuordnung der Modellelementinstanzen zu Domäneninstanzen beschrieben.[201]

$$V(ME_{p,k(p)}, DI_m) = \left\{ \begin{array}{lcl} 0 & = & \texttt{No Representation} \\ 1 & = & \texttt{isEquivalentConceptOf} \\ 2 & = & \texttt{isBroaderConceptOf} \\ 3 & = & \texttt{isNarrowerConceptOf} \end{array} \right\} \qquad (6.2)$$

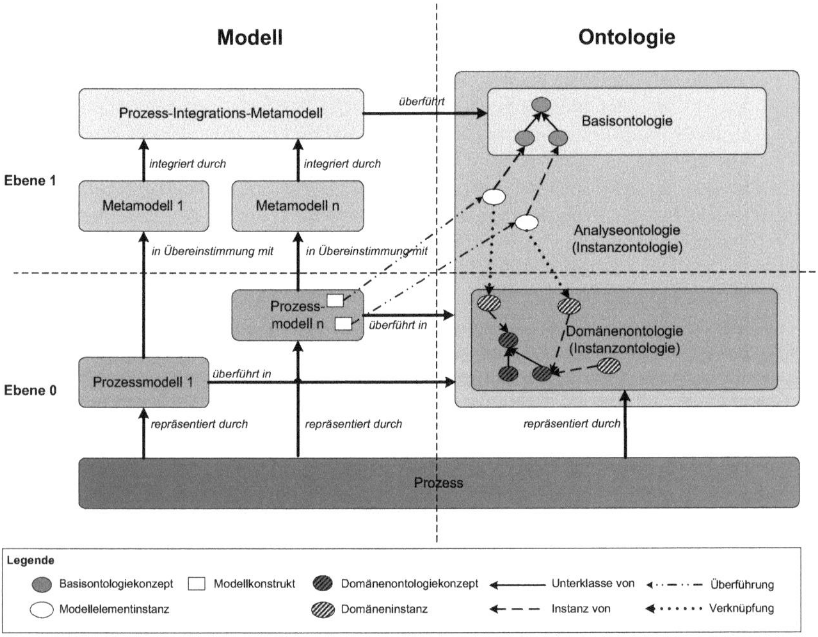

Abbildung 6.11: Zusammenhang Modell und Ontologie (2)
Quelle: Siehe auch TEUTEBERG *et al.* (2012, S. 11)

Ein Merkmal der Verknüpfung[202] von Modellelementinstanzen und Domäneninstanzen ist, dass nicht nur 1:1-Beziehungen existieren. Eine 1:n-Beziehung existiert, wenn eine Modellinstanz mehreren Domäneninstanzen zugeordnet werden kann. Die mehrfache

[201] Vgl. THOMAS UND FELLMANN (2009b, S. 9 ff.), die eine Annotation in ähnlicher Form beschreiben.
[202] Die Begriffe Verknüpfung und Annotation werden im Folgenden synonym genutzt.

Verknüpfung von Modellelementinstanzen mit Domäneninstanzen führt zu nicht eindeutigen semantischen Beschreibungen. THOMAS UND FELLMANN (2009b, S. 9 ff.) folgend, werden daher im Rahmen des hier entwickelten Konzepts 1:1-Beziehung angestrebt. Dies bedeutet, dass eine Modellelementinstanz mit nur einer sie semantisch repräsentierenden Domäneninstanz beschrieben werden kann. Da durch diese Einschränkung nicht von einer exakten Beschreibung der Modellinstanz durch die Domäneninstanz ausgegangen werden kann, insbesondere bei schon existierenden Domänenontologien, muss eine differenzierte Zuordnung zwischen den Instanz ermöglicht werden.[203] Die differenzierte Zuordnung wird in eine Relation oder Beziehung der semantischen Äquivalenz und Relationen der höheren und niedrigeren semantischen Spezifität unterschieden. Eine Relation der semantischen Äquivalenz wird als `isEquivalentConceptOf` bezeichnet und repräsentiert eine exakte semantische Beschreibung der Prozessmodellinstanz durch die Domänenontologieinstanz. Eine Relationen der höheren semantischen Spezifität wird als `isNarrowerConceptOf` bezeichnet, wenn die Domäneninstanz die Modellelementinstanz semantisch enthält, die Modellelementinstanz jedoch in einigen Aspekten spezifischer oder „enger" spezifiziert ist. Eine Relationen der niedrigeren semantischen Spezifität wird als `isBroaderConceptOf` bezeichnet, wenn sie die „weitere" Auslegung vom Modellelementinstanz gegenüber Domäneninstanz beschreibt. Die Möglichen Verknüpfungen bzw. Relationen zwischen Modellelementinstanzen und Domänenontologieinstanzen sind in der Formel 6.2 dargestellt. Tabelle 6.9 liefert eine Übersicht über die Prozessinformation, die mittels der Verknüpfung erzielt werden. Die Verknüpfungen haben zusammenfassend die folgende Bedeutungen:

`0 = No Representation` Die Modellelementinstanz $ME_{p,k(p)}$ wird nicht durch die Domäneninstanz DI_m repräsentiert.

`1 = isEquivalentConceptOf` Die Domäneninstanz DI_m repräsentiert exakt die Modellelementinstanz $ME_{p,k(p)}$.

`2 = isBroaderConceptOf` Die Modellelementinstanz $ME_{p,k(p)}$ repräsentiert die verknüpfte Domäneninstanz DI_m in einem weiteren Sinne. Die Domäneninstanz beschreibt also nur einen Teil des semantischen Inhalts, der durch die Modellelementinstanz dargestellt wird.

`3 = isNarrowerConceptOf` Die Modellelementinstanz $ME_{p,k(p)}$ repräsentiert die verknüpfte Domäneninstanz DI_m in einem engeren Sinne. Die Domäneninstanz beschreibt also mehr als den semantischen Inhalt, der durch die Modellelementinstanz dargestellt wird.

Das Ergebnis der Zusammenführung der Informationen ist eine so genannte Analyseontologie, die zur weiteren Analyse und zum Vergleich der einzelnen Informationsmodelle herangezogen wird. Die resultierende Analyseontologie besteht aus drei Teilen (siehe Abbildung 6.11):

[203] Vgl. MILES UND BECHHOFER (2008) sowie THOMAS UND FELLMANN (2009b, S. 9 ff.).

	Domäneninstanzen			
Modellelemente	DI_1	DI_2	...	DI_m
$ME_{1,1}$	$V(ME_{1,1} DI_1)$	$V(ME_{1,1} DI_2)$	...	$V(ME_{1,1} DI_m)$
$ME_{1,2}$	$V(ME_{1,2} DI_1)$	$V(ME_{1,2} DI_2)$	...	$V(ME_{1,2} DI_m)$
...	...	...	...	...
$ME_{1,k(1)}$	$V(ME_{1,k(1)} DI_1)$	$V(ME_{1,k(1)} DI_2)$	...	$V(ME_{1,k(1)} DI_m)$
$ME_{2,1}$	$V(ME_{2,1} DI_1)$	$V(ME_{2,1} DI_2)$	...	$V(ME_{2,1} DI_m)$
$ME_{2,2}$	$V(ME_{2,2} DI_1)$	$V(ME_{2,2} DI_2)$	...	$V(ME_{2,2} DI_m)$
...	...	...	...	...
$ME_{2,k(2)}$	$V(ME_{2,k(2)} DI_1)$	$V(ME_{2,k(2)} DI_2)$	...	$V(ME_{2,k(2)} DI_m)$

Tabelle 6.9: Zuordnung Modellkonstrukte zu Domänenontologiekonzepte

1. Aus der Basisontologie, die alle für die Analyse benötigten Prozessinformationen strukturell beschreibt.

2. Aus den Instanzen der Modellelemente des zu analysierenden Prozessmodells. Diese Instanzen sind Teil der Analyseontologie, während die Basisontologie die möglichen Konzepte dieser Instanzen vorgibt.

3. Aus der Domänenontologie sowie der Zuordnung ihrer Instanzen zu den Instanzen der Basisontologie.

6.3.2 Semantische Erweiterung

Zusätzlich zur Verknüpfung von Modellelementinstanzen mit Domänenontologieinstanzen soll eine semantische Erweiterung der Modellelementinstanzen ermöglicht werden. Durch die vorherigen Schritte wurden lediglich die Prozessmodellinformationen abstrahiert und in eine allgemeine formale Form überführt und semantisch annotiert. Es soll jedoch auch die Möglichkeit bestehen, einzelne Modellelementinstanzen mit einem zusätzlichen Merkmalsvektor zu versehen, der Prozessinformationen enthält, die für die Analyse notwendig oder hilfreich sein können. So ist es beispielsweise denkbar, dass zu einem Prozessschritt Kosteninformationen oder Durchlaufzeiten erfasst und zugeordnet werden. Nachfolgend wird eine Erweiterung der Basisontologie um Leistungsmerkmale und die Hinzunahme von Regeln motiviert und beschrieben.

Erweiterung um Leistungsmerkmale

Zur Erweiterung der Basisontologie um Leistungsmerkmale, wurde das Konzept *Performance* aufgenommen (siehe Abbildung 6.12).[204] Jede Leistungsinformation wird als Instanz dieses Konzepts in der Ontologie gespeichert. Die Abbildung von Leistungsinformationen als Instanzen eines Konzepts ist sehr einfach gehalten und dient vornehmlich zur Veranschaulichung des Vorgehens.

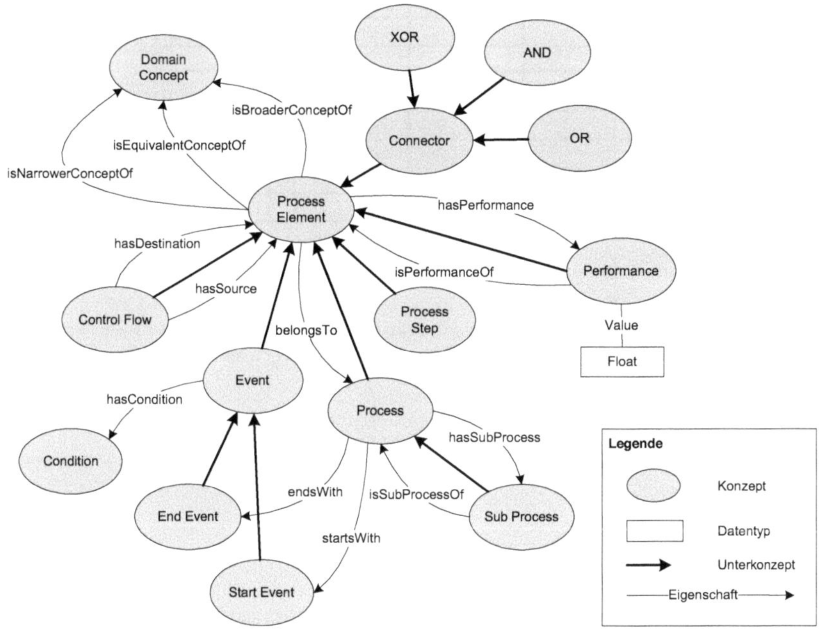

Abbildung 6.12: Erweiterte Basisontologie

$$W(ME_{p,k(p)}, PI_o) \quad = \quad \{\texttt{Value}\} \tag{6.3}$$

Das Konzept der *Performance* enthält eine Wert Eigenschaft (engl. *Data Property*), in der die Kennzahl der Leistungseigenschaft gespeichert werden kann. Weiterhin wird das Konzept über die Relation **`hasPerformance`** sowie die inverse Beziehung

[204] Auf die Darstellung des Konzepts „Thing" sowie der abhängigen Generalisierungen ist in dieser Abbildung verzichtet worden. Weiterhin wurde das Konzept *Domain Concept* aufgenommen. Hierdurch kann die Verknüpfung zwischen *Process Element* und *Domain Concept* in der Basisontologie repräsentiert werden.

`isPerformanceOf` mit dem Konzept *Process Element* in Beziehung gesetzt. Über Instanzen des Konzepts, wie zum Beispiel die Durchlaufzeit (DLZ) oder Kosten eines Prozessschritts, kann der Wert dieses Leistungsmerkmals angegeben werden. Die Angabe ist in Formel 6.3 spezifiziert und das Ergebnis in Tabelle 6.10 dargestellt.

	Erweiterte Prozessinformationen			
Modellelemente	**PI_1**	**PI_2**	**...**	**PI_o**
$ME_{1,1}$	$W(ME_{1,1}\ PI_1)$	$W(ME_{1,1}\ PI_2)$	...	$W(ME_{1,1}\ PI_o)$
$ME_{1,2}$	$W(ME_{1,2}\ PI_1)$	$W(ME_{1,2}\ PI_2)$	...	$W(ME_{1,2}\ PI_o)$
...	...	...	...	...
$ME_{1,k(1)}$	$W(ME_{1,k(1)}\ PI_1)$	$W(ME_{1,k(1)}\ PI_2)$	...	$W(ME_{1,k(1)}\ PI_o)$
$ME_{2,1}$	$W(ME_{2,1}\ PI_1)$	$W(ME_{2,1}\ PI_2)$	...	$W(ME_{2,1}\ PI_o)$
$ME_{2,2}$	$W(ME_{2,2}\ PI_1)$	$W(ME_{2,2}\ PI_2)$	...	$W(ME_{2,2}\ PI_o)$
...	...	...	...	...
$ME_{2,k(2)}$	$W(ME_{2,k(2)}\ PI_1)$	$W(ME_{2,k(2)}\ PI_2)$	...	$W(ME_{2,k(2)}\ PI_o)$

Tabelle 6.10: Leistungsinformationen von Prozessmodellinstanzen

Aufgrund von quantifizierenden Zahlenrestriktion, Wert-Eigenschaften und sowie der Transitivität der Relation `hasPerformance` ist die Ausdrucksstärke der erweiterten Basisontologie $\mathcal{SIQ}^{(\mathcal{D})}$.

Integration von Regeln

Mit der bisher beschriebenen Repräsentation und Erweiterung von Prozessmodellen mittels Ontologien ist eine semantische Auswertung möglich. Die in der Ontologie enthaltenen Beschreibungen können darüber hinaus auch zur terminologischen Vereinheitlichung und zur Anfrage und Validierung verwendet werden. Allerdings können nicht alle in einer Domäne relevanten Zusammenhänge durch die Definition von Begriffen und Relationen repräsentiert werden. Insbesondere zur Repräsentation und zur Schlussfolgerung bei komplexen Abhängigkeiten zwischen mehreren Begriffen bedarf es einer Erweiterung um (Geschäftsprozess-)Regel.[205]

Die im Rahmen der semantischen Prozessmodellierung benötigten Regeln können laut BOLEY *et al.* (2007, S. 273 ff.) in deduktive und normative Regeln unterschieden werden.[206] Deduktive Regeln oder Ableitungsregeln dienen dazu, auf der Basis vorhandener Fakten durch die Nutzung logischer Schlussfolgerungen neue Fakten zu gewinnen. Es

---

[205] Siehe zum Beispiel ZUR MUEHLEN UND INDULSKA (2010, S. 2).

[206] BOLEY *et al.* (2007, S. 273 ff.) beschreibt 3 Kriterien zur Unterscheidung: *deduction rules*, *normative rules* und *reactive rules*. Vgl. auch TAVETER UND WAGNER (2001), BRY UND MARCHIORI (2005) sowie THOMAS UND FELLMANN (2009b, S. 11 f.).

kann zum Beispiel unter der Prämisse, dass die von einem Subprozess beschriebenen Leistungsinformationen gleichzeitig zur Menge der Leistungsinformationen zu dem übergeordneten Prozess gehören, folgende Regel spezifiziert werden: „Wenn zwei Prozesse x und y existieren und y ein Subprozess von x ist und die Leistungsinformationen l hat, dann folgt daraus, dass x ebenfalls die Leistungsinformationen l hat". Die Regel lässt sich wie folgt formulieren:

$$hasSubProcess(?x, ?y)?hasPerformance(x, l)?hasPerformance(?y, ?l) \tag{6.4}$$

Der „Wenn-Teil" der Regel wird auch als Antezedens bezeichnet und beschreibt eine bestimmte Situation. Der „Dann-Teil" wird auch als Konsequenz bezeichnet und gibt eine geeignete Folgerung, Reaktion oder Entscheidung für die im „Wenn-Teil" beschriebene Situation an.

Normative Regeln oder strukturelle Regeln werden verwendet, um Bedingungen für die von einer Anwendung verwendeten Daten oder der von ihr verwendeten Logik auszudrücken.[207] Sie können weiter in Konsistenz- und Integritätsregeln unterschieden werden. Als Konsistenzregeln werden Regeln bezeichnet, die zur Aufrechterhaltung der Widerspruchsfreiheit der Ontologie und der aus ihr ableitbaren Fakten eingesetzt werden. Im Rahmen der semantischen Prozessmodellierung ist bspw. zu vermeiden, dass ein Prozessmodell und einzelne Elemente dieses Modells über die Relation `isEquivalentConceptOf` mit derselben Domäneninstanz annotiert werden. Als Integritätsregeln werden, in Anlehnung an semantische Integritätsbedingungen im Datenbankumfeld, Regeln verstanden, die zur Aufrechterhaltung der semantischen Korrektheit der Ontologie und der aus ihr ableitbaren Fakten eingesetzt werden.

6.4 Automatisierte Analyse und Vergleich mittels ontologischer Repräsentation

In den vorherigen Abschnitten wurden Prozessinformationen, die auf Basis von Prozessmodellen zur Verfügung stehen, in eine einheitliche ontologische Repräsentation, der Basisontologie, überführt. Darauf aufbauend wurde die Semantik der einzelnen Prozessmodellelemente mittels einer Domänenontologie formal beschrieben und alle vorhandenen Prozessinformationen in eine Analyseontologie zusammengeführt. Weiterhin wurde die Basisontologie um Leistungsinformationen bzw. weitere Prozessinformationen erweitert und die Integration von Regeln in die Domänen- sowie Analyseontologie beschrieben. Auf Basis dieser in der Analyseontologie zusammengefassten Prozessinformationen, aller zu betrachtenden Prozesse, kann eine automatisierte Analyse und ein Vergleich erfolgen.

[207] Vgl. BOLEY *et al.* (2007, S. 274).

	Basisontologiekonzepte				Domäneninstanzen				Erweiterte Prozessinformationen			
Modellelemente	BK_1	BK_2	...	BK_n	DI_1	DI_2	...	DI_m	PI_1	PI_2	...	PI_o
$ME_{1,1}$	$I(ME_{1,1}BK_1)$	$I(ME_{1,1}BK_2)$	...	$I(ME_{1,1}BK_n)$	$V(ME_{1,1}DI_1)$	$V(ME_{1,1}DI_2)$	...	$V(ME_{1,1}DI_m)$	$W(ME_{1,1}PI_1)$	$W(ME_{1,1}PI_2)$	...	$W(ME_{1,1}PI_o)$
$ME_{1,2}$	$I(ME_{1,2}BK_1)$	$I(ME_{1,2}BK_2)$	...	$I(ME_{1,2}BK_n)$	$V(ME_{1,2}DI_1)$	$V(ME_{1,2}DI_2)$	...	$V(ME_{1,2}DI_m)$	$W(ME_{1,2}PI_1)$	$W(ME_{1,2}PI_2)$	...	$W(ME_{1,2}PI_o)$
...	...	...	...	...	...	...	...	...	...	...	...	...
$ME_{1,k(1)}$	$I(ME_{1,k(1)}BK_1)$	$I(ME_{1,k(1)}BK_2)$	...	$I(ME_{1,k(1)}BK_n)$	$V(ME_{1,k(1)}DI_1)$	$V(ME_{1,k(1)}DI_2)$	...	$V(ME_{1,k(1)}DI_m)$	$W(ME_{1,k(1)}PI_1)$	$W(ME_{1,k(1)}PI_2)$	...	$W(ME_{1,k(1)}PI_o)$
$ME_{2,1}$	$I(ME_{2,1}BK_1)$	$I(ME_{2,1}BK_2)$	...	$I(ME_{2,1}BK_n)$	$V(ME_{2,1}DI_1)$	$V(ME_{2,1}DI_2)$	...	$V(ME_{2,1}DI_m)$	$W(ME_{2,1}PI_1)$	$W(ME_{2,1}PI_2)$	...	$W(ME_{2,1}PI_o)$
$ME_{2,2}$	$I(ME_{2,2}BK_1)$	$I(ME_{2,2}BK_2)$	...	$I(ME_{2,2}BK_n)$	$V(ME_{2,2}DI_1)$	$V(ME_{2,2}DI_2)$	...	$V(ME_{2,2}DI_m)$	$W(ME_{2,2}PI_1)$	$W(ME_{2,2}PI_2)$	...	$W(ME_{2,2}PI_o)$
...	...	...	...	...	...	...	...	...	...	...	...	...
$ME_{2,k(2)}$	$I(ME_{2,k(2)}BK_1)$	$I(ME_{2,k(2)}BK_2)$	...	$I(ME_{2,k(2)}BK_n)$	$V(ME_{2,k(2)}DI_1)$	$V(ME_{2,k(2)}DI_2)$	...	$V(ME_{2,k(2)}DI_m)$	$W(ME_{2,k(2)}PI_1)$	$W(ME_{2,k(2)}PI_2)$	...	$W(ME_{2,k(2)}PI_o)$

Tabelle 6.11: Prozessinformationen der Analyseontologie
Quelle: Siehe auch TEUTEBERG *et al.* (2012, S. 12)

Im Folgenden werden zunächst die Prozessinformationen und Ausdrucksstärke der Analyseontologie in Abschnitt 6.4.1 zusammenfassend dargestellt. Im Anschluss erfolgt in Abschnitt 6.4.2 eine Beschreibung der Nutzung von Metriken und Abfragesprachen zur Analyse und zum Vergleich von Prozessinformationen mittels der Analyseontologie.

6.4.1 Prozessinformationen und Ausdrucksstärke der Analyseontologie

Die Analyseontologie dient zur ontologischen Repräsentation von Prozessinformationen, die im Hinblick auf ein spezifiziertes Analyseziel als relevant erachtet werden. Sämtliche in der Analyseontologie vorhandenen Informationen sind in der Tabelle 6.11 zusammengefasst. In der Tabelle sind die Instanziierungen von Basisontologiekonzepten, die Verknüpfung von Domäneninstanzen sowie die Werte der erweiterten Prozessinformationen für alle Modellelemente einzelner Prozessmodelle dargestellt. Ausgangspunkt jeder Analyse bilden semi-formale Prozessmodelle. Lediglich die Prozessmodellelemente werden in der Analyseontologie repräsentiert und ggf. mit weiteren Informationen versehen. Eine Erweiterung auf nicht existierende Modellelemente ist auf Basis der Ontologie jedoch leicht möglich. Die Ausdrucksstärke der Analyseontologie sollte, wie die Domänenontologie, nicht höher als $\mathcal{SROIQ}^{(D+)}$ sein. In Abbildung 6.13 ist beispielhaft eine Repräsentation von Modellen und Ontologien in EPK (EPML) und OWL dargestellt.

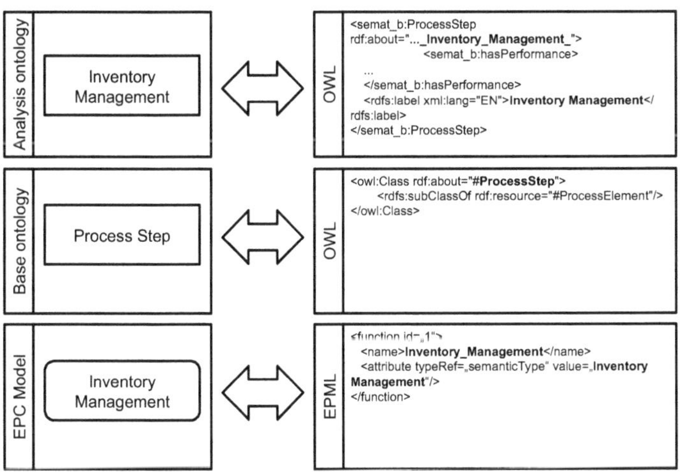

Abbildung 6.13: Repräsentation von Modellen und Ontologien in EPK (EPML) und OWL
Quelle: In Anlehnung an THOMAS UND FELLMANN (2007a, S. 39) (siehe auch TEUTEBERG *et al.* (2012, S. 12))

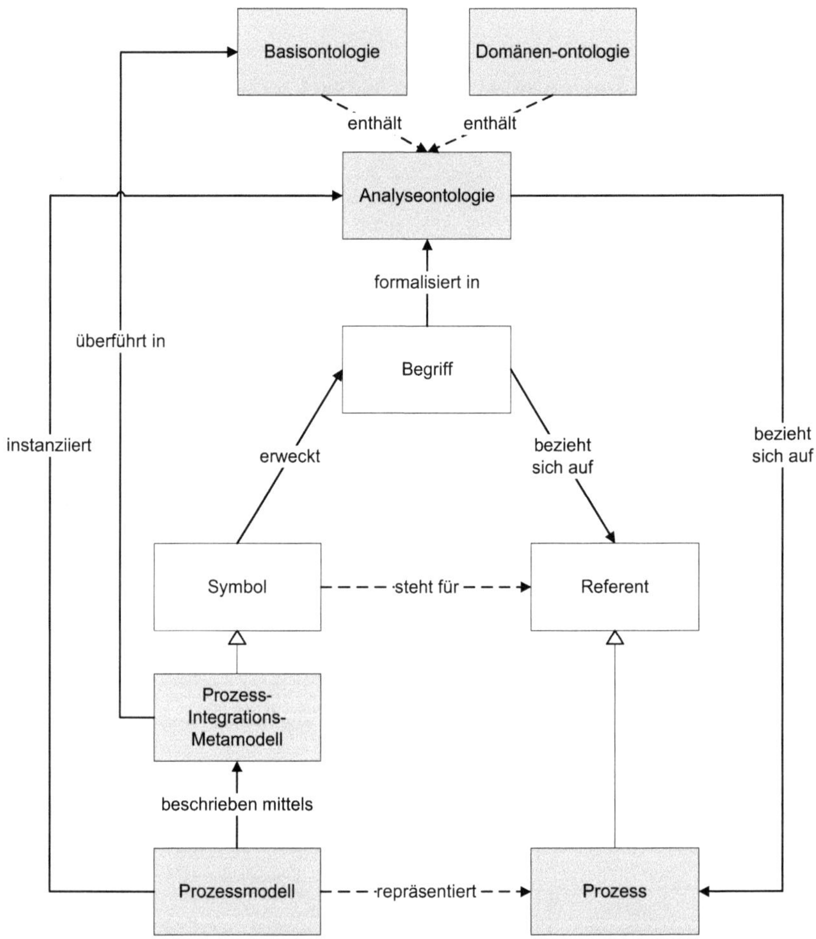

Abbildung 6.14: Erweitertes Semiotisches Dreieck der semantischen Prozessmodellierung
Quelle: In Anlehnung an THOMAS UND FELLMANN (2009b, S. 6)

Durch die Verwendung der Basisontologie, die Teil der Analyseontologie ist, sollen die erweckten Begriffe, der in einem Prozessmodell genutzten Symbole, formalisiert werden. Die Überführung erfolgt mittels des Integrations-Prozess-Metamodell. Durch diesen Schritt wird die semantische Bedeutung der Prozessmodellsyntax explizit erfasst. Weiterhin werden die einzelnen Prozessmodellelemente in der Analyseontologie instanziiert. Durch Verknüpfung dieser Instanzen mit semantischen Beschreibungen innerhalb einer Domänenontologie, kann die semantische Bedeutung der Prozessmodellelemente weiter beschrieben werden. Der Zusammenhang ist in Abbildung 6.14 dargestellt. Die subjektive Bergiffsbildung bzgl. der zur Analyse benötigten Prozessinformationen kann somit weiter reduziert werden.

6.4.2 Nutzung von Metriken und Abfragesprachen

Zur Analyse und zum Vergleich von Prozessmodellinformationen die in der Analyseontologie repräsentiert werden, bieten sich Metriken und Abfragesprachen an. Insbesondere um neues Wissen per Inferenz zu erschließen, soll eine benutzerdefinierte Analyse mittels Abfragen möglich sein.

Um zwei Prozesse, welche in eine Analyseontologie überführt wurden, miteinander vergleichen oder analysieren zu können, können zweckbezogene Kennzahlen bzw. Metriken definiert und genutzt werden.[208] Dies können zum Beispiel grundlegende Metriken sein, welche die Gesamtzahl von Elemente oder Konstrukte in einem Modell berechnen oder die durchschnittliche Anzahl von Elementen pro Konstrukt zählen. Diese grundlegenden oder quantitativen Metriken wurden für diverse Modellierungssprachen entwickelt und bieten somit nur einen geringen Mehrwert für das vorgestellte Konzept.[209] Weiterhin können jedoch auch komplexere Metriken erstellt werden, die zum Beispiel die Kohäsion, also das Beziehungsgeflecht zwischen den Konzepten, oder die Komplexität der Analyseontologie messen und Möglichkeiten der Inferenz nutzen. Auch ist eine Auswertung von Leistungsinformationen mittels Metriken denkbar.

Ein strukturiertes Vorgehen bei der Entwicklung und Nutzung von Metriken, soll die in Abschnitt 4.2 dargestellten Gütekriterien unterstützen. Hierzu soll im Rahmen dieser Arbeit die vorgestellte GQM-Methode genutzt werden. Durch das Konzept werden zusätzlich die folgenden Gütekriterien unterstützt.

Objektivität: Die Objektivität an der Metriken wird unterstützt, da subjektive Einflüsse reduziert werden können. Dies erfolgt zum Beispiel durch die Nutzung der

[208] Zur Einführung in Metriken siehe Abschnitt 4.

[209] Vgl. für Softwaremetriken u.a. CHIDAMBER UND KEMERER (1994), CHIDAMBER *et al.* (1998) sowieFENTON UND PFLEEGER (1998). Einen Überblick über Ontologiemetriken bieten u.a. BURTON-JONES *et al.* (2005), YAO *et al.* (2005), COX *et al.* (2006), DIANA MAYNARD UND LI (2006), ORME *et al.* (2006), VRANDEČIĆ UND SURE (2007) sowie GARCÍA *et al.* (2010). Für Prozessmodellmetriken vgl. u.a. SEDERA *et al.* (2002), BRIAND *et al.* (2003), VAN ELSUWE UND SCHMEDDING (2003), YI *et al.* (2004), GENERO *et al.* (2005), VANDERFEESTEN *et al.* (2008) und MENDLING (2008).

Domänenontologie, durch die Modellelementinstanzen formal beschrieben werden. Weiterhin auch durch die Basisontologie, in der die semantische Bedeutung von Modellkonstrukten abstrahiert und vereinheitlicht beschrieben werden. Ausschlaggebend ist das einheitliche Verständnis und die Akzeptanz aller Beteiligten über die zugrunde liegenden Ontologien.

Zuverlässigkeit: Da die Analyseontologie eine statische Überführung von Prozessinformationen ist, führt eine wiederholte Anwendung einer Metrik zu denselben Messergebnisse. Eine Versionierung der Analyseontologie könnte hier den Vergleich unterschiedlicher Versionen ermöglichen. Im Rahmen dieser Arbeit wird dies nicht weiter verfolgt und kann somit als weiterer Forschungsbedarf identifiziert werden.

Validität (Messtauglichkeit): Die Validität hängt maßgeblich von der Definition der Metrik ab und liegt daher im Vorgehen begründet.

Normierung: Die Normierung ermöglicht einen Vergleich der Messergebnisse und wird auch durch das Vorgehen der Definition der Metriken unterstützt.

Vergleichbarkeit: Die Vergleichbarkeit wird durch die Abstraktion verschiedener Modellierungssprachen über das Prozess-Integrations-Metamodell erhöht.

Ökonomie: Die Ökonomie der Metriken kann durch das Konzept erhöht werden. So können Metriken auf Grundlage der Basisontologie entwickelt werden, die Auswertungen für alle Modellierungssprachen ermöglichen. Diese können auch für neu hinzugefügte Modellierungssprachen genutzt bzw. wiederverwertet werden. Weiterhin kann ein Metrikenkatalog definiert werden, der eine Wiederverwertung erlaubt. Der Automatisierungsgrad des Messverfahrens kann durch eine geeignete automatisierte Unterstützung gesteigert werden.

Nützlichkeit: Die Nützlichkeit einer Metrik wird durch das Verfahren unterstützt und weniger durch das Konzept.

Ein Mehrwert kann grundsätzlich bei einem Vergleich auf Basis definierter Metriken erzielt werden, wenn verschiedene Prozessmodelle automatisiert verglichen werden können. Sofern zweckbezogene Metriken definiert wurden, sind diese zu Merkmalsvektoren für das Gesamtmodell zu kombinieren. Die Ähnlichkeit zwischen den Merkmalsvektoren zweier Prozessmodelle kann wiederum durch Distanzmaße ausgedrückt werden. In diesem Zusammenhang ist zu beachten, ob unterschiedliche Größenordnungen in den Merkmalsvektor einfließen. Es ist zu entscheiden, ob durch Normierung und Skalierung von Metriken Verzerrungen im Merkmalsraum auszugleichen sind.

6.5 Anwendungsfall des Prozessbenchmarkings

Das Benchmarking[210] hat als Managementmethode eine lange Historie. Es wurde bekannt, als diese Methode im Unternehmen Xerox eingesetzt wurde und die Ergebnisse durch TUCKER *et al.* (1987) veröffentlicht wurden. Im Laufe der Jahrzehnte hat das Benchmarking mehrere Stufen der Entwicklung durchlebt.[211] Während sich die ersten Anwendungen des Benchmarking auf Produkte konzentrierten, erfolgt in aktuellen Benchmarks eine Betrachtung unterschiedlichster Bezugsobjekte, wie zum Beispiel Prozesse und Strategien.[212] Das AMERICAN PRODUCTIVITY & QUALITY CENTER (1993, S. 4) definiert Benchmarking als den Prozess des fortlaufenden Messens und Vergleichens des eigenen Unternehmens mit dem Ziel, eine Verbesserung der eigenen Leistungsfähigkeit zu erreichen.[213] Hierbei ist das sammeln, analysieren und interpretieren benötigter Informationen über den zu betrachtenden Sachverhalt bzw. das Benchmarkingobjekt in der Regel mit einem hohen manuellen Aufwand verbunden, da Expertenwissen über das Benchmarkingobjekt vorhanden sein muss.[214] MÜLLER *et al.* (2010) zeigen, dass die Voraussetzungen für ein effektives und effizientes Benchmarking Instrumente, Datenbanken, methodisches Wissen und eine hohe Datenqualität sind. Weiterhin ist die Analyse von Kennzahlen sowie der kontextuellen und wettbewerbsrelevanten Informationen eine wichtige Grundlage für den Erfolg.

Im Allgemeinen können zwei verschiedene Arten des Benchmarkings unterschieden werden. Quantitative Ansätze basieren auf Kennzahlen, während bei qualitativen Ansätzen eine eingehende Analyse der Organisationen und Strukturen mit einbezogen werden. Letztere Ansätze beinhalten Interviews, Dokumentenanalysen und Beobachtungen. Mittels der qualitativen Datenerhebung können die Ursachen der höheren oder niedrigeren Leistung untersucht werden. *Best Practices* können identifiziert werden und zur Verfügung gestellt werden. Jedoch benötigen qualitative Ansätze des Benchmarkings eine hohe Anzahl an Analysen und benötigen erfahrene und qualifizierte Benchmarking-Experten. Das Benchmarking von Unternehmen kann weiterhin in ein internes und externes Benchmarking unterschieden werden.[215] Externe Benchmarks werden dabei als Maßgröße des Unternehmenserfolgs gegenüber dritten Unternehmen angesehen. Diesem steht das interne Benchmarking gegenüber, welches unternehmensinterne Vergleiche herstellt und misst.[216] Diese Unterscheidung spielt jedoch zur Anwendung des vorliegenden Konzepts keine wesentliche Rolle, da nicht der gesamte Benchmarkingprozess betrachtet werden

[210] Eine Einführung in das Benchmarking liefern zum Beispiel BRISLEY (1983), GUILMETLE UND CARLENE (1984), LOWIS UND ALBERT (1985) sowie TUCKER *et al.* (1987).

[211] DATTAKUMAR UND JAGADEESH (2003) bieten einen Überblick über die Literatur im Bereich des Benchmarking bis zum Jahr 2003. Vgl. auch MÜLLER *et al.* (2010).

[212] Vgl. AHMED UND RAFIQ (1998) sowie KYRÖ (2003).

[213] Vgl. auch CAMP (1989) und LEGNER UND ÖSTERLE (1999, S. 4 f.).

[214] DREW (1997, S. 439) merkt an, dass neue Wege des kosteneffizienteren Benchmarking gefunden werden müssen. Trotz der relativ alten Aussage von DREW (1997), hat diese Aussage immer noch Bestand (vgl. MERTINS UND KOHL (2009, S. 47)).

[215] Vgl. MERTINS UND KOHL (2009, S. 31 ff.).

[216] Vgl. LEGNER UND ÖSTERLE (1999, S. 4 f.).

soll, sondern lediglich der Prozess der Analyse und des Vergleichs. Hierzu ist die Wahl des Benchmarkingpartners unerheblich. Die folgende Unterscheidung der Benchmarkingobjekte kann getroffen werden.[217]

Produkt-Benchmarking Durch das Produkt-Benchmarking soll die Leistungsfähigkeit von Produkten verbessert werden. Betrachtet werden die Konstruktion, die Produktkomponenten und die Art der Fertigung. Das Benchmarking kann auch auf Dienstleistungen angewendet werden.

Prozess-Benchmarking Beim Prozessbenchmarking sollen innovative Lösungen aus den Vorgehensweisen anderer Unternehmen mit dem Ziel der Prozessoptimierung identifiziert und adaptiert werden. Untersucht und adaptiert werden dabei Art und Folge der Prozessschritte, die eingesetzten Methoden und Instrumente, die IT-Systeme sowie vielfach die Art und Organisation der Kommunikation der Prozessbeteiligten (bspw. an der Schnittstelle vom Lieferanten zum Unternehmen). Ein Prozessbenchmarking liefert tiefgehende Informationen über die Prozesse der Vergleichspartner, ist dabei jedoch in der Regel mit einem hohen Aufwand verbunden. Ein weiteres Anwendungsgebiet des Prozessbenchmarkings ist die Analyse und der Vergleich von Prozessen in Serviceorientierte Architekturen.

Performanz-Benchmarking Das Performanz-Benchmarking umfasst Informationen zu Kennzahlen, Organisations- und Prozessbestandteilen. Im Mittelpunkt stehen Leistungsindikatoren. Diese werden durch Organisations- und Prozessinformationen ergänzt, um das Vorgehen des Vergleichspartners zu verstehen, ohne den hohen Aufwand eines Prozessbenchmarkings betreiben zu müssen.

Strategisches Benchmarking Das Strategische Benchmarking soll der Bestimmung und Ausrichtung der eigenen Unternehmensstrategie dienen. Untersucht werden Markteintritts-, Marktbearbeitungs- oder Marktaustrittsstrategien.

In dem vorliegenden Anwendungsfall soll ein Prozessbenchmarking sowie ein Performanz-Benchmarking betrachtet und die Unterstützung durch das Konzept untersucht werden. Beim Prozessbenchmarking sollen tiefgehende Informationen über die Prozesse ausgewählter Vergleichspartner, wie Wettbewerbern oder führenden Unternehmen, ermittelt werden, um aus diesen Informationen Optimierungspotenziale für die einzelnen Prozesse zu identifizieren.[218] Der manuelle Aufwand zur Analyse und zum Vergleich wird insbesondere dadurch verstärkt, dass die meisten Informationen, insbesondere beim Prozessbenchmarking, nur in unstrukturierter Form vorliegen. Aber selbst wenn semiformale oder formale Prozessmodelle zur Analyse und zum Vergleich eingesetzt werden, verbieten meist unterschiedliche Terminologien und unterschiedliches Domänen- oder

[217] Die Auflistung bietet lediglich einen Überblick. Carpinetti und de Melo (2002, S. 245) sowie Mertins und Kohl (2009, S. 66 ff.) unterscheiden das Produkt-, Prozess- und Strategische-Benchmarking. Kyrö (2003, S. 220) zum Performanz-, Technologie-, Prozess-, Kompetenz- sowie Strategie-Benchmarking.

[218] Vgl. Camp (1989).

Fachwissen eine direkte Analyse der Prozesse in Form von Prozessmodellen. Eine Überführung dieser Modelle in eine gemeinsame Sprache und ein gemeinsames Verständnis des Problembereichs muss somit die Voraussetzung für einen aussagekräftigen automatisierten Vergleich sein.

6.5.1 Phasen des Prozessbenchmarking

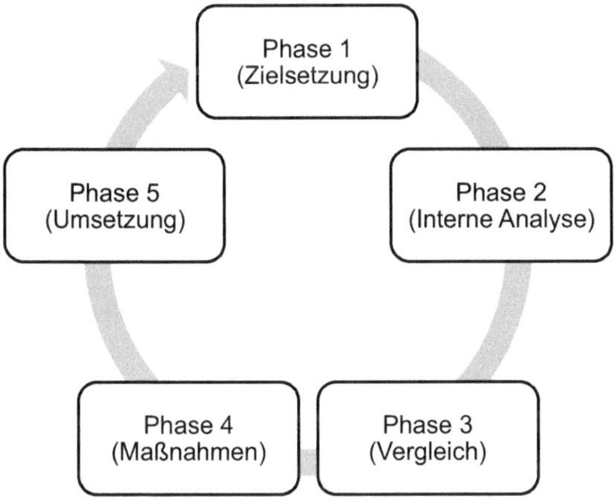

Abbildung 6.15: 5-Phasen-Konzept des prozessorientierten Benchmarking
Quelle: In Anlehnung an MERTINS UND KOHL (2009, S. 43)

Für das Benchmarking und insbesondere das Prozessbenchmarking sind eine Vielzahl an Methoden entwickelt worden.[219] Die grundsätzlichen Phasen des Prozessbenchmarking, die von MERTINS UND KOHL (2009, S. 43 ff.) identifiziert wurden, sind in Abbildung 6.15 dargestellt und werden im Folgenden näher erläutert:

Phase 1 (Zielsetzung): Die Festlegung der Benchmarkingziele steht am Anfang eines jeden Benchmarking-Projektes. Die Ziele orientieren sich dabei an den strategischen Zielen des Unternehmens. Die festgelegten Ziele werden im Laufe des Projekts zur Steuerung und nach Ablauf des Projekts zur Erfolgskontrolle verwendet.

Phase 2 (Interne Analyse): Durch die interne Analyse wird ein Verständnis über die eigenen Prozesse erarbeitet und ggf. schon Stärken und Optimierungspotenziale identifiziert. Weiterhin findet eine Modellierung und Definition der Messgrößen, eine Ausarbeitung der relevanten Vergleichsgrößen sowie eine Erstellung eines (branchenunabhängigen) Fragebogens statt.

[219] Vgl. DREW (1997) sowie LEGNER UND ÖSTERLE (1999, S. 5 ff.).

Phase 3 (Vergleich): Die Phase des Vergleichs beginnt mit der Auswahl der Benchmarkingpartner. Im Anschluss erfolgt die Durchführung des Vergleichs anhand der definierten Messgrößen sowie die Bewertung der Ergebnisse. Ziele dieser Phase ist die Identifikation der Ursache für die Unterschiede zwischen den Benchmarkingpartnern.

Phase 4 (Maßnahmen): In dieser Phase sollen die identifizierten Unterschiede in Maßnahmenkataloge oder Aktionspläne überführt und der Führungsebene sowie den Mitarbeitern präsentiert werden. Hierbei erfolgt eine Berücksichtigung der eigenen unternehmensspezifischen Situation.

Phase 5 (Umsetzung): Die Umsetzung der Maßnahmen stellt den abschließenden Arbeitsschritt des Benchmarking dar. Hierbei sollen jedoch nicht die erarbeiteten *Best Practices* einfach kopiert werden. Die Anpassung des Benchmarkingobjekts soll vielmehr auf das eigene Unternehmen angepasste werden. Die Umsetzung wird dabei an den definierten Zielen gemessen.

6.5.2 Vorgehen zum Prozessbenchmarking mittels ontologischer Repräsentation

Bei einer Unterstützung des Prozessbenchmarking durch das Konzept zur ontologischen Repräsentation von Prozessinformationen, werden die Phasen 2 (Interne Analyse) und 3 (Vergleich) adressiert und im Folgenden näher betrachtet. In Abbildung 6.16 ist das Vorgehen anhand von Arbeitsschritten in den einzelnen Phasen dargestellt. Durch den Einsatz des Konzepts sollen nicht nur quantitative sondern auch qualitative Analysen durchgeführt werden können.

Die Phase 2 (Interne Analyse) wird zur Anwendung des Konzept um folgende Arbeitsschritte ergänzt:

Auswahl Domänenontologie, Basisontologie und Metriken Ein Domänenexperte

erzeugt oder selektiert eine Domänenontologie, welche die zu betrachtende Domäne beschreibt. Ein Modellexperte erzeugt eine Basisontologie, welche die benötigten Prozesselemente und ihre Semantik beinhaltet. Sinnvoll ist hier die Nutzung schon vorhandener Ontologien oder die Entwicklung einer Ontologie aus einem Prozess-Integrations-Metamodell. Weiterhin erfolgt in diesem Schritt eine Auswahl oder Entwicklung benötigter Metriken zur Analyse und zum Vergleich.

Semantische Annotation der internen Prozessmodelle Aus Basis von semi-formalen internen Prozessmodellen überführt ein Modellexperte die Modellelemente in die ausgewählte Basisontologie und anmontiert diese mit den Instanzen der Domänenontologie.

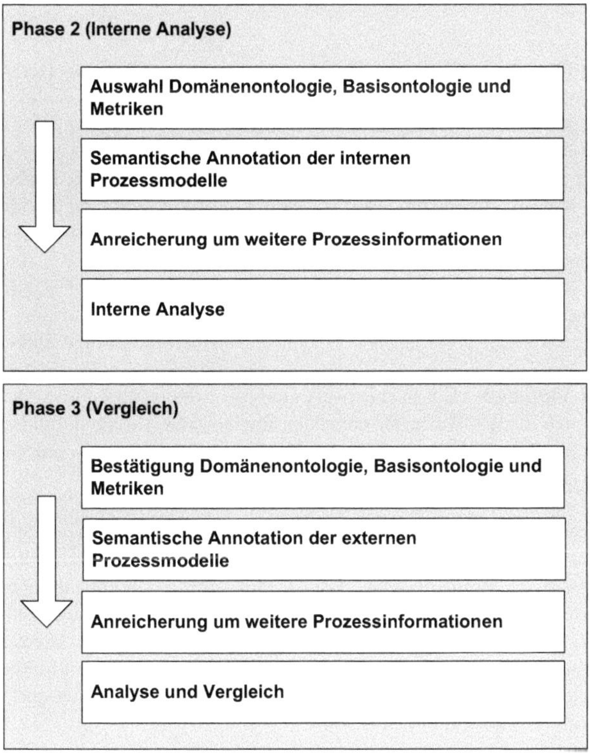

Abbildung 6.16: Ablauf des Prozessbenchmarking mittels ontologischer Repräsentation

Anreicherung um weitere Prozessinformationen Weitere Leistungsinformationen sowie Geschäftsregeln werden den Modellelementinstanz hinzugefügt.

Interne Analyse Ein Fachexperte analysiert die resultierende Analyseontologie mit einem Software-Werkzeug. Entweder durch eigene Abfragen und Inferenz auf der Ontologie oder mittels vorgefertigter Metriken.

In der Phase 3 (Vergleich) erfolgt eine Anreicherung der Phase um entsprechende Arbeitsschritte:

Bestätigung Domänenontologie, Basisontologie und Metriken Die inhaltliche Bestätigung der Domänenontologie, Basisontologie und Metriken durch alle Benchmarkingpartner ist zwingende Voraussetzung für die Akzeptanz der Ergebnisse.

Semantische Annotation der externer Prozessmodelle Auf der Basis von semi-formalen externen Prozessmodellen überführt ein Modellexperte die Modellelemente in die ausgewählte Basisontologie und anmontiert diese mit den Instanzen der Domänenontologie.

Anreicherung um weitere Prozessinformationen Weitere Leistungsinformationen sowie Geschäftsregeln werden den Modellelementinstanz hinzugefügt.

Analyse und Vergleich Ein Fachexperte analysiert die resultierende Analyseontologie mit einem Software-Werkzeug entweder durch eigene Abfragen und Inferenz auf der Ontologie oder mittels vorgefertigter Metriken. Anhand der Kennzahlen erfolgt ein Vergleich der Benchmarkingpartner.

Bei einem wiederholten Benchmarking können ggf. Arbeitsschritte wie die **Auswahl Domänenontologie, Basisontologie und Metriken** übersprungen werden. Ggf. müssen bei den Schritten **Semantische Annotation der externen/internen Prozessmodelle** sowie **Anreicherung um weitere Prozessinformationen** lediglich Anpassungen an der ontologischen Repräsentation durchgeführt werden. Hierdurch kann bei einem wiederholten Benchmarking mittels des Konzepts der Aufwand reduziert werden. Weiterhin kann durch Einführung eines Metrikkatalogs ggf. die Auswahl der Metriken erleichtert und die Entwicklung entfallen.

Kapitel 7

Evaluation

7.1 Überblick

Im vorangegangenen Kapitel 6 wurde als Ergebnis der Forschungsaktivität[220] *A3: Design und Entwicklung* das Konzept der ontologischen Repräsentation von Prozessinformationen zur semantischen Analyse und zum Vergleich von Prozessen erarbeitet und dargestellt. Weiterhin wurde der Anwendungsfall des Prozessbenchmarkings als mögliches Anwendungsszenario beschrieben. Aufbauend auf diesen Ergebnissen erfolgt in dem vorliegenden Abschnitt die Darstellung der Ergebnisse der Forschungsaktivitäten *A4: Demonstration* und *A5: Evaluation* durch einen multimethodischen Ansatz, der die unterschiedlichen Perspektiven auf das vorgestellte Konzept sowie die Methode des Prozessbenchmarkings mittels ontologischer Repräsentation von Prozessinformationen reflektiert.

Die Demonstration und Evaluation erfolgt durch eine technische, eine konzeptionelle und eine ökonomische Betrachtung. In Abschnitt 7.2 wird die technische Evaluation des Konzepts anhand einer prototypischen Umsetzung als IT-Artefakt erläutert. Ziele sind die Prüfung der technischen Machbarkeit sowie die Grundlagen zur konzeptionellen und ökonomischen Evaluation mittels des Prototypen zu schaffen. Der Prototyp dient hierbei weniger als Forschungsergebnis sonder als Werkzeug zur Beurteilung des Konzepts.[221] Aus methodischer Sicht ist die Evaluation von IT-Artefakten (d.h. Konzepte, Methoden und Software-Prototypen) auf Basis von *Design Science* orientierten Forschungsansatzen problematisch anzusehen.[222] Die Ergebnisse der Forschung sollte in so vielen „echten" Kontexten (reale Szenarien) wie möglich ausgewertet werden. Da dies in einem Forschungsprojekt kaum vollständig möglich ist[223], erfolgt die weitere Evaluation anhand von zwei Ansätzen. Erstens, durch Simulation eines Prozessbenchmarking auf Basis des Prototypen in Form eines Experimentes. Und zweitens, dem Vorschlag FRANK (2006, S.

---

220 Siehe Abschnitt 1.4.

221 Die Entwicklung des Prototypen erfolgte durch einen zyklischen Prozess, in dem die Ergebnisse der konzeptionellen und ökonomischen Evaluation einflossen.

222 Vgl. FRANK (2006, S. 5 f.) sowie VANDERHAEGHEN *et al.* (2010, S. 25).

223 Vgl. VANDERHAEGHEN *et al.* (2010, S. 25).

33 ff.) folgend, anhand einer argumentativen und deskriptiven Beurteilung. Die Ergebnisse der konzeptionelle Evaluation werden in Abschnitt 7.3 und die der ökonomischen Evaluation in Abschnitt 7.4 dargestellt.

7.2 Technische Demonstration und Evaluation

Die in diesem Abschnitt beschriebene technische Umsetzung und Evaluation des Konzeptes orientiert sich am Anwendungsfall des Prozessbenchmarking mittels ontologischer Repräsentation von Prozessinformationen, da dieser Anwendungsfall zur weiteren konzeptionellen und ökonomischen Evaluation genutzt werden soll. Zur Prüfung der technischen Realisierbarkeit des Konzeptes, wird ein methodisches Vorgehen zur Entwicklung und Evaluation des Prototypen gewählt. Weiterhin soll eine effiziente und erweiterbare Umsetzung durch das Vorgehen beachtet werden. Das Vorgehen ist in Abschnitt 7.2.1 dargestellt und strukturiert die weiteren Abschnitte.

7.2.1 Vorgehensweise

Die Vorgehensweise orientiert sich an denen in Abbildung 7.1 dargestellten Phasen. In der ersten Phase erfolgt die Anforderungs- und Architekturspezifikation, die aus den folgenden Schritten besteht:

Identifizierung von Anwendungsfällen Die Spezifikation der Anforderungen des Prototypen, erfolgt durch die Identifizierung der benötigten Anwendungsfälle für das Vorgehen des Prozessbenchmarkings[224]. Die funktionalen Anforderungen werden anhand der Anwendungsfälle extrahiert, so dass der Prototyp den Anwendungsfall adäquat unterstützt.

Beschreibung der Gesamtarchitektur Auf Grundlage der Anforderungen erfolgt die Identifizierung der zur Umsetzung benötigten Softwarekomponenten sowie die Beschreibung der Gesamtarchitektur. Weiterhin werden nicht funktionale Anforderungen ermittelt.

Auswahl Technologien und Frameworks Die Evaluation und Auswahl der Technologie und *Frameworks* erfolgt anhand der benötigten Softwarekomponenten.

In Phase 2, der Umsetzung und Zielprüfung, werden die folgenden Schritte durchgeführt:

[224] Siehe Abschnitt 6.5.2.

Umsetzung und Beschreibung der einzelnen Komponenten Die einzelnen Softwarekomponenten werden umgesetzt und es erfolgt eine Beschreibung der einzelnen Komponenten des Prototyps.

Analyse und Prüfung der Anforderungen Abschließend erfolgt eine Analyse und Prüfung des Prototypen anhand der gestellten Anforderungen.

Die Reihenfolge der Arbeitsschritte der einzelnen Phasen erfolgt insbesondere in der ersten Phase sequentiell. Jedoch haben Ergebnisse einzelner Arbeitsschritte eine Anpassung vorheriger Arbeitsschritte bzw. eine Überarbeitung dieser erfordert.

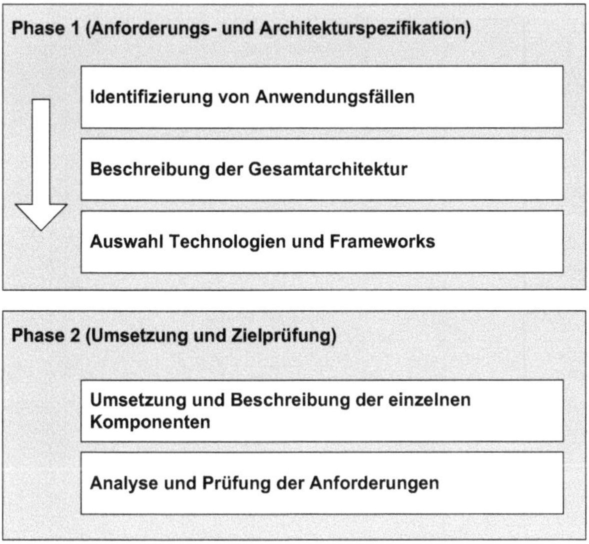

Abbildung 7.1: Phasen zur Durchführung der technischen Evaluation

7.2.2 Anforderungs- und Architekturspezifikation einer prototypischen Umsetzung

Zunächst erfolgt, nach der Definition eines Anwendungsfalls, die Identifizierung und Beschreibung der benötigten Anwendungsfälle zur Unterstützung des Prozessbenchmarkings mittels ontologischer Repräsentation. Die Anwendungsfälle lassen sich unmittelbar aus dem im Abschnitt 6.5.2 beschriebenen Vorgehen ableiten. Die Anwendungsfälle spiegeln hierbei die Grundsätzlichen Interaktionen der Akteure mit dem System wieder. Auf eine detaillierte Auflistung aller Anwendungsfälle wird verzichtet. Auf Grundlage der identifizierten Anwendungsfälle wird eine Liste von fachlichen Anforderungen an eine prototypische Umsetzung erstellt. Die umzusetzenden Anforderungen richten sich dabei am Ziel der konzeptionellen und ökonomischen Evaluation mittels des Prozessbenchmarking aus. Anhand der identifizierten Anwendungsfälle erfolgt die Beschreibung der zur Umsetzung benötigten Softwarekomponenten, der Gesamtarchitektur und der nicht funktionalen Anforderungen sowie die Evaluation und Auswahl der Technologie und *Frameworks*.

Identifizierung von Anwendungsfällen

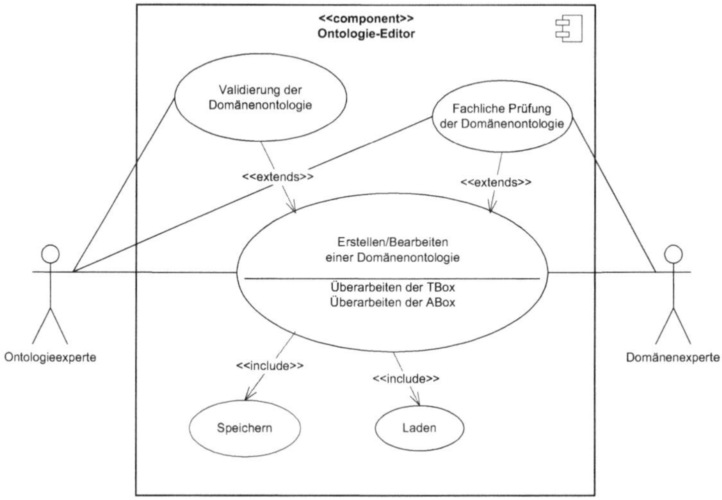

Abbildung 7.2: Erstellung und Bearbeitung einer Domänenontologie

In einem Anwendungsfall (engl. *Use Case*) erfolgt eine Beschreibung typischer Interaktionen zwischen Benutzer (Akteur) und dem Softwaresystem. Jeder Anwendungsfall hat ein Ziel welches der Benutzer (Hauptakteur) erreichen will. Der Akteur nimmt dabei die Rolle des Benutzers (Mensch oder Maschine) ein, die er im Hinblick auf das System spielt. Akteure sind immer ausserhalb des Systems. Weiterhin kann ein Akteur an einem oder mehreren Anwendungsfällen beteiligt sein. Ein Anwendungsfall hat einen Hauptakteur und eventuell weitere Nebenakteure. Anwendungsfälle konzentrieren sich somit auf die Art und Weise wie ein Akteur die Benutzung des Systems aus Außensicht wahrnimmt. Dabei kommt es nicht darauf an, wie das System intern die durch den Anwendungsfall spezifizierten Anforderungen erfüllt, sondern nur dass dieses geschieht. Ein Anwendungsfall kann dabei in einer Black-Box-Darstellung (vollständige Ausblendung von Interna) als auch in einer White-Box-Darstellung beschrieben sein (Systeminterna liegen ganz oder teilweise offen).[225] Für die Ableitung der generellen Anforderungen an das System wurde nachfolgend eine Black-Box-Darstellung gewählt. Die Beschreibung erfolgt in der UML 2 Notation für Anwendungsfälle.[226]

Zur Erstellung und Bearbeitung einer Domänenontologie werden die Akteure Ontologie- und Domänenexperte (ggf. auch Fachexperte) benötigt (siehe Abbildung 7.2).[227] Der Ontologieexperte erzeugt in Kooperation mit dem Domänenexperten die ABox und TBox der Ontologie, wobei ggf. auch auf schon existierende Domänenontologien zurückgegriffen werden kann. Der Domänenexperte liefert hierbei den Hintergrund über die zu erfassende Domäne sowie die Beziehungen zwischen den einzelnen Konzepten der Ontologie. In einem weiteren Schritt validiert der Ontologieexperte die Domänenontologie mittels einer Inferenzmaschine. Hierdurch können fehlerhafte Zuordnungen und Aussagen ermittelt und beseitigt werden. Durch den Domänenexperten erfolgt eine fachliche Überprüfung aller Instanzen der Ontologie. Wird die Domänenontologie als vollständig oder ausreichend für den späteren Gebrauch erachtet, so erfolgt eine Speicherung der Domänenontologie. Die Domänenontologie kann aus der Datenbank wiederhergestellt und weiter bearbeitet werden.

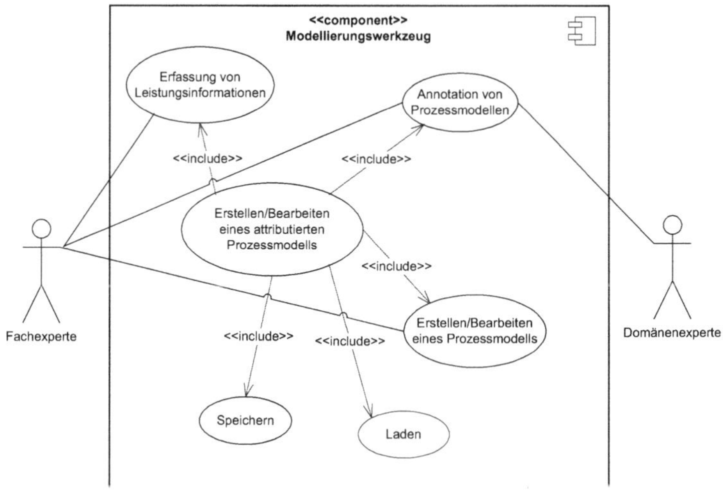

Abbildung 7.3: Erstellung und Attributierung von Informationsmodellen

An der Erstellung und semantischen Attributierung von Prozessmodellen sind die Akteure Fachexperte (Modellierer) und Domänenexperte beteiligt (siehe Abbildung 7.3). Der Fachexperte erstellt oder nutz ein existierendes Prozessmodell und erfasst zusätzlich

---

225 Vgl. Umbach und Metz (2006, S. 426).

226 Vgl. Rupp *et al.* (2007, S. 175 ff.).

227 Siehe zur Erstellung von Ontologien Abschnitt 3.5.

Leistungsinformationen zu den einzelnen Konstrukten des Modells. Die Zuordnung bzw. Attributierung der Modellelemente mit Instanzen der Domänenontologie erfolgt durch den Fachexperten in Zusammenarbeit mit dem Domänenexperten. Schließlich wird das Modell mit allen Informationen gespeichert. Für eine spätere Bearbeitung kann ein gespeichertes Modell wiederhergestellt werden.

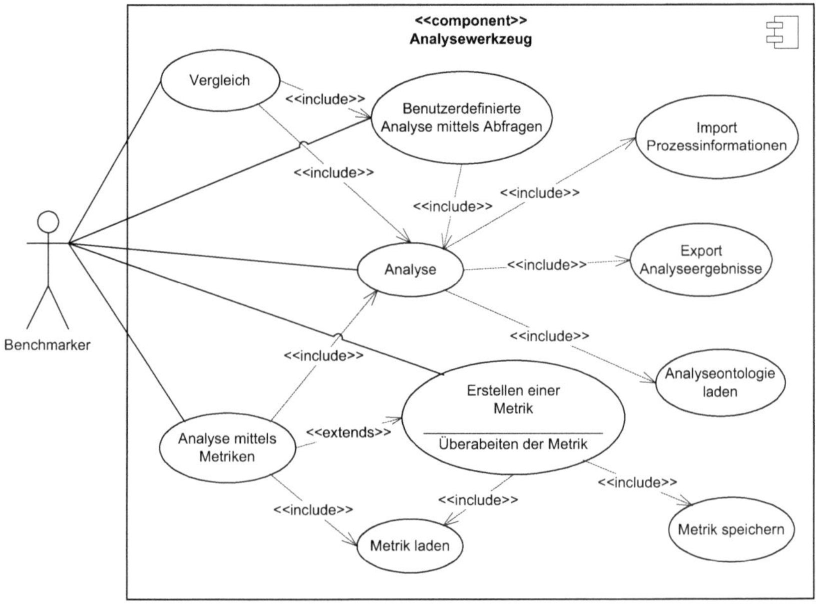

Abbildung 7.4: Analyse und Vergleich mittels Analysewerkzeug

Bei der Analyse sowie dem Vergleich ist als einziger Akteur der Benchmarker beteiligt (siehe Abbildung 7.4). Bei der Analyse einer ontologischen Repräsentation von Prozessinformationen nutzt der Benchmarker die aus den Prozessinformationen erzeugte Analyseontologie, wobei ihm zwei Möglichkeiten der Analyse zur Verfügung stehen. Zum einen kann er benutzerdefinierte Abfragen über die Ontologie durchführen und zum andere kann er Metriken, die ggf. auch von ihm erstellt wurden, zur Analyse nutzen. Sollten sich Metriken während der Analyse als nicht ausreichend erweisen, so kann er diese anpassen. Beim Vergleich kann er weiterhin diese Metriken nutzen, um mehrere Prozesse miteinander zu vergleichen. Jedoch können auch beim Vergleich benutzerdefinierte Abfragen genutzt werden. Die erstellten Metriken können über ein Datenbankmanagementsystem gespeichert und wiederhergestellt werden. Weiterhin soll der Import von Prozessinformationen (z.B. CSV, EBML, XML etc.) und der Export der Analyseergebnisse (z.B. CSV) möglich sein.

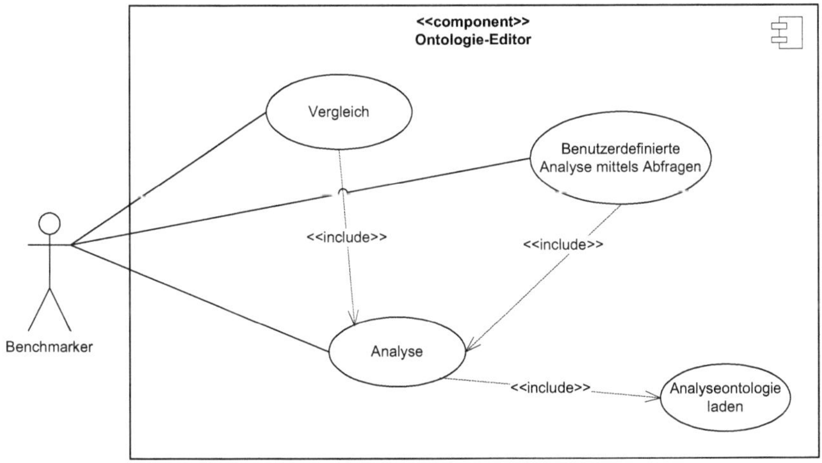

Abbildung 7.5: Analyse mittels Ontologie-Editor

Zur Analyse und zum Vergleich kann ggf. auch ein Ontologie-Editor genutzt werden, falls hier eine Inferenzmaschine integriert werden kann (siehe Abbildung 7.5). Benutzerdefinierte Analysen mittels Abfragen können dann direkt über die Analyseontologie ausgeführt werden.

Die aus den Anwendungsfällen identifizierten funktionalen Anforderungen zur Unterstützung des Prozessbenchmarkings mittels ontologischer Repräsentation sind in Tabelle 7.1 dargestellt. Ergänzt wurde die Liste um funktionale Anforderungen, die nicht explizit in den Anwendungsfällen beschrieben sind, sich jedoch aus dem Kontext heraus ergeben. So muss zum Beispiel die Überführung von semi-formalen Prozessmodellen in eine Analyseontologie umgesetzt werden.

Beschreibung der Gesamtarchitektur

Die angestrebte Gesamtarchitektur des Systems ist Abbildung 7.6 illustriert. Das System besteht aus fünf Komponenten die zur Erfüllung der funktionalen und nicht funktionalen Anforderungen des Prozessbenchmarking benötigt werden. Die Gesamtarchitektur wird in die Schichten Präsentation (engl. *Presentation*), Plattform (engl. *Platform*) und Speicher (engl. *Repository*) unterteilt. Die Präsentations-Schicht besteht aus einem Ontologie Editor, einem Modellierungswerkzeug (Modelling Tool) sowie dem SEMAT Analysewerkzeug (Analysis Tool). Das Kürzel SEMAT (SEMantische ATtributierung) wurde vor die Namen einiger Komponenten gesetzt, um die Erweiterung bestehender Software-Komponenten bzw. die Eigenentwicklung dieser zu verdeutlichen. Da der Auf-

Name	Beschreibung
Erstellen/Bearbeiten einer Domänenontologie	Erstellen und Bearbeiten einer Domänenontologie (TBox und ABox). Auch Erfassung von Regeln.
Fachliche Prüfung der Domänenontologie	Dem Anwender muss eine Möglichkeit zur fachlichen Prüfung der TBox und ABox zur Verfügung gestellt werden.
Validierung der Domänenontologie	Validierung der TBox und ABox mittels Inferenzmaschine auf Aussagekraft und Entscheidbarkeit.
Verwalten von Domänenontologien	Laden und Speichern von Domänenontologien in einem zentralen Repository.
Erstellen/Bearbeiten einer Basisontologie	Erstellen und Bearbeiten einer Basisontologie (TBox). Auch Erfassung von Regeln.
Fachliche Prüfung der Basisontologie	Dem Anwender muss eine Möglichkeit zur fachlichen Prüfung der TBox zur Verfügung gestellt werden.
Validierung der Basisontologie	Validierung der TBox mittels Inferenzmaschine auf Aussagekraft und Entscheidbarkeit.
Verwalten von Basisontologie	Laden und Speichern von Basisontologie in einem zentralen Repository.
Erstellen/Bearbeiten eines Prozessmodells	Erstellen und Bearbeiten eines Prozessmodells in einer semi-formalen Modellierungssprache.
Annotation von Prozessmodellen	Einfache Annotation von Prozessmodellen in einem Modellierungswerkzeug.
Erfassung von Leistungsinformationen	Erfassung von Leistungsinformationen in einem Modellierungswerkzeug.
Überführung Modellinformationen in Analyseontologie	Automatische Überführung von Prozessmodellen und Leistungsinformationen in eine Analyseontologie.
Verwalten von attributierten Prozessmodellen	Laden und Speichern von attributierten Prozessmodellen in einem zentralen Repository.
Erstellen/Bearbeiten einer Metrik	Erstellung, Bearbeitung und Validierung benutzerdefinierter Metriken.
Verwaltung von Metriken	Laden und Speichern von Metriken in einem zentralen Repository.
Analyse mittels Metriken	Analyse von Prozessinformationen mittels Metriken.
Darstellung von Analyseergebnissen	Darstellung von Analyseergebnissen in tabellarischer Form.
Export Analyseergebnisse	Export von Analysergebnissen in eine CSV-Datei zur weiteren Bearbeitung in einer Tabellenkalkulations-Software.
Verwalten von Analyseontologien	Laden und Speichern von Analyseontologien in einem zentralen Repository.
Import von Prozessinformationen	Import von Prozessinformationen (auch Geschäftsprozessregeln) mittels CSV-Datei oder EPML-Prozessmodell.
Vergleich von Analyseergebnissen	Vergleich von Analyseergebnissen auf Basis von metriken oder benutzerdefinierten Abfragen.
Benutzerdefinierte Analysen	Benutzerdefinierte Analysen mittels Abfragen bzgl. der Analyseontologie.
Validierung der Analyseontologie	Validierung der TBox und ABox mittels Inferenzmaschine auf Aussagekraft, Entscheidbarkeit und Zyklen.

Tabelle 7.1: Funktionale Anforderungen

wand zur Eigenentwicklung eines Ontologie Editor sowie eines Modellierungswerkzeug für eine prototypische Umsetzung nicht gerechtfertigt ist, soll in diesem Fall, nach Auswahl geeigneter Software-Produkte, die Anbindung über ein eigenentwickeltes *Plugin* realisiert werden. Die zentralen Aufgaben der Analyse (engl. *Analysis*), Annotation, Validierung (engl. *Validation*), Abfrage (engl. *Query*) sowie der Datenhaltung (engl. *Data Management*) übernimmt die Komponente SEMAT Framework (Plattform-Schicht). Zur Kommunikation soll das Framework den Komponenten der Präsentations-Schicht Schnittstellen anbieten. Für die zentrale Speicherung aller Ergebnisse sowie der Wiederherstellung dieser zur weiteren Bearbeitung werden *Repositories* in Form von Datenbanksystemen benötigt.

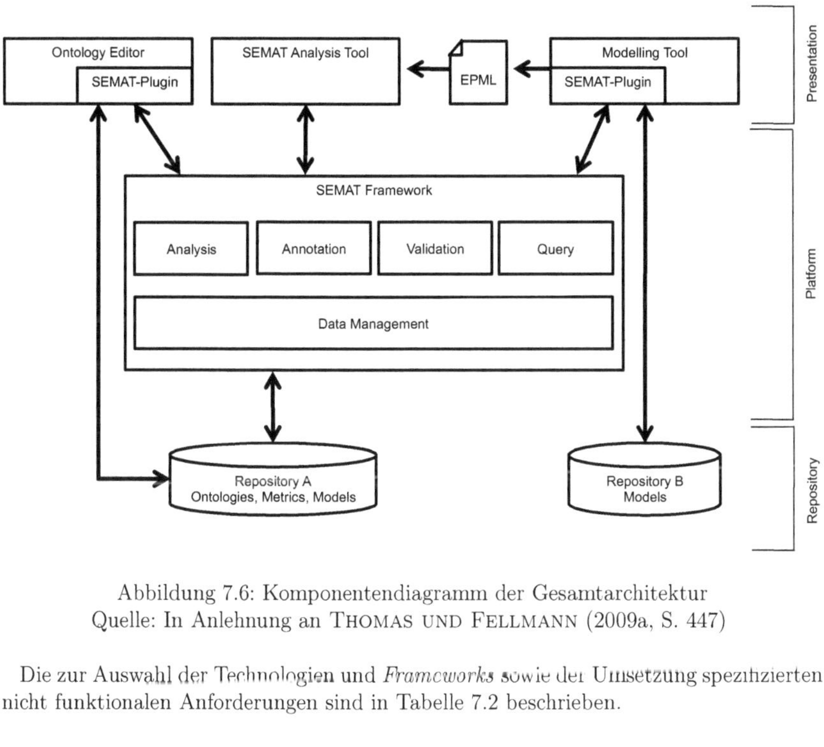

Abbildung 7.6: Komponentendiagramm der Gesamtarchitektur
Quelle: In Anlehnung an THOMAS UND FELLMANN (2009a, S. 447)

Die zur Auswahl der Technologien und *Frameworks* sowie der Umsetzung spezifizierten nicht funktionalen Anforderungen sind in Tabelle 7.2 beschrieben.

Auswahl Technologien und Frameworks

Für die prototypische Umsetzung der Gesamtarchitektur wurde die objektorientierte Programmiersprache Java[228] gewählt. Ausschlaggebend für die Wahl war die freie Verfügbar-

[228] Siehe `http://www.java.com/de/download/faq/whatis_java.xml` [14.09.2012].

Name	Beschreibung
Modularer Aufbau	Der Prototyp soll modular aufgebaut werden, so dass einzelne Module wiederverwertet werden können.
Nutzung existierender Technologien	Die Nutzung existierender Frameworks und Softwareprodukte soll angestrebt werden.
Konsitente Ontologien	Erzeugte Ontologien sollen konsistent sein.
Performanz der Analyse	Die Analyse von Prozessinformationen soll ein adäquates Antwortzeitverhalten haben.
Erweiterbarkeit	Der Prototyp soll erweiterbar sein.
Nutzung von frei verfügbaren Komponenten	Es sollen möglichst frei verfügbare (ggf. als *Open Source*) Komponenten verwendet werden, so dass keine Lizenzkosten anfallen.

Tabelle 7.2: Nicht funktionale Anforderungen

keit sowie die weite Verbreitung zur Programmierung von *Semantik Web* Technologien. Die weitere Auswahl von Technologien und *Frameworks* erfolgt anhand von Merkmalen, die zur Entscheidungsfindung herangezogen wurden. Die Merkmalsausprägungen unterliegen teilweise subjektiven Eindrücken. So wurde zum Beispiel keine eingehende Analyse bzgl. der Verbreitung eines *Frameworks* durchgeführt. Vielmehr wurden gefundene Beiträge im Internet zur Quantifizierung der Verbreitung herangezogen.[229]

Als Beschreibungssprache von Ontologien wurde die *Web Ontology Language* (OWL)[230], in der zur Erstellung des Prototypen aktuellen Version 1.1, gewählt.[231] Die Merkmale zur Entscheidungsfindung sind in der Tabelle 7.3 beschrieben. Von zentraler Bedeutung bei der Entscheidungsfindung war die hohe Verbreitung, die Aussagenstärke der Untersprachen OWL Lite und OWL DL *(Description Logic)* sowie der damit einhergehenden Möglichkeit der Inferenz. Die Wahl der Ontologiesprache beeinflusst maßgeblich die Wahl der weiteren Technologien und *Frameworks* und wurde daher nach der Programmiersprache festgelegt.

Die Ontologiesprache OWL basiert auf dem *Resource Description Framework* (RDF) und RDF-Schema[232] und nutzt die *Extensible Markup Language* (XML)[233] Syntax von RDF.[234] Sie ist vom *World Wide Web Consortium* (W3C) definiert worden und entstand aufgrund der begrenzten Aussagekraft des RDF-Schema als Ontologiesprache sowie den daraus resultierenden nicht eindeutigen Schlussfolgerungen über Aussagen einer in ihr verfassten Ontologie.[235] OWL hat sich über die Jahre hinweg zur Standardontologiesprache des *Semantik Web* entwickelt und es existieren frei verfügbare Inferenzmaschinen, die diese Sprache interpretieren können.[236]

229 Die Auswahl der Technologien und *Frameworks* wurde 2008 durchgeführt und im Lauf der Forschung hinterfragt, jedoch nicht angepasst.

230 Vgl. Patel-Schneider und Horrocks (2006).

231 Ein Einführung in Ontologiesprachen bietet Fensel (2004, S. 11 ff.). Zur Entstehung der Ontologiesprache OWL siehe Horrocks *et al.* (2003).

232 Eine Einführung bietet McBride (2004). Siehe auch `http://www.w3.org/RDF/` [24.02.2012].

233 Siehe `http://www.w3.org/XML/` [24.02.2012].

234 Vgl. Horrocks *et al.* (2003, S. 3).

235 Zur limitierten Aussagekraft von Ontologien mittels RDF Schema und der daraus resultierenden Definition von OWL siehe Antoniou und van Harmelen (2004, S. 69 ff.).

236 Vgl. Antoniou und van Harmelen (2004, S. 67).

		Ontologiesprachen		
		OWL 1.1	DAML+OIL	F-Logic
Merkmal	Basis	DL	Frame, DL	Frame
	Entscheidbar	+ (Lite, DL), - (Full)	+	-
	Aussagenstärke	○ (Lite, DL), + (Full)	-	+
	Basiert auf RDF(S)	+	+	+
	Dokumentation	+	+	-
	Frei verfügbar	+	+	+
	Verbreitung	+	-	+

Tabelle 7.3: Merkmale zur Auswahl der Ontologiesprache

Der Kompromiss, den eine Ontologiesprache eingehen muss, wird von ANTONIOU UND VAN HARMELEN (2004, S. 69) wie folgt beschrieben: „... *tradeoff between expressive power and efficient reasoning support.*“ Das W3C hat sich daher entschlossen, die Ontologiesprache OWL in drei Varianten anzubieten, die sich an bestimmte Gruppen von Anbietern und Anwendern richten:[237]

OWL Full Es wird die maximale Ausdrucksfähigkeit und syntaktische Freiheit von RDF angeboten und alle OWL-Vokabeln können genutzt werden. Es wird eine Erweiterung der Bedeutung von vordefinierten RDF- und OWL-Vokabeln erlaubt sowie deren Umdeutung. Hierdurch ist es allerdings auch möglich, dass eine in OWL Full erzeugte Ontologie nicht mehr entscheidbar bzw. berechenbar ist.

OWL DL OWL DL *(Description Logic)* ist eine Untersprache der OWL Full. Allerdings wird hier die Nutzung der RDF- und OWL-Vokabeln so beschränkt, dass eine Berechenbarkeit und Entscheidbarkeit garantiert wird. Ein OWL DL Dokument ist hierdurch nicht mehr kompatibel zu RDF. Ein legales OWL DL Dokument ist allerdings auch weiterhin ein legales RDF Dokument. Die Sprache OWL DL hat die Ausdrucksstärke $\mathcal{SHOIN}^{(D)}$.

OWL Lite Es wird vor allem die Klassifikations-Hierarchie und eine einfache Beschränkung angeboten und es stehen nur eine Untermenge an OWL DL Vokabeln zur Verfügung. OWL Lite richtet sich damit an Anwender und Anbieter, die eine einfache Ontologie mit beschränkten Aussagemöglichkeiten benötigen. Auch diese Variante ist entscheidbar und berechenbar.

[237] Vgl. ANTONIOU UND VAN HARMELEN (2004, S. 70 ff.).

Konstruktor	DL Syntax
intersectionOf	$C_1 \sqcap ... \sqcap C_n$
unionOf	$C_1 \sqcup ... \sqcup C_n$
complementOf	$\neg C$
oneOf	$\{x_1 ... x_n\}$
allValuesFrom	$\forall P.C$
someValuesFrom	$\exists r.C$
hasValue	$\exists r.\{x\}$
minCardinality	$(\geq n\, r)$
maxCardinality	$(\leq n\, r)$
inverseOf	r^-

Abbildung 7.7: OWL Konstruktoren
Quelle: BAADER *et al.* (2004, S. 14)

Die Ontologiesprache OWL 1.1 ist entscheidbar und die Ausdrucksstärke dieser Sprache ist mit $\mathcal{SROIQ}^{(D+)}$ spezifiziert.[238] Da die Analyse der Modelle anhand der erzeugten Analyseontologie erfolgt und diese entscheidbar sein muss, ist die Ausdrucksstärke der Analyseontologie auf die Sprachen OWL Lite und OWL DL beschränkt. In der Abbildung 7.7 und der Abbildung 7.8 sind die wichtigsten zulässigen Konstruktoren und Axiome der Sprache OWL 1.0 abgebildet.[239]

Axiome	DL Syntax
subClassOf	$C_1 \sqsubseteq C_2$
equivalentClass	$C_1 \equiv C_2$
subPropertyOf	$P_1 \sqsubseteq P_2$
equivalentProperty	$P_1 \equiv P_2$
disjointWith	$C_1 \sqsubseteq \neg C_2$
sameAs	$\{x_1\} \equiv \{x_2\}$
differentFrom	$\{x_1\} \sqsubseteq \neg\{x_2\}$
TransitiveProperty	$P \in \boldsymbol{R}_+$
FuntionalProperty	$\top \sqsubseteq (\leq 1P)$
InverseFunktionalProperty	$\top \sqsubseteq (\leq 1P^-)$
SymmetricProperty	$P \equiv P^-$

Abbildung 7.8: OWL Axiome
Quelle: BAADER *et al.* (2004, S. 15)

[238] Vgl. PATEL-SCHNEIDER UND HORROCKS (2006).

[239] Die Sprache OWL 1.1 erweitert OWL 1.0 um wenige Konstruktoren, die für die vorliegende Evaluation unerheblich sind. Jedoch wurde aufgrund der höheren Ausdrucksstärke die Sprache OWL 1.1 gewählt.

Da OWL auf dem *Resource Description Framework* (RDF) basiert, kann SPARQL für benutzerdefinierte Abfragen genutzt werden.[240] Weiterhin steht mit der *Semantic Web Rule Language* (SWRL) eine Erweiterung von OWL zur Verfügung, mit der sich auch logische Regeln abbilden lassen. Auch arithmetische Funktionen und Vergleiche sowie Datumsarithmetik sind in SWRL möglich.[241]

		Inferenzmaschinen			
		Pellet	KAON2	RacerPro	FaCT++
Merkmal	Plattform	Windows, Linux, Mac	Windows, Linux, Mac	Windows, Linux, Mac	Windows, Linux
	Lizenz	Frei (Open Source)	Für die Forschung frei (Closed Source)	Für die Forschung frei (Closed Source)	Frei (Open Source)
	Programmiersprache	Java	Java	Java	C++
	OWL DL	+	+	+	+
	OWL 1.1	+	-	-	+
	SPARQL	+	+	-	-
	Korrekt und Vollständig	+	+	+	+
	Inferenz TBox und ABox	+	+	+	+
	Ausdrucksstärke	$SHOIN^{(D)}$, $SROIQ^{(D)}$	$SHIQ^{(D)}$	$SHIQ^{(D)}$	$SHOIN^{(D)}$, $SROIQ^{(D)}$
	Dokumentation	+	+	○	-
	Einarbeitung	+	+	○	-
	Anbindung an Protégé	DIG, in der Version 4.0 integriert	DIG	DIG	DIG, in der Version 4.0 integriert

Tabelle 7.4: Merkmale zur Auswahl der Inferenzmaschine

Als Inferenzmaschine (engl. *Reasoner*) wurde Pellet[242] gewählt. Pellet ist eine frei verfügbare OWL DL Inferenzmaschine und erlaubt eine Inferenz von Individuen[243] Die

[240] SPARQL steht für *SPARQL Protocol and RDF Query Language*. Eine Einführung und Übersicht bieten SIRIN UND PARSIA (2007).

[241] Eine Einführung und Übersicht bieten HORROCKS *et al.* (2004).

[242] Eine Einführung bzgl. des *Reasoner* Pellet bieten PARSIA UND SIRIN (2004) und SIRIN *et al.* (2007). Siehe `http://clarkparsia.com/pellet/` [24.02.2012].

[243] Vgl. SIRIN *et al.* (2007, S. 52). Instanzen von Ontologiekonstrukten werden in der Literatur auch als Individuen bezeichnet. Im Kontext dieser Arbeit werden beide Begriffe synonym genutzt.

Berechnung und Entscheidung in der `ABox`, also der Instanzen, ist für das vorliegende Verfahren von zentraler Bedeutung. Eine Übersicht über betrachtete Inferenzmaschinen und ihre Merkmale bietet Tabelle 7.4. Ausgewählt wurde Pellet aufgrund der guten Dokumentation, die als leicht empfundene Einarbeitung, die SPARQL Unterstützung sowie die Möglichkeit die Sprache OWL DL (OWL 1.1) nutzen zu können.

		Semantic Web Frameworks	
		Jena	Sesame
Merkmal	Lizenz	Frei (Open Source)	Frei (Open Source)
	Programmiersprache	Java	Java
	OWL Unterstützung	+	-
	Eingebaute Reasoner	+	+
	DIG Interface	+	-
	Pellet Integration	Integriert, DIG	-
	SPARQL	+	+
	Dokumentation	+	+

Tabelle 7.5: Merkmale zur Auswahl des *Semantic Web Frameworks*

Semantic Web Frameworks bieten eine Sammlung von Klassenbibliotheken zur Entwicklung von *Semantic Web* Anwendungen. Ausschlaggebend für die Wahl von Jena als *Semantic Web Framework* war die freie Verfügbarkeit, die Implementierung in Java, die gute Integration der Inferenzmaschine Pellet sowie die hohe Verbreitung (siehe Tabelle 7.5). Jena ist ein Open Source *Semantic Web Framework*, welches von Hewlett-Packard in der Programmiersprache Java initial entwickelt wurde.[244] Es hat sich als Standard durchgesetzt und bietet eine Programmierschnittstelle, über die RDF-Graphen eingelesen und geschrieben werden können und erlaubt die Nutzung von RDF, RDF-Schema, OWL und SPARQL. Das Jena *Framework* beinhaltet interne Inferenzmaschinen und ist durch das *DIG-Interface*[245] durch weitere Inferenzmaschinen erweiterbar. Für die Inferenzmaschine Pellet wird zusätzlich eine Nutzung ohne das DIG-Interface angeboten, was zu einer erhöhten Performanz führt.

Eine Auswahl von untersuchten Datenbankmanagementsystemen ist in Tabelle 7.6 dargestellt. Aufgrund der Plattformunabhängigkeit sowie der guten Anbindung durch Java wurde das Datenbankmanagementsystem MySQL[246] als *Repository* gewählt. Auch hier war die freie Verfügbarkeit sowie die weite Verbreitung ausschlaggebend.

---

244 Siehe `http://jena.apache.org/` [24.02.2012].

245 Das *DIG-Interface* wurde von der *DL Implementation Group* (DIG) spezifiziert. Es ermöglicht einen einheitlichen Zugriff auf DL-Inferenzmaschinen. Siehe `http://dl.kr.org/dig/index.html` [24.02.2012].

246 Siehe `http://www.mysql.de` [24.02.2012].

		Datenbanksysteme		
		MySQL	SQL Server Express	Oracle (Express Edition)
Merkmal	Verbreitung	+	○	○
	Plattform	Windows, Linux, Mac	Windows	Windows, Linux
	Lizenz	Frei (Open Source)	Frei (Closed Source)	Frei (Closed Source)
	Java Anbindung	+	○	+
	Dokumentation	+	+	-
	Einarbeitung	+	+	-

Tabelle 7.6: Merkmale zur Auswahl des Datenbankmanagementsystems

7.2.3 Umsetzung des Prototypen und Zielprüfung

Im Folgenden werden die einzelnen Komponenten als Ergebnis der Umsetzung beschrieben. Auf die Beschreibung der Umsetzung bzw. das Vorgehens zur Umsetzung wird aufgrund des geringen Mehrwerts für die Evaluation verzichtet. Die Umsetzung und Auswahl bestehender Software-Produkte orientiert sich an der konzeptionellen und ökonomischen Evaluation und dem skizzierten Anwendungsfall des Prozessbenchmarking. Die Umsetzung des Prototypen erfolgt somit nicht mit dem Ziel der praktischen Nutzung, sie dient ausschließlich als Grundlage der konzeptionellen und ökonomischen Evaluation.[247]

Beschreibung der einzelnen Komponenten

Zur Erstellung von Ontologien wurde als **Ontologie Editor** Protégé[248] gewählt. Protégé wurde aufgrund der guten Unterstützung der Ontologiesprache OWL, dem Lizenzmodell als freier *Open Source* Editor, der *Plug-In* Architektur sowie der Möglichkeit, schon bei der Erstellung der Ontologie eine Validierung mittels Inferenzmaschine durchführen zu können, ausgewählt. Zur Validierung kann die Inferenzmaschine Pellet genutzt werden, die in Protégé eingebunden werden kann und auch als Inferenzmaschine zur Analyse genutzt wird.

Aufgrund der Erweiterbarkeit von Protégé könnte die Speicherung der Ontologie in das ***Repository*** durch ein *Plug-In* erfolgen. Die Umsetzung des *Plug-In* ist im Rahmen der prototypischen Umsetzung nicht erfolgt. Die direkte Speicherung der Ontologien aus dem Editor heraus würde die Benutzerfreundlichkeit erhöhen, jedoch keinen wesentlichen Beitrag zum Beweis der technischen Realisierbarkeit sowie der konzeptionellen und ökonomischen Evaluation des Verfahrens leisten.

[247] Vgl. Frank (2000, S. 45 ff.).

[248] Siehe `http://protege.stanford.edu` [24.02.2012].

Die Speicherung von Ontologien, Prozessmodellen und Metriken erfolgt als *Binary Large Object* (BLOB). Die Speicherung der Ontologien und Metriken im Binärformat reicht aus, da die Informationen aus der Ontologie sowie der Metrik zusammenhängend genutzt und interpretiert werden. Die Speicherung der Modellinformationen im Binärformat reicht alleine nicht aus. Der Prototyp soll zusätzliche Prozessinformationen, neben den Informationen der Prozessmodelle, zur Analyse bereitstellen. Weiterhin sollen diese Informationen auch ohne vorherige Prozessmodellierung angegeben werden können. Zur Speicherung dieser Informationen wurde das Prozess-Integrations-Metamodell zur Extraktion der benötigten Informationen genutzt. Diese Informationen werden zusätzlich zu dem im Binärformat vorliegenden Modell in dem Datenbanksystem gespeichert und eine Interpretation des im Binärformat gespeicherten Modells zur Erstellung der Analyseontologie ist nicht notwendig. Die gewählten Speicherung der Prozessinformationen ist in Hinblick auf die Erweiterbarkeit des Prototypen kritisch zu sehen und sollte ggf. direkt in einer abgeleiteten Basisontologie erfolgen.

Das Datenbankschema ist in Abbildung 7.9 dargestellt. Zentraler Entitätstyp ist das `ProcessElement`, von dem fast alle im Prozessmodell vorkommenden Konstrukte abgeleitet sind. In diesem Entitätstypen wird mittels des Attribut `OWLInstanceID` die Zuordnung jedes Prozesselements zu der Instanz der Domänenontologie gespeichert. Das Attribut `ExternalKey` wird zur Identifikation der Konstrukte in dem Modell und der Analyseontologie genutzt. Das Attribut `DTYPE` dient als Diskriminator um alle abgeleiteten Entitätstypen identifizieren zu können. Jedes `ProcessElement` ist aus Performanzgründen auch einem `Process` eindeutig zugeordnet.

Dem Entitätstypen `Process` sind eindeutig ein Modell sowie eine Domänenontologie zugeordnet und über das Attribut `ChildProcessElementID` wird das Konstrukt `SubProcess` des Prozess-Integrations-Metamodells realisiert. Durch die Entitätstypen `Ontology`, `Metric` und `Model` ist die Speicherung von binären Daten möglichen. Bei der Ontologie kann so die gesamte Domänenontologie, bei der Metrik der zugehörige Quellcode und bei dem Modell die gesamte Modelldatei gespeichert werden. Der Entitätstyp `Performance` ist nicht von `ProcessElement` abgeleitet, da er kein eigenständiges Konstrukt eines Modells sondern nur eine zusätzliche Information darstellt. In der vorliegenden Umsetzung ist das Hinzufügen von Leistungsinformationen sehr einfach gehalten. Daher kann nur ein Wert durch das Attribut `Value` gespeichert werden. Dies kann zum Beispiel die für den zugehörigen Prozessschritt anfallende Durchlaufzeit sein. Um welche Leistungsinformation es sich handelt, kann über die Zuordnung zu dem Entitätstypen `PerformanceType` ermittelt werden.

Zur benutzerfreundlichen Attributierung von Informationsmodellen wurde prototypisch ein Visio 2007 *Plug-In* entwickelt. Die Entscheidung, Visio 2007 als **Modellierungswerkzeug** zu nutzen, ist motiviert durch die Erweiterbarkeit mittels *Plug-In* sowie der hohen Verbreitung und Akzeptanz von Visio. Das *Plug-In* ermöglicht die semantische Attributierung und Erfassung von Leistungsinformationen für UML-Aktivitätsdiagramme und Ereignisgesteuerte Prozessketten. Da die Umsetzung mittels des *.NET Framework*

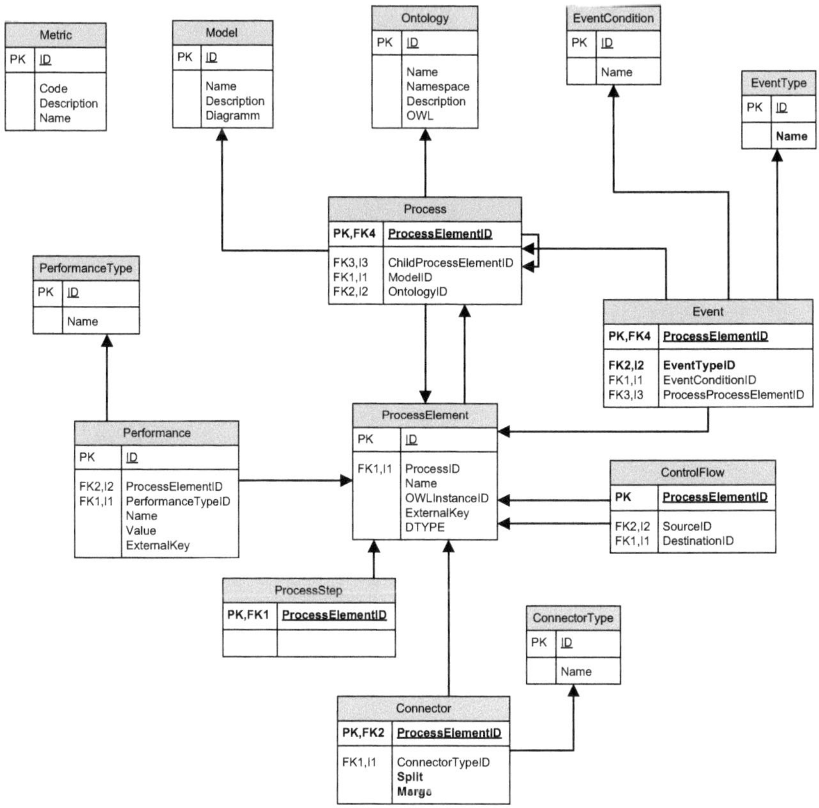

Abbildung 7.9: Datenbankschema

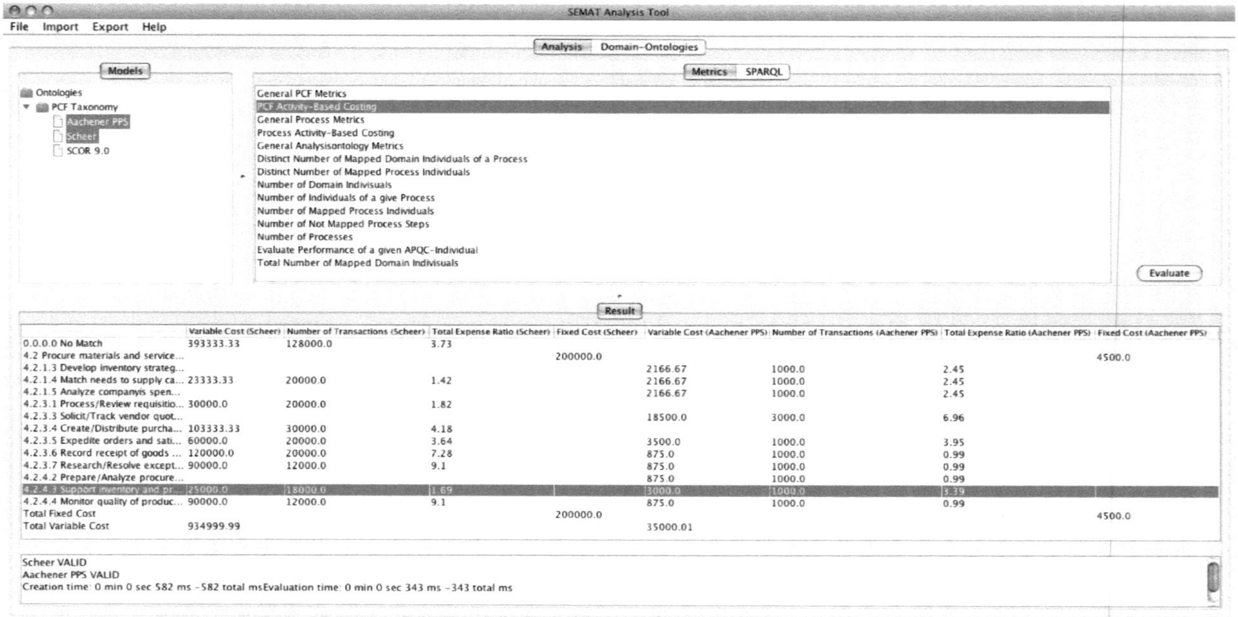

Abbildung 7.10: SEMAT Analysis Tool

2.0[249] erfolgen musste, stellte die Integration des *Semantik Web Framework* Jena eine technische Herausforderung dar.[250] Da das Jena *Framework* in Java entwickelt ist, wurde es durch IKVM.NET[251] in eine für *.NET* verständliche Form überführt. Die so erzeugte `Jena.dll` kann durch die *Virtual Machine* `IKVM.Runtime` in *.NET* genutzt werden. Durch die erste Implementierung konnte zwar die technische Realisierbarkeit demonstriert werden, aus Sicht der konzeptionellen und ökonomischen Evaluation ergibt sich hierdurch jedoch kaum ein Mehrwert. Weiterhin wurde die technische Umsetzung mittels IKVM.NET kritisch hinterfragt werden. Ein Aufruf des Jena *Framework* über eine *Web-Serive* Schnittstelle des SEMAT Framework würde die technischen Schwierigkeiten reduzieren. Auf die weitere Umsetzung wurde verzichtet.

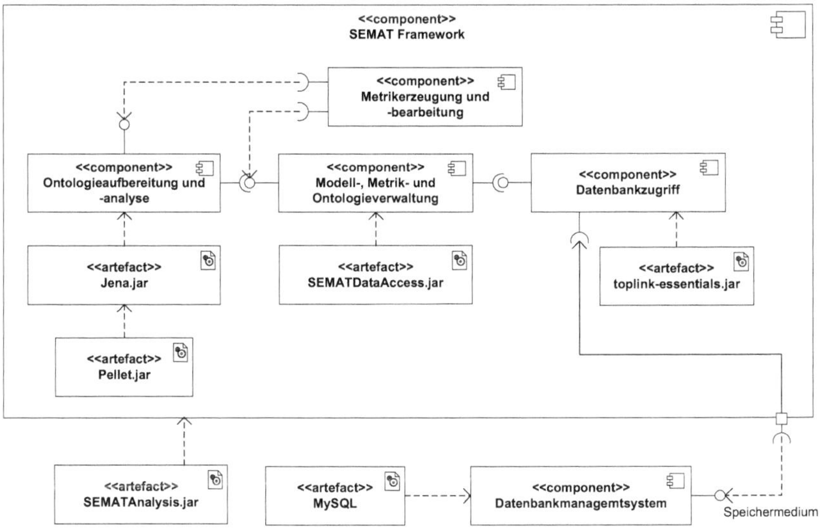

Abbildung 7.11: Komponentendiagramm des SEMAT Framework

Die Analyse und der Vergleich von ontologischen Repräsentationen von Prozessinformationen erfolgt mittels des **SEMAT Analysis Tool**. Abbildung 7.10 zeigt einen *Screenshot* der Anwendung. Hierbei dient das Analysewerkzeug zur Darstellung und Bearbeitung von Informationen. Jegliche funktionalen Aspekte wurden in einer gesonderten wiederverwertbaren Komponente, dem **SEMAT Framework**, umgesetzt. Das Komponentendiagramm ist in Abbildung 7.11 dargestellt. Das *Framework* besteht aus den Komponenten „Modell-, Metrik- und Ontologieverwaltung", „Datenbankzugriff", „Metrikerzeugung und -bearbeitung" sowie „Ontologieaufbereitung und -analyse". Die Komponente

[249] Siehe `http://msdn.microsoft.com/en-us/vstudio/aa496123` [01.09.2012].

[250] *.NET* kompatible *Semantik Web Frameworks* konnten nicht gefunden werden.

[251] Siehe `http://sourceforge.net/projects/ikvm/` [24.02.2012].

„Modell-, Metrik- und Ontologieverwaltung" nutzt die Komponente „SEMATDataAccess" in der zum Prozess-Integrations-Metamodell korrespondierende Klassen bereitgestellt werden. Die korrespondierenden Klassen wurden zur besseren Erweiterbarkeit in diese Komponente getrennt. Über die Komponente „Datenbankzugriff" erfolgt der Zugriff auf das *Repository* über die *Java Persistence API*. Mittels der Komponente „Modell-, Metrik- und Ontologieverwaltung" ist es möglich, Modelle, Metriken und Ontologien aus der Datenbank zu laden oder zu speichern. Beim laden eines Modells können zusätzlich auch Instanzen der Klassen des Klassendiagramms erzeugt werden, die durch das Prozess-Integrations-Metamodell für die Konstrukte des Modells spezifiziert sind. Dies ist besonders hilfreich bei der Erzeugung der Analyseontologie. Weiterhin können über diese Komponente Prozessinformationen mittels CSV-Dateien importiert werden und Analyseergebnisse exportiert werden.

Hinsichtlich der Auswertung der Analyseontologien stellt der Prototyp mehrere Möglichkeiten zur Berechnung von Kennzahlen zur Verfügung. Zum einen können alle Möglichkeiten zur Auswertung von Ontologien mittels der Inferenzmaschine Pellet genutzt werden sowie Abfragen mittels SPARQL erfolgen. Diese grundlegenden Auswertungsmöglichkeiten können zusätzlich in Metriken (Skripte) zusammengeführt werden. Hier kann auch eine Normierung dieser Werte erfolgen. Die Erzeugung und Verwaltung von Metriken durch den Anwender erfolgt mittels der Komponente „Metrikerzeugung und -bearbeitung". Bei der Erstellung von Metriken soll der Anwender die Möglichkeit haben, über eine Skriptsprache eigene Auswertungen zu erstellen und diese beliebig in seiner Analyse zu kombinieren. Die Umsetzung der Komponente „Metrikerzeugung und -bearbeitung" wurde jedoch nicht verfolgt. Vielmehr wurden Metriken implementiert, die für die konzeptionelle Evaluation genutzt wurden.

Die Aufbereitung sowie die Analyse der Modelle bzw. der Analyseontologien erfolgt in der Komponente „Ontologieaufbereitung und -analyse". Hierzu wird das *Semantic Web Framework* Jena und die Inferenzmaschine Pellet genutzt. Bei der Analyse und dem Vergleich von ontologisch Repräsentierten Prozessinformationen erfolgt zunächst die Überführung aller Prozessinformationen (Leistungsinformationen, Prozessmodelle, Domänen- und Basisontologie) in eine Analyseontologie. Dieser Schritt soll im Folgenden anhand der prototypischen Umsetzung beschrieben werden.

In Abbildung 7.12 ist die Erzeugung einer Analyseontologie durch den Prototypen dargestellt. Der erste Schritt ist die Erzeugung der Analyseontologie, der über das OWL-Tag `<owl:imports>` die Basisontologie zugeordnet wird. Durch diesen Schritt können Instanzen der Klassen aus der Basisontologie in der neuen Ontologie erzeugt werden. Daraufhin wird das zu analysierende Prozessmodell aus der Datenbank geladen. Sollte die diesem Prozessmodell zugehörige Domänenontologie noch nicht der Analyseontologie zugeordnet sein, so wird diese auch über `<owl:imports>` importiert. Im nächsten Schritt wird über alle Konstrukte des Prozessmodells iteriert. Für jedes Konstrukt wird eine entsprechende Instanz ihrer in der Basisontologie zugeordneten Klasse erzeugt. Für jedes Ereignis wird zum Beispiel eine Instanz der Basisontologie-Klasse „Event" erzeugt. Diesen Instanzen werden dann ggf. über eine *Object-Property* Instanzen der Klasse „Performance"

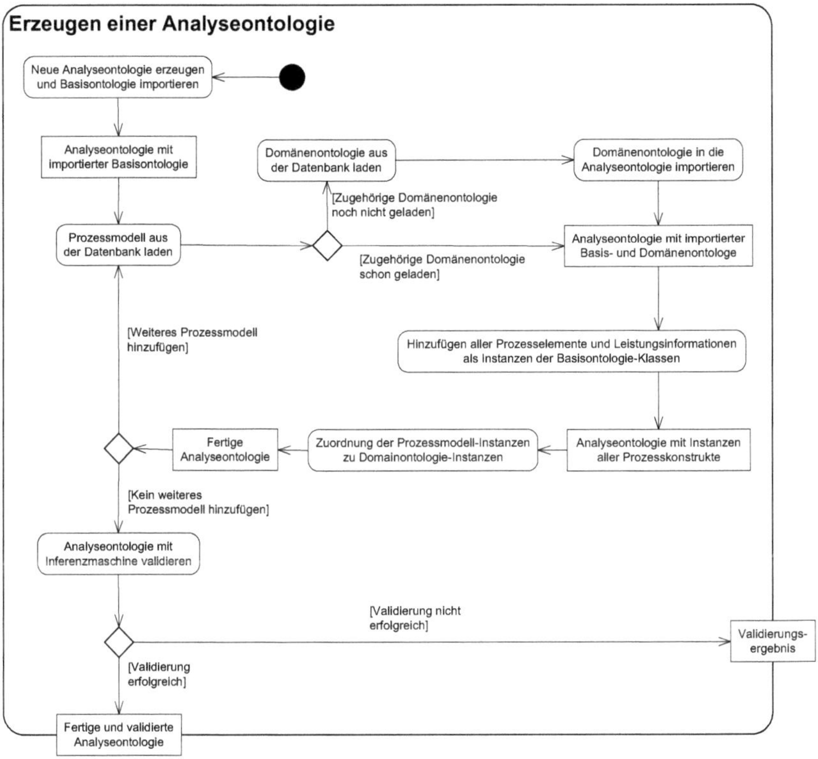

Abbildung 7.12: Erzeugung einer Analyseontologie

zugeordnet. Am Ende dieses Schrittes existiert zu jedem Modellkonstrukt und zu jeder Leistungsinformation eine Instanz in der Ontologie, die in Beziehung zueinander stehen. Darauf folgt die Zuordnung der vorher erzeugten Instanzen zu den Instanzen der Domänenontologie. Die Zuordnung erfolgt mittels der *Object-Properties* `No Representation`, `isEquivalentConceptOf`, `isBroaderConceptOf` und `isNarrowerConceptOf`. Das Ergebnis ist eine Analyseontologie, der ggf. auch noch weitere Prozessmodelle hinzugefügt werden können. In einem letzten Schritt wird die Analyseontologie mittels Inferenzmaschine validiert und auf Konsistenz geprüft. Sollte dies erfolgreich sein, so steht die Ontologie zur Auswertung zur Verfügung. Ist diese Validierung nicht erfolgreich, so wird das Validierungsergebnis ausgegeben und die Analyseontologie kann aufgrund dieses Ergebnisses angepasst werden.

Analyse und Prüfung der Anforderungen

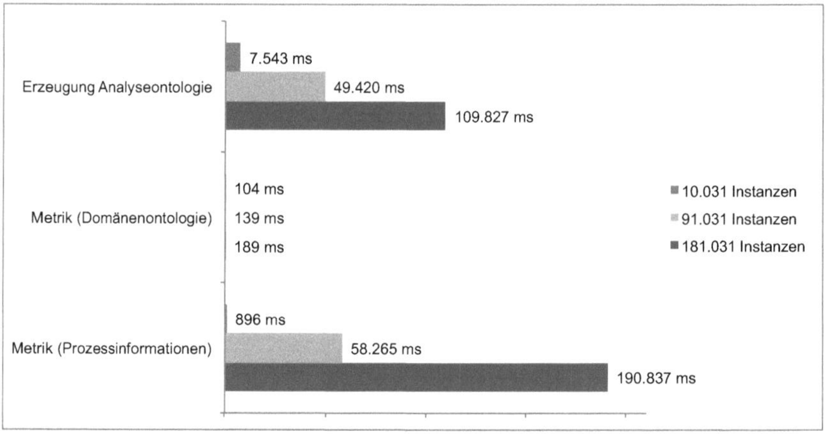

Abbildung 7.13: Laufzeit

Eine analytische Prüfung des Prototypen fand im Hinblick auf Vollständigkeit des Algorithmus zur Erstellung der Analyseontologie und der Zeitkomplexität bei der Analyse mittels Analyseontologie statt. Anhand der Anzahl der eingehenden Prozessinformationen erfolgt eine quantitative Prüfung der aus diesen Informationen erzeugten Instanzen in der Analyseontologie. Zur Prüfung der Laufzeit wurden drei Testläufe durchgeführt.[252] In jedem Testlauf wurde eine Domänenontologie mit 1031 Instanzen genutzt. Die Anzahl der Instanzen des zu analysierenden Prozessmodells wurde in jedem Testlauf erhöht. Jedes genutzte Prozessmodell enthält Elemente der Konstrukte *Process Step*, *Control Flow*, *Event*, *Connector* sowie den Prozessschritten zugeordnete Leistungsinformationen. Die

[252] Die Prüfung erfolgte auf einem Standard Intel Mac (Prozessor: 2,53 GHz Intel Core 2 Duo, Arbeitsspeicher: 8 GB).

Gesamtanzahl der Instanzen (ABox) in der erzeugten Analyseontologie sowie die Ergebnisse der Laufzeitanalyse sind in Abbildung 7.13 dargestellt. In jedem Testlauf wurde die Laufzeit zur Erzeugung der Analyseontologie sowie die Zeit zur Auswertung einer festen Anzahl von Instanzen („Metrik (Domänenontologie)“) sowie die Auswertung aller Prozessinformationen („Metrik (Prozessinformationen)“). Durch die Analyse ist ersichtlich, dass die Laufzeit maßgeblich durch die Implementierung der Metriken beeinflusst wird. so hat die Hinzunahme neuer Instanzen in die Analyseontologie kaum Auswirkung auf die Laufzeit hat, wenn diese nicht bei der Auswertung berücksichtigt werden. Insgesamt kann die Laufzeit aber für praxisrelevante Problemstellungen als ausreichend betrachtet werden.

Neben der analytische Prüfung fand auch eine Prüfung der Implementierung statt. Neben der manuellen Prüfung des *Sourcecode* (*structured walk through*) durch Personen, die von den Programmierern verschieden waren, wurden eine Reihe von Tests mit dem *JUnit-Framework* durchgeführt. Die implementierten Algorithmen wiesen nach Abschluss der Testarbeiten keine Fehler in Bezug auf die *Unit-Tests* auf. Weiterhin wurde eine formale Validierung der Ergebnisse durchgeführt. So erzeugt der Algorithmus zur Erstellung der Analyseontologie valide Ontologien. Die Prüfung wird anhand der Standardprüfungen der Inferenzmaschine durchgeführt.

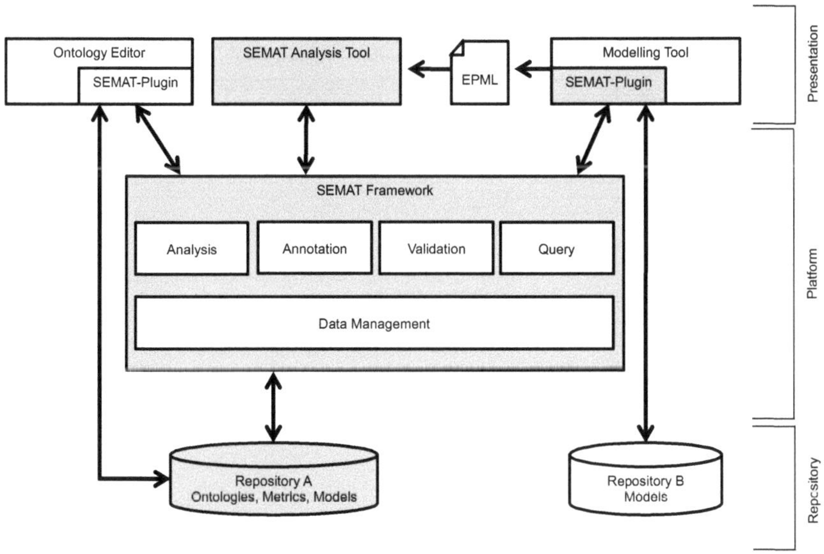

Abbildung 7.14: Komponentendiagramm der umgesetzten Komponenten der Gesamtarchitektur

Die Umsetzung der Anforderungen erfolgte in Hinblick auf die konzeptionelle und ökonomische Evaluation. Die hierfür benötigten und prototypisch erstellten Komponenten sind in Abbildung 7.11 blau markiert. Eine Übersicht über den Umsetzungsstand der funktionalen Anforderungen ist in Tabelle 7.7 und der nicht funktionalen Anforderungen in Tabelle 7.8 dargestellt. Der Umsetzungsstand der funktionalen Anforderungen wurde hierbei hinsichtlich der Durchführbarkeit beurteilt.[253] Es ist hierdurch ersichtlich, dass die Umsetzung eines Editors zur Erzeugung von Metriken nicht umgesetzt wurde. Der Umsetzungstand der nicht funktionalen Anforderungen wird anhand der Analyse des Prototypen beurteilt. So hängt die Performanz der Analyse maßgeblich durch die Implementierung der Metriken ab und die Erweiterbarkeit ist aufgrund des starren Datenmodells im *Repository* nur eingeschränkt möglich. Beide Anforderungen sind daher kritisch zu hinterfragen und sollten in einer nächsten Version des Prototypen berücksichtigt werden.

Name	Beschreibung	Umsetzungstand
Erstellen/Bearbeiten einer Domänenontologie	Erstellen und Bearbeiten einer Domänenontologie (TBox und ABox). Auch Erfassung von Regeln.	→
Fachliche Prüfung der Domänenontologie	Dem Anwender muss eine Möglichkeit zur fachlichen Prüfung der TBox und ABox zur Verfügung gestellt werden.	→
Validierung der Domänenontologie	Validierung der TBox und ABox mittels Inferenzmaschine auf Aussagekraft und Entscheidbarkeit.	↑
Verwalten von Domänenontologien	Laden und Speichern von Domänenontologien in einem zentralen Repository.	↑
Erstellen/Bearbeiten einer Basisontologie	Erstellen und Bearbeiten einer Basisontologie (TBox). Auch Erfassung von Regeln.	→
Fachliche Prüfung der Basisontologie	Dem Anwender muss eine Möglichkeit zur fachlichen Prüfung der TBox zur Verfügung gestellt werden.	→
Validierung der Basisontologie	Validierung der TBox mittels Inferenzmaschine auf Aussagekraft und Entscheidbarkeit.	↑
Verwalten von Basisontologie	Laden und Speichern von Basisontologie in einem zentralen Repository.	↑
Erstellen/Bearbeiten eines Prozessmodells	Erstellen und Bearbeiten eines Prozessmodells in einer semi-formalen Modellierungssprache.	→
Annotation von Prozessmodellen	Einfache Annotation von Prozessmodellen in einem Modellierungswerkzeug.	↑
Erfassung von Leistungsinformationen	Erfassung von Leistungsinformationen in einem Modellierungswerkzeug.	↑
Überführung Modellinformationen in Analyseontologie	Automatische Überführung von Prozessmodellen und Leistungsinformationen in eine Analyseontologie.	↑
Verwalten von attributierten Prozessmodellen	Laden und Speichern von attributierten Prozessmodellen in einem zentralen Repository.	↑
Erstellen/Bearbeiten einer Metrik	Erstellung, Bearbeitung und Validierung benutzerdefinierter Metriken.	↓
Verwaltung von Metriken	Laden und Speichern von Metriken in einem zentralen Repository.	↓
Analyse mittels Metriken	Analyse von Prozessinformationen mittels Metriken.	↑
Darstellung von Analyseergebnissen	Darstellung von Analyseergebnissen in tabellarischer Form.	↑
Export Analyseergebnisse	Export von Analysergebnissen in eine CSV-Datei zur weiteren Bearbeitung in einer Tabellenkalkulations-Software.	↑
Verwalten von Analyseontologien	Laden und Speichern von Analyseontologien in einem zentralen Repository.	↑
Import von Prozessinformationen	Import von Prozessinformationen (auch Geschäftsprozessregeln) mittels CSV-Datei oder EPML-Prozessmodell.	↑
Vergleich von Analyseergebnissen	Vergleich von Analyseergebnissen auf Basis von metriken oder benutzerdefinierten Abfragen.	↑
Benutzerdefinierte Analysen	Benutzerdefinierte Analysen mittels Abfragen bzgl. der Analyseontologie.	↑
Validierung der Analyseontologie	Validierung der TBox und ABox mittels Inferenzmaschine auf Aussagekraft, Entscheidbarkeit und Zyklen.	↑

Tabelle 7.7: Umsetzungsstand der funktionalen Anforderungen

[253] Pfeil nach oben = Anforderung wurde umgesetzt; Pfeil nach rechts = Anforderung wird durch ein Standardprodukt abgedeckt; Pfeil nach unten = Anforderung wurde nicht umgesetzt.

Name	Beschreibung	Umsetzungsstand
Modularer Aufbau	Der Prototyp soll modular aufgebaut werden, so dass einzelne Module wiederverwertet werden können.	⇧
Nutzung existierender Technologien	Die Nutzung existierender Frameworks und Softwareprodukte soll angestrebt werden.	⇧
Konsitente Ontologien	Erzeugte Ontologien sollen konsistent sein.	⇧
Performanz der Analyse	Die Analyse von Prozessinformationen soll ein adäquates Antwortzeitverhalten haben.	⇨
Erweiterbarkeit	Der Prototyp soll erweiterbar sein.	⇨
Nutzung von frei verfügbaren Komponenten	Es sollen möglichst frei verfügbare (ggf. als *Open Source*) Komponenten verwendet werden, so dass keine Lizenzkosten anfallen.	⇧

Tabelle 7.8: Umsetzungsstand der nicht funktionalen Anforderungen

7.2.4 Schlussbetrachtung

Anhand der technischen Evaluation wurde die technische Realisierbarkeit des Konzeptes der semantischen Analyse und des Vergleichs von Prozessen mittels einer ontologischen Repräsentation von Prozessinformationen gezeigt. Durch den entstandenen Prototypen wurden keine technische Beschränkungen identifiziert, die Einfluss auf das generelle Konzept haben.

Der Prototyp wurde in Java implementiert und das SEMAT Analysis Tool kann zur Analyse und zum Vergleich von Prozessen genutzt werden. Als wiederverwertbare Komponente wurde das SEMAT Framework entwickelt. Darin enthalten sind alle funktionalen Aspekte des Konzeptes integriert. Prozessmodelle und Ontologien können aus dem *Repository* geladen und Prozessinformationen mittels CSV-Datei importiert werden. Um die Analyse der Prozessinformationen auf Basis einer einzigen Ontologie durchzuführen, werden die Prozessinformationen in eine OWL 1.1 Analyseontologie umgewandelt. Zur Sicherstellung, dass die Auswertung auf der Grundlage einer gültigen Ontologie vorgenommen wird, kann die Analyseontologien in Bezug auf Entscheidbarkeit und Richtigkeit validiert werden. Das SEMAT Analysis Tool bietet zwei Alternative Methoden zur Analyse. Anwender können eine oder mehrere vorkompilierte Metriken nutzen oder benutzerdefinierte Abfragen über SPARQL ausführen. Die Ergebnisse der Analysen können zusätzlich exportiert werden. Insgesamt ist durch den Prototypen eine Unterstützung bei der konzeptionellen und ökonomischen Evaluation gegeben.

7.3 Konzeptionelle Demonstration und Evaluation

Aufbauend auf dem Ergebnis der technischen Evaluation, erfolgt in diesem Abschnitt die konzeptionelle Evaluation, die sich wiederum am Anwendungsfall des Prozessbenchmarking mittels ontologischer Repräsentation von Prozessinformationen orientiert. Die Evaluation erfolgt anhand eines Experimentes unter Nutzung des Prototypen. Das Benchmarking soll auf Basis prominenter Referenz-Prozessmodelle aus dem Bereich der „Beschaffung“ erfolgen. Durch den Einsatz des Konzeptes sowie des Prototypen sollen nicht nur quantitative sondern auch qualitative Analysen und Vergleiche durchgeführt werden können. Weiterhin soll die effiziente Realisierung des Prototypen geprüft werden. Durch die Ergebnisse des Experiments sollen zusätzlich technische und konzeptionelle Optimierungspotenziale identifiziert werden.

Das Vorgehen der konzeptionellen Evaluation mittels Experiment ist in Abschnitt 7.3.1 dargestellt. Aufbauend auf diesem Vorgehen erfolgt im Abschnitt 7.3.2 die Erzeugung und Darstellung aller benötigter Informationen für ein Prozessbenchmarking und in Abschnitt 7.3.3 die Auswertung dieser Informationen mittels des Konzepts. Der Abschnitt 7.3.4 fasst die Ergebnisse der konzeptionellen Evaluation zusammen.

7.3.1 Vorgehensweise

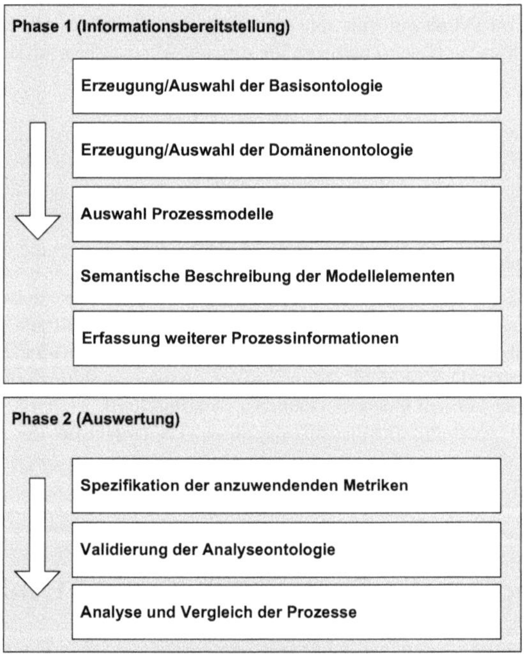

Abbildung 7.15: Phasen zur Durchführung der konzeptionellen Evaluation

Die Vorgehensweise orientiert sich an dem in Abschnitt 6.5.2 beschriebenen Vorgehen des Prozessbenchmarking mittels ontologischer Repräsentation. Da es sich bei der Evaluation um die Simulation eines Prozessbenchmarkings unter Nutzung des Prototypen in Form eines Experiments handelt, erfolgt eine Vereinfachung des Vorgehens. Dies ist insbesondere der Tatsache geschuldet, dass in diesem Experiment keine interne und externe Analyse unterschieden werden muss. Die essentiellen Arbeitsschritte sind jedoch enthalten.

Die Phasen und Arbeitsschritte des erarbeiteten Vorgehens sind in Abbildung 7.15 dargestellt. Das Vorgehen gliedert sich in zwei Phasen, der Informationsbereitstellung sowie der Auswertung dieser Informationen. Voraussetzung bzw. Rahmenbedingung zur Durchführung der Arbeitsschritte ist die Festlegung auf das Anwendungsgebiet der „Beschaffung“. Unter „Beschaffung“ wird im Kontext dieses Experiments die Beschaffung von Produktionsfaktoren, wie Werkstoffe und Betriebsmittel, zur Erfüllung von Unternehmenszwecke verstanden. Weiterhin sollen als Ziele des Benchmarking der Vergleich der Prozesse anhand von Prozesskosten sowie die Identifizierung semantischer Unterschiede sein.

Informationsbereitstellung

In der Phase der Informationsbereitstellung erfolgt die Erarbeitung und Festlegung aller für das experimentelle Benchmarking benötigter Informationen. Die Reihenfolge orientiert sich am identifizierten Vorgehen des Prozessbenchmarkings mittels des erarbeiteten Konzepts. Die Arbeitsschritte in dieser Phase werden sequentiell durchgeführt, wobei dies für die ersten drei Arbeitsschritte nicht zwingende Voraussetzung ist.

Der erste Arbeitsschritt ist die **Erzeugung/Auswahl der Basisontologie**. Ausgangspunkt dieses Arbeitsschrittes ist die Festlegung auf das Anwendungsgebiet der „Beschaffung“ sowie der Zielsetzungen des Prozessbenchmarking durch eine Prozesskostenrechnung und eines semantischen Vergleichs. Auf dieser Basis soll, unter Berücksichtigung der Zielsetzung, die Erzeugung bzw. Auswahl der Basisontologie erfolgen.

Im Anschluss erfolgt mittels Arbeitsschritt **Erzeugung/Auswahl der Domänenontologie** die Erarbeitung der Domänenontologie für das Benchmarking. Durch die Domänenontologie soll das Anwendungsgebiet „Beschaffung“ möglichst vollständig und allgemeingültig semantisch beschrieben werden.

Der Arbeitsschritt **Auswahl Prozessmodelle**, ist lediglich im Kontext des vorliegenden Experiments nötig. In einem nicht experimentellen Prozessbenchmarking sind die zu untersuchenden Prozessmodelle bzw. die Informationen der Prozesse durch die teilnehmenden Unternehmen oder Fachbereiche gegeben. Um die Qualität der zu untersuchenden Prozessmodelle gewährleisten zu können, sollen prominente und wissenschaftlich fundierte Referenz-Prozessmodelle genutzt werden.

Nach Auswahl der zu untersuchenden Prozessmodelle sowie der Festlegung auf eine Basis- und Domänenontologie erfolgt die **semantische Beschreibung der Modellelementen** sowie die **Erfassung weiterer Prozessinformationen**. Durch beide Arbeitsschritte sollen die ausgewählten Referenz-Prozessmodelle weiter detailliert werden. Ziel ist die Informationsanreicherung in der Form, dass eine Analyse der Beispielprozesse möglich ist.

Auswertung

Die zweite Phase beinhaltet die Arbeitsschritte zur Auswertung der in der vorherigen Phase festgelegten Prozessinformationen sowie die Validierung der Analyseontologie. Zunächst erfolgt als Grundlage für alle weiteren Arbeitsschritte die **Spezifikation der anzuwendenden Metriken**. Ausschlaggebend für die Spezifikation der Metriken sollen die Analyseziele sowie eine Unterstützung zur Validierung der Analyseontologie sein. Das Vorgehen zur Erarbeitung der Metriken orientiert sich an der GQM-Methode.[254]

Auf Basis der vorhandenen Prozessinformationen erfolgt mittels des Portotypen eine Erzeugung der Analyseontologie, die im nächsten Arbeitsschritt **Validierung der Analyseontologie**, auf Konsistenz sowie Entscheidbarkeit geprüft werden soll. Hierzu soll die Inferenzmaschine des Prototypen sowie spezifizierte Metriken genutzt werden.

Ausgehend von einer validen Analyseontologie, erfolgt im letzen Arbeitsschritt die **Analyse und der Vergleich der Prozesse**. Hierzu soll wiederum der Prototyp unter Nutzung der spezifizierten Metriken eingesetzt werden. Das Ziel der Analyse soll ein quantitativer und qualitativer semantischer Vergleich der Prozesse auf Basis der hinterlegten Prozessinformationen sein.

7.3.2 Informationsbereitstellung zur Durchführung des Prozessbenchmarkings

Die Informationsbereitstellung zur Durchführung des experimentellen Prozessbenchmarkings soll unter Rückgriff auf durch Wissenschaft und Praxis fundierter Informationen aus dem Bereich der „Beschaffung" erfolgen. Die zu vergleichenden Prozesskosten und Durchlaufzeiten sollen in diesem Experiment vorgegeben werden. Somit erfolgt die Fallstudie mittels Experiment anhand von kontrollierten (Labor-) Bedingungen. Hierdurch kann die Gefahr unkontrollierbarer oder übersehener Störeinflüsse verringert werden.

Erzeugung/Auswahl der Basisontologie

Als Basisontologie wird die in Abschnitt 6.3 zur erweiterten ontologischen Repräsentation von Prozessinformationen erarbeitete Basisontologie genutzt. Diese Ontologie wurde

[254] Siehe Abschnitt 4.4.

in Hinblick auf eine Prozesskostenrechnung sowie eine semantische Repräsentation der benötigten Prozessinformationen unter Berücksichtigung der Repräsentationstheorie entwickelt.[255]

Um eine Nutzung der erarbeiteten Basisontologie durch den Prototypen zu ermöglichen, erfolgt eine Überführung der Ontologie in die Ontologiesprache OWL DL. Das Ergebnis der Überführung ist in Abbildung 7.16 illustriert.[256] Die Überführung erfolgt anhand der folgenden Schritte:

1. Jedes Konzept der Basisontologie wird in eine OWL-Klasse `<owl:Class>` überführt. In Abbildung 7.16 werden alle Konzepte als *Class* dargestellt.

2. Die Generalisierung erfolgt über die Eigenschaft `<rdfs:subClassOf>`. So wird für jedes Unterkonzept, eines generellen Konzepts, diese Eigenschaft dem Unterkonzept bzw. der OWL-Klasse hinzugefügt.

3. Jede Beziehung zwischen zwei Konzepten wird in eine `<owl:ObjectProperty>` überführt (siehe *ObjectProperty* in Abbildung 7.16).

4. Jede Wert-Eigenschaft wird in eine `<owl:DatatypeProperty>` überführt.

Ausgehend von dieser grundlegenden Überführung der Basisontologie in die Ontologiesprache OWL, erfolgt eine weitere Detaillierung und Spezifizierung der entstandenen Ontologie. Hierdurch sollen eine bessere Auswertbarkeit sowie eine Einhaltung von Integritätsregeln erzielt werden. Zur weiteren Spezifizierung können der Beziehung `<owl:ObjectProperty>` auch weitere, durch die Sprache OWL 1.1 zulässige Eigenschaften, hinzugefügt werden. In der vorliegenden Basisontologie sind dies die Eigenschaften `TransitiveProperty` und `FunctionalProperty`. So ist zum Beispiel die Beziehung `belongsTo` als transitiv gekennzeichnet. Die Beziehungen `belongsTo(ProcessElement1, Process1)` und `belongsTo(Process1, Process2)` bedeuten, dass somit auch die Beziehung `belongsTo(ProcessElement1, Process2)` gilt. Durch die Eigenschaft `Functional Property` kann eine Beziehung gekennzeichnet werden, dass sie lediglich einen Wert besitzen darf. Weiterhin werden einigen Beziehungen inverse Eigenschaften zu anderen Beziehungen hinzugefügt (*inverseOf*). So bedeutet eine äquivalente Beziehung eines Prozesselements (engl. *Process Element*) zu einem Domänenkonzept (engl. *Domain Concept*) gleichzeitig, dass auch die inverse Beziehung gilt. Abschließend werden zu einigen Beziehungen Kardinalitäten spezifiziert. So ist für einen Kontrollfluss (engl. *Control Flow*) lediglich die Angabe einer Quelle (engl. *Source*) und eines Ziels (engl. *Destination*) mög-

[255] Siehe Abschnitt 6.2.

[256] Zur Darstellung der Basisontologie in OWL wurde die Darstellungsform VisioOWL genutzt (siehe `http://mysite.verizon.net/jflynn12/VisioOWL/VisioOWL.htm` [14.09.2012]). Auf die Darstellung aller Verknüpfungen aus Abschnitt 6.3.1 wurde aufgrund der Übersichtlichkeit verzichtet. So ist die Verknüpfung `isEquivalentConceptOf` und dessen inverse Beziehung illustriert. Auf die weiteren Verknüpfungsbeziehungen wurde jedoch verzichtet.

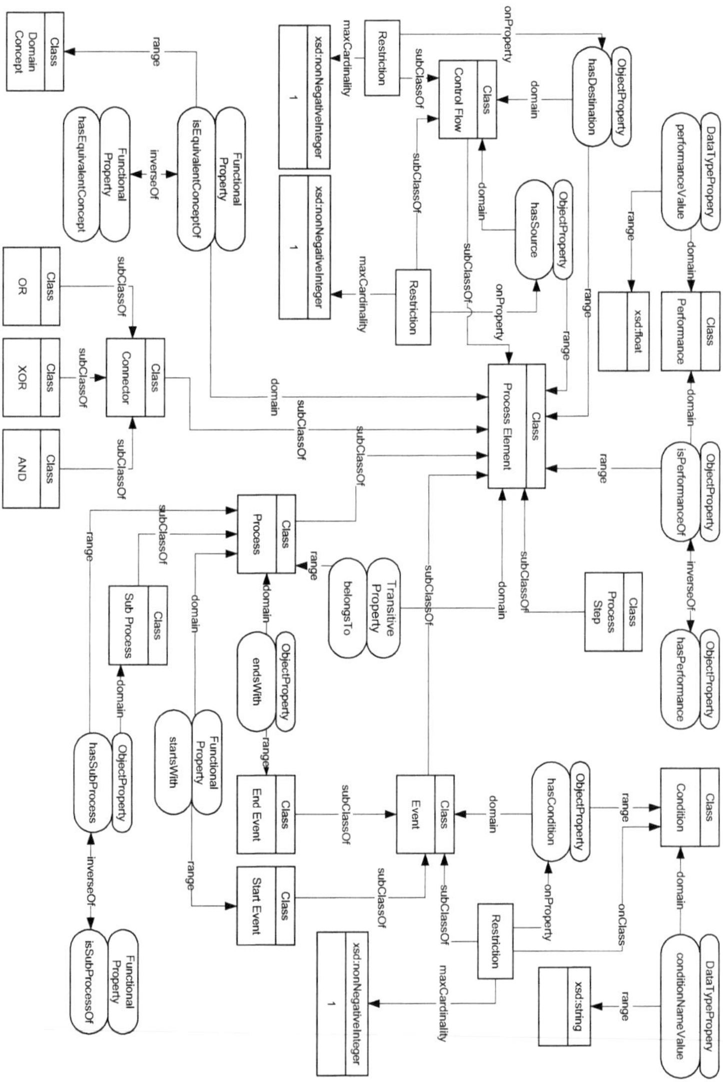

Abbildung 7.16: Umsetzung der Basisontologie mittels OWL
Quelle: Siehe auch KLUTH *et al.* (2008, S. 12)

lich. Die resultierende Basisontologie in der Sprache OWL DL hat die Ausdrucksstärke $\mathcal{SIQ}^{(\mathcal{D})}$.

Erzeugung/Auswahl der Domänenontologie

Unique Identifier	Name	Category	Process Group	Process	Activity
10005	4 Deliver Products and Services	X			
10216	4.2 Procure materials and services		X		
10277	4.2.1 Develop sourcing strategies			X	
10281	4.2.1.1 Develop procurement plan				X
10282	4.2.1.2 Clarify purchasing requirements				X
10283	4.2.1.3 Develop inventory strategy				X
10284	4.2.1.4 Match needs to supply capabilities				X
10285	4.2.1.5 Analyze company's spend profile				X
10286	4.2.1.6 Seek opportunities to improve efficiency and value				X
10287	4.2.1.7 Collaborate with suppliers to identify sourcing opportunities				X
10278	4.2.2 Select suppliers and develop/maintain contracts			X	
10288	4.2.2.1 Select suppliers				X
10289	4.2.2.2 Certify and validate suppliers				X
10290	4.2.2.3 Negotiate contracts				X
10291	4.2.2.4 Manage contracts				X
10279	4.2.3 Order materials and services			X	
10292	4.2.3.1 Process/Review requisitions				X
10293	4.2.3.2 Approve requisitions				X
10294	4.2.3.3 Solicit/Track vendor quotes				X
10295	4.2.3.4 Create/Distribute purchase orders				X
10296	4.2.3.5 Expedite orders and satisfy inquiries				X
10297	4.2.3.6 Record receipt of goods				X
10298	4.2.3.7 Research/Resolve exceptions				X
10280	4.2.4 Appraise and develop suppliers			X	
10299	4.2.4.1 Monitor/Manage supplier information				X
10300	4.2.4.2 Prepare/Analyze procurement and vendor performance				X
10301	4.2.4.3 Support inventory and production processes				X
10302	4.2.4.4 Monitor quality of product delivered				X

Tabelle 7.9: Taxonomie (PCF)

Die semantische Beschreibung, des zu betrachtenden Anwendungsgebiet „Beschaffung", soll möglichst vollständig und allgemeingültig sein. Weiterhin soll für das Experiment eine leicht verständliche und in der Praxis erprobte Beschreibung gewählt werden. Zur Gewährleistung dieser Forderung wurde das *Process Classification Framework* (PCF Version 5.0.3) gewählt.[257] Das PCF wurde durch APQC und weiteren Mitgliedsunternehmen

[257] Siehe `http://www.apqc.org/process-classification-framework` [14.09.2012].

als offener Standard zur Verbesserung der Leistungsfähigkeit mittels Prozessmanagement und Benchmarking, unabhängig von Branche, Größe oder Geographie der Unternehmen, entwickelt.

Das PCF wurde als eine Taxonomie und gemeinsame Sprache von Geschäftsprozessen entwickelt, über diese die APQC Unternehmen ein Benchmarking ihre Prozesse durchführen können. Tabelle 7.9 zeigt einen Ausschnitt der Taxonomie, der für die weitere Evaluation relevant ist. Mittels des *Framework* werden Produktions- und Management-Prozesse in 12 unterschiedliche Unternehmens-Level kategorisiert. Diese Kategorien enthalten Prozessgruppen und über 1.500 Prozesse und damit verbundene Aktivitäten. Zur Nutzung des PCF als Domänenontologie, wurde die Taxonomie in eine OWL DL Ontologie überführt. Die Transformation des gesamten PCF führt zu den Konzepten *Category*, *Process Group*, *Process* und *Activity*. Weiterhin wurden 1.031 Instanzen (meist Aktivitäten) erzeugt. Darüber hinaus wurde ein Instanz `No Representation` für jede PCF-Kategorie erstellt. Über diese Instanzen können durch die Domänenontologie nicht spezifizierte Modellelemente explizit aufgeführt werden. Das in OWL überführte PCF ist in Abbildung 7.17 illustriert. In der Abbildung wird lediglich die (`TBox`) dargestellt. Die Ausdrucksstärke der Domänenontologie ist $\mathcal{SI}^{(\mathcal{D})}$.

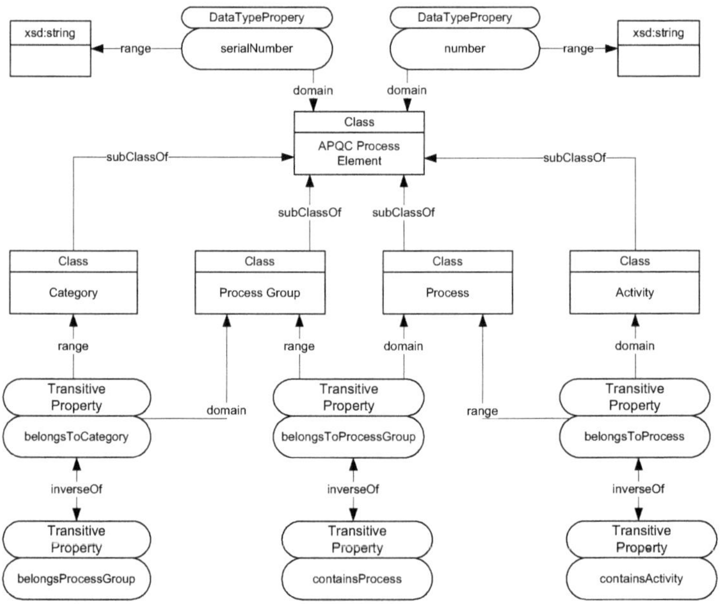

Abbildung 7.17: Domänenontologie PCF mittels OWL (`TBox`)

Auswahl Prozessmodelle

Die Auswahl der zu vergleichenden Prozessmodelle erfolgte auf Grundlage von in der Praxis und Wissenschaft prominent vertretener Referenz-Prozessmodellen.[258] Es wurden der Beschaffungsprozess aus den Referenzmodellen für industrielle Geschäftsprozesse von SCHEER (1997, 425 ff.) sowie das „Aachener PPS Modell“[259] ausgewählt.

Beide Referenz-Prozessmodelle sind im Anhang mittels der Modellierungssprache EPK dargestellt.[260] Die beiden Modellen wurden auch hinsichtlich des quantitativen Unterschieds der Modellierung gewählt. So erfolgt die Modellierung durch SCHEER (1997, 426) mittels 21 Ereignissen und 14 Funktionen. Im „Aachener PPS Modell“ werden 9 Ereignisse und 7 Funktionen genutzt. Eine Aussage über die inhaltliche Tiefe der Modellierung bzgl. der abzubildenden Problemdomäne ist durch einen quantitativen Vergleich der Prozessmodellelemente jedoch nicht möglich.

Semantische Beschreibung der Modellelementen

Zur semantischen Beschreibung wurden die in Abschnitt 6.3.1 beschriebenen Verknüpfungen bzw. Relationen zwischen Modellelementinstanzen und Domänenontologieinstanzen genutzt:

0 = `No Representation` Die Modellelementinstanz $ME_{p,k(p)}$ wird nicht durch die Domäneninstanz DI_m repräsentiert.

1 = `isEquivalentConceptOf` Die Domäneninstanz DI_m repräsentiert exakt die Modellelementinstanz $ME_{p,k(p)}$.

2 = `isBroaderConceptOf` Die Modellelementinstanz $ME_{p,k(p)}$ repräsentiert die verknüpfte Domäneninstanz DI_m in einem weiteren Sinne. Die Domäneninstanz beschreibt also nur einen Teil des semantischen Inhalts, der durch die Modellelementinstanz dargestellt wird.

3 = `isNarrowerConceptOf` Die Modellelementinstanz $ME_{p,k(p)}$ repräsentiert die verknüpfte Domäneninstanz DI_m in einem engeren Sinne. Die Domäneninstanz beschreibt also mehr als den semantischen Inhalt, der durch die Modellelementinstanz dargestellt wird.

Als erstes Ergebnis konnte, durch die Verknüpfung von Modellelementinstanzen zu Domäneninstanzen, festgehalten werden, dass eine vollständige Zuordnung aller Modellelementinstanzen nicht möglich ist. Um diese Schwierigkeit zu überwinden und die Qua-

[258] Eine Auflistung sowie Klassifizierung prominenter Referenzmodelle liefern FETTKE *et al.* (2005).
[259] Vgl. SCHUH (2006, S. 151 ff.).
[260] Siehe Anhang C.1.

lität der Zuordnung zu verbessern, wurde die Zuordnung von zwei Personen unabhängig voneinander durchgeführt. Die Interrater-Reliabilität wird mit 95% für das Experiment als ausreichend befunden.

Trotz dieser relativ hohen Interrater-Reliabilität ist die Zuordnung subjektiv und kann kritisch hinterfragt werden. So wurde zum Beispiel zwischen der strategischen Auswahl von Lieferenten in der Domänenontologie sowie der Lieferantenauswahl für eine Bestellung im Prozessmodell unterschieden. Da die Zuordnung einen hohen Einfluss auf die Ergebnisse einer automatisierten Analyse und eines Vergleichs hat, sollte diesem Schritt in der Praxis hohe Aufmerksamkeit und Bedeutung zugesprochen werden.

Erfassung weiterer Prozessinformationen

Beide Prozessmodelle wurden im nächsten Schritt um weitere Prozessinformationen angereichert. So wurden zu beiden Modellen die folgenden Informationen vorgegeben:

Fixe Kosten Betriebsausgaben, die nicht abhängig von der Produktionsmenge oder dem Umsatz des Unternehmens pro Periode sind.

Variable Kosten Betriebsausgaben, die abhängig von der Produktionsmenge im Verhältnis zur Aktivität (Anzahl der Transaktionen) eines Unternehmens pro Periode sind.

Transaktionen Anzahl der Transaktionen pro Periode.

Durchlaufzeit (DLZ) Zeit die zur Durchführung des Prozessschritts benötigt wird.

Durch die zusätzlichen Informationen wird eine automatische Prozesskostenrechnung und weitere Analysen mittels des Konzepts ermöglicht. Die Tabelle 7.10 fasst alle Zuordnungen zwischen Modellelementinstanzen und Domänenontologieinstanzen sowie die zusätzlichen Leistungsinformationen zusammen.

7.3.3 Auswertung der Prozessinformationen

Die Auswertung der Prozessinformationen soll unter Nutzung des Prototypen und wiederverwertbarer Metriken erfolgen. Hierbei sollen die für das Experiment gewählten Prozesse sowohl quantitativ als auch qualitativ semantisch analysiert und verglichen werden.

	Fixe Kosten (PI_1)	Variable Kosten (PI_2)	Transaktionen (PI_3)	APQC Process Classification Framework													
				0.0.0.0 (DI_1)	4.2 (DI_2)	4.2.1.3 (DI_3)	4.2.1.4 (DI_4)	4.2.1.5 (DI_5)	4.2.3.1 (DI_6)	4.2.3.3 (DI_7)	4.2.3.4 (DI_8)	4.2.3.5 (DI_9)	4.2.3.6 (DI_{10})	4.2.3.7 (DI_{11})	4.2.4.2 (DI_{12})	4.2.4.3 (DI_{13})	4.2.4.4 (DI_{14})
Scheer ($ME_{1,2}$)	200.000	-	-		1												
Bearbeitung Bestellanforderungen; Kontierung KST, KTR ($ME_{1,2}$)	-	60.000	20.000	2					2								
Lieferanten anfrage ($ME_{1,3}$)	-	80.000	10.000								1						
Grunddaten aktualisieren ($ME_{1,4}$)	-	15.000	10.000	1													
Ermittlung Lieferant und Bestellmenge; Kontierung Kreditor; Sachkonto Erstellung Pro-Forma- Rechnung ($ME_{1,5}$)	-	70.000	20.000	2			2				2						
Bestellschreibung und Übermittlung ($ME_{1,6}$)	-	60.000	20.000									1					
Bestellüberwachung ($ME_{1,7}$)	-	120.000	20.000										1				
Mahnung erstellen ($ME_{1,8}$)	-	40.000	3.000	1													
Qualitätsprüfung ($ME_{1,9}$)	-	180.000	12.000											2			2
Reklamation erstellen; Daten korrigieren ($ME_{1,10}$)	-	40.000	2.000	2													
Buchung Wareneingang ($ME_{1,11}$)	-	20.000	18.000	1													
Verteilung an Lager; Buchung ($ME_{1,12}$)	-	50.000	18.000	2												2	
Rechnungsprüfung ($ME_{1,13}$)	-	100.000	18.000	1													
Rechnung korrigieren ($ME_{1,14}$)	-	40.000	1.000	1													
Rechnung buchen ($ME_{1,15}$)	-	60.000	18.000	1													
Aachener PPS ($ME_{2,1}$)	4.500	-	-		1												
Bestellrechnung ($ME_{2,2}$)	-	6.500	1.000			2	2	2									
Anfrageerstellung ($ME_{2,3}$)	-	8.000	1.000							3							
Angebote bewerten ($ME_{2,4}$)	-	4.500	1.000							3							
Lieferanten auswählen ($ME_{2,5}$)	-	6.000	1.000							3							
Bestellfreigabe ($ME_{2,6}$)	-	3.500	1.000									1					
Bestellüberwachung ($ME_{2,7}$)	-	3.500	1.000										2	2	2		2
Bestandsführung ($ME_{2,8}$)	-	3.000	1.000													1	

Tabelle 7.10: Übersicht erfasste Prozessinformationen

Spezifikation der anzuwendenden Metriken

Die Spezifikation der zur Analyse und zum Vergleich zu nutzenden Metriken erfolgt mittels der GQM-Methode.[261] Im ersten Schritt der zielorientierten GQM-Methode erfolgt die Festlegung der Zielsetzung. Die Zielsetzung wird dabei in Teilziele zerlegt. In der hier durchzuführenden Analyse werden Ziele zur Validierung der Analyseontologie sowie für das übergeordnete Ziel, Prozesse semantisch quantitativ und qualitativ analysieren und vergleichen zu können, aufgeführt:[262]

Ziel 1 Es soll die Aussagekraft und Konsistenz der Analyseontologie in Bezug auf die Korrektheit und Entscheidbarkeit ermittelt werden.

Ziel 2 Es soll die Vollständigkeit der Repräsentation aller spezifizierten Prozessinformationen in der Analyseontologie ermittelt werden.

Ziel 3 Es soll die Komplexität der Prozesse ermittelt werden.

Ziel 4 Es soll die semantische Abdeckung der Prozesse in Bezug auf die Problemdomäne ermittelt werden.

Ziel 5 Es sollen die Optimierungspotenziale der Kosten einzelner Prozessschritte im Vergleich zu den weiteren Prozessen ermittelt werden.

Durch die ersten beiden Ziele soll die Validierung der erzeugten Analyseontologie verfolgt werden. Die weiteren Ziele sollen zur semantischen Analyse der Prozesse sowie einem späteren Vergleich der Prozesse verfolgt werden. Im einzelnen sollen mittels der zu spezifizierenden Metriken die in Tabelle 7.11 aufgeführten Fragestellungen beantwortet werden.

Da die Analyseontologie das Ergebnis der Überführung aller Prozessinformationen in eine einheitliche semantische Repräsentation mittels des Prototypen ist, werden die Metriken bzw. Kennzahlen zur Beantwortung der Fragen 1-3 aus Tabelle 7.11 auf das Bezugsobjekt „Produkt" klassifiziert. Die vollständige Klassifizierung der folgenden Kennzahlen ist in Tabelle 7.12 dargestellt:

Konsistenzprüfung: Die Konsistenz der Analyseontologie wird mittels der Inferenzmaschine geprüft. Unter einer konsistenten Ontologie wird hier eine korrekte und entscheidbare Ontologie verstanden. Die Prüfung erfolgt somit anhand eines durch dritte bereitgestellten Verfahren.

---

[261] Siehe Abschnitt 4.4.

[262] Die Auflistung der (Teil-)Ziele erfolgt unter Berücksichtigung der übergeordneten Zielsetzung und ist weder wissenschaftlich noch praktisch fundiert. Die Auflistung kann jedoch leicht auf weitere Ziel erweitert werden und erfolgt mit dem Anspruch, die Möglichkeiten der Analyse und des Vergleichs von Prozessen mittels des Konzepts zu motivieren und darzustellen.

Nr.	Frage	Ziel 1	Ziel 2	Ziel 3	Ziel 4	Ziel 5
1	Existieren Zyklen in der erzeugten Analyseontologie?	X				
2	Welche Ausdrucksstärke weist die erzeugte Analyseontologie auf?	X				
3	Ist die erzeugte Analyseontologie korrekt und entscheidbar?	X				
4	Stimmt die Anzahl der erzeugten Instanzen der Analyseontologie mit der Anzahl an spezifizierter Prozessinformationen überein?		X			
5	Wie viele für die Analyse relevante Domäneninstanzen existieren in der Domänenontologie?		X			
6	Wie viele für die Analyse relevante Domäneninstanzen wurden Prozessmodellelementen zugeordnet?			X	X	
7	Wie viele Modellelementinstanzen repräsentieren den zugrundeliegenden Prozess?		X	X		
8	Wie viele zu betrachtende Modellelementinstanzen existieren mit einer Zuordnung auf die gleiche Domäneninstanz?				X	
9	Wie viele zu betrachtende Modellelementinstanzen existieren mit einer Zuordnung auf mehr als eine Domäneninstanz?				X	
10	Wie viele zu betrachtende Modellelementinstanzen existieren ohne Zuordnung auf eine Domäneninstanz?				X	
11	Welches der Prozessmodelle deckt die zu betrachtende Problemdomäne am vollständigsten ab?				X	
12	Können jeweils Teilprozesse hinsichtlich ihrer Leistungsinformationen als überlegen identifiziert werden?					X
13	In welchen Prozessschritten ergibt sich das größte Optimierungspotenzial im Vergleich?					X
14	Welche Stärken und Schwächen zeigen die einzelnen Prozessmodelle hinsichtlich ihrer Leistungsinformationen im Vergleich?					X

Tabelle 7.11: Fragestellungen in Bezug auf die zu spezifizierenden Metriken

Ausdurcksstärke: Die Ermittlung der Ausdrucksstärke erfolgt auch mittels bereitgestellter Funktionen der Inferenzmaschine.

Vollständige Repräsentation: Die Prüfung der vollständigen Repräsentation aller Prozessinformationen durch die Analyseontologie erfolgt anhand von zwei sehr einfachen quantitativen Kennzahl. Es werden die Anzahl der vorhandenen Prozessinformationen mit den in der analyseontologie vorhandenen Instanzen gegenübergestellt.

Zur Beantwortung der Fragen 4-10 (siehe Tabelle 7.11) werden wiederum quantitative Kennzahlen und Metriken benötigt. Jedoch ist das Bezugsobjekt der Prozess bzw. dessen semantische Repräsentation. Die Klassifizierung ist in der Tabelle 7.13 dargestellt. Folgende quantitativen Kennzahlen werden berücksichtigt, wobei die Spezifikation der Kennzahlen **Redundanz**, **Überladung**, **Exzess** und **Defizit** analog zu WEBER (1997) erfolgt:

Relevante Domäneninstanzen: Ermittelt die Anzahl relevanter Domäneninstanzen. Eine Domäneninstanz wird als relevant deklariert, wenn sie den durch den Prozess abgebildeten Problemraum beschreibt. Im vorliegenden Beispiel sind dies die Instanzen die der *Process Group* „4.2 Procure materials and services“ zugeordnet sind (siehe Tabelle 7.9).

Merkmal	Merkmalsausprägung		
Gegenstand	Prozess	Ressource	Produkt
Attribute	Intern (direkt)	Extern (indirekt)	
Ermittlung	Objektiv	Subjektiv	
Perspektive	Vorhersagend	Erklärend	

Tabelle 7.12: Klassifizierung der Metriken zur Validierung der Analyseontologie

Zugeordnete Domäneninstanzen: Es wird die Anzahl der als relevant eingestuften Domäneninstanzen mit einer Zuordnung zu Modellelementinstanzen gemessen.

Relevante Modellelementinstanzen: Es wird die Anzahl zu betrachtender Modellelementinstanzen gemessen. Als relevant werden Modellelementinstanzen mit Leistungsinformationen angesehen.

Redundanz: Anzahl der zu betrachtenden Modellelementinstanzen mit einer Zuordnung auf dieselbe Domäneninstanz.

Überladung: Anzahl der zu betrachtenden Modellelementinstanzen die eine Zuordnung auf mehr als eine Domäneninstanz vorweisen.

Exzess: Anzahl der zu betrachtenden Modellelementinstanzen die keine Zuordnung auf eine Domäneninstanz vorweisen. Diese werden im vorliegenden Beispiel explizit mit der Zuordnung aus die Instanz `No Representation` aufgeführt.

Defizit: Anzahl der zu betrachtenden relevanten Domäneninstanzen, die keine Zuordnung aufweisen.

Aufbauend auf diesen Kennzahlen, werden zur Messung der Abdeckung der Problemdomäne durch die Prozessinformationen die in Abschnitt 6.2.1 beschriebenen Metriken von Recker *et al.* (2009, S. 351) genutzt.[263] Die Metriken werden durch die Formel 7.1 - 7.5 beschrieben. Die Metrik **lack-of-clarity-to-coverage** benötigt zur Ermittlung zunächst die Werte der Metriken **(DoR)**, **(DoE)** und **(DoO)**. Der Mittelwert dieser 3

[263] Aufgrund der Äquivalenz der Metriken zu den von Recker *et al.* (2009, S. 351) beschriebenen, werden deren englische Bezeichnungen weiter verwendet.

Merkmal	Merkmalsausprägung			
Gegenstand	Prozess	Ressource		Produkt
Attribute	Intern (direkt)		Extern (indirekt)	
Ermittlung	Objektiv		Subjektiv	
Perspektive	Vorhersagend		Erklärend	

Tabelle 7.13: Klassifizierung der Metriken zur quantitativen Analyse

Ergebnisse bildet den **lack-of-clarity-to-coverage**. Je niedriger dieser Wert ist, desto vollständiger und klarer wurde mittels der erfassten Prozessinformationen die Domäneninstanz repräsentiert.

$$\textbf{Degree of Completeness (DoC)} = \frac{\text{Zugeordnete Domäneninstanzen}}{\text{Relevante Domäneninstanzen}} \tag{7.1}$$

$$\textbf{Degree of Redundancy (DoR)} = \frac{\text{Redundanz}}{\text{Relevante Modellelementinstanzen}} \tag{7.2}$$

$$\textbf{Degree of Overload (DoO)} = \frac{\text{Überladung}}{\text{Relevante Modellelementinstanzen}} \tag{7.3}$$

$$\textbf{Degree of Excess (DoE)} = \frac{\text{Exzess}}{\text{Relevante Modellelementinstanzen}} \tag{7.4}$$

$$\textbf{lack-of-clarity-to-coverage} = \overline{\left(\frac{\text{DoR}}{\text{DoC}} + \frac{\text{DoE}}{\text{DoC}} + \frac{\text{DoO}}{\text{DoC}}\right)}_{arithm} \tag{7.5}$$

Eine direkte Messung zur Beantwortung der Fragen 11-14 der Tabelle 7.11 ist nicht möglich (die Klassifizierung der Metriken ist in Tabelle 7.14 dargestellt). Daher muss eine indirekte Messung erfolgen. Zum Beispiel kann die Aussage getroffen werden, dass

Merkmal	Merkmalsausprägung		
Gegenstand	Prozess	Ressource	Produkt
Attribute	Intern (direkt)		Extern (indirekt)
Ermittlung	Objektiv		Subjektiv
Perspektive	Vorhersagend		Erklärend

Tabelle 7.14: Klassifizierung der Metriken zur qualitativen Analyse

ein Modell eine hohe Qualität besitzt, wenn es vollständig die zu modellierenden Aspekte wiedergibt und dabei verständlich und überschaubar ist.[264] Die Vollständigkeit der Abbildung der realen Welt in das Modell lässt sich laut VAN ELSUWE UND SCHMEDDING (2003, S. 22) mit Hilfe von direkten Metriken nicht erfassen. Über die Verknüpfung der Modellelementinstanzen zu der Domäneninstanzen lassen sich jedoch mittels der aufgeführten Metriken Aussagen über die Abdeckung der Problemdomäne ableiten. Die Ermittlung der Kennzahlen durch die Metriken wird hier als objektiv gekennzeichnet, da die Subjektivität im Prozess der Zuordnung von Domäneninstanzen liegt. Die Ermittlung der Kennzahlen ist hierdurch objektiv. Neben indirekten Metriken erfolgt eine Prozesskostenrechnung anhand der Formeln 7.6 und 7.7.[265]

$$ABC(ME_{p,j}) = \frac{PI_{p,j,2}}{PI_{p,j,3}} \cdot \left(\frac{\sum_{i=1}^{n} PI_{p,i,1}}{\sum_{i=1}^{n} PI_{p,i,2}} + 1 \right) \tag{7.6}$$

Die Formel 7.6 berechnet die Prozesskosten mittels der Prozesskostenrechnung (engl. *Activity Based Costing* (ABC)) für jede Aktivität (Modellelement) $ME_{j,p}$ eines Prozess p. Die Kosten werden mittels der variablen Kosten $PI_{j,p,2}$ pro Transaktion $PI_{j,p,3}$ des Modellelements $ME_{j,p}$ und mit dem Verhältnis der gesamten Fixkosten $PI_{i,p,1}$ zu den gesamten variablen Kosten $PI_{i,p,2}$ des Prozess p plus 1 multipliziert.

264 Vgl. hierzu die Ausführungen von VAN ELSUWE UND SCHMEDDING (2003, S. 22) bzgl. UML-Modellen.

265 Vgl. ROSENKRANZ (2006, S. 250 ff.).

$$ABC(DI_{p.m}) = \sum_{i=1}^{n} ABC(ME_{p,i}) \cdot v_{p,i,m}$$
$$v_{p,i,m} := \begin{cases} 1/|V(ME_{p,i}, DI_{p,m}))| & \text{falls } V(ME_{p,i}, DI_{p,m}) \geq 1 \\ 0 & \text{sonst} \end{cases} \tag{7.7}$$

Zur Ermittlung der Prozesskosten einer Domäneninstanz $DI_{p,m}$, in Bezug auf einen Prozess p, werden die anteiligen Prozesskosten aller zugeordneten Modellelemente $ME_{p,i}$ summiert (siehe Formel 7.7). Die anteiligen Prozesskosten eines Modellelements werden anhand der Anzahl der Zuordnungen des Modellelements zu weiteren Domäneninstanzen berechnet. Diese einfache Verteilung geht davon aus, dass die Kosten für einen Aktivität auf alle zugeordneten Domäneninstanzen gleich verteilt sind. Dies könnte über qualifizierende Zuordnungen optimiert werden.

Validierung der Analyseontologie

Die Validierung der Analyseontologie erfolgt unter Nutzung des Prototypen sowie der Inferenzmaschine auf den im vorherigen Arbeitsschritt spezifizierten Metriken. Durch die Inferenzmaschine wurden keine Inkonsistenzen in der erzeugten Analyseontologie festgestellt. Die Analyseontologie ist konsistent und entscheidbar. Die Ausdrucksstärke wurde mittels der Inferenzmaschine als $\mathcal{SIQ}^{(\mathcal{D})}$ berechnet. Aufgrund der importierten Basisontologie ($\mathcal{SIQ}^{(\mathcal{D})}$) sowie der importierten Domänenontologie ($\mathcal{SI}^{(\mathcal{D})}$), muss die Ausdrucksstärke der resultierenden Analyseontologie mindestens $\mathcal{SIQ}^{(\mathcal{D})}$ sein. Da durch die Analyseontologie lediglich Instanzen von Konzepten der Basisontologie erzeugt werden, ist dies somit auch die Ausdrucksstärke der Analyseontologie.

Prozessinformation	Anzahl Scheer	Anzahl Aachener PPS	Anzahl Instanzen Analyseontologie
Process	1	1	2
Process Step	14	7	21
Event	21	9	30
Control Flow	50	19	72
Connector	11	3	14
Performance	60	32	92

Tabelle 7.15: Quantitätive Prüfung der Analyseontologie

Neben der Überprüfung der Ausdrucksstärke sowie einer aussagenlogischen Prüfung der Analyseontologie mittels der Inferenzmaschine, erfolgt eine Prüfung auf Vollständigkeit. Hierzu wird eine quantitative Ermittlung aller in der Analyseontologie vorhandenen Instanzen vorgenommen, da diese mit der Anzahl der angegebenen Prozessinformationen übereinstimmen müssen. In Tabelle 7.15 sind die Ergebnisse aufgeführt. Es ist ersichtlich, dass alle Prozessinformationen vollständig in die Analyseontologie überführt wurden. Die Anzahl der Leistungsinformationen (*Performance*) ergibt sich aus den für jeden Prozessschritt (*Process Step*) und Prozess (*Process*) angegebenen 4 Leistungsinformationen (Fixe Kosten, Variable Kosten, Transaktionen und Durchlaufzeit). Neben dieser quantitativen Prüfung wurden auch Stichproben analysiert. Auch hier wurden keine Inkonsistenten entdeckt.

Analyse und Vergleich der Prozesse

	Beschreibung	Scheer	Aachener PPS
Quantitative Kennzahlen	Relevante Domäneninstanzen	27	27
	Zugeordnete Domäneninstanzen	9	11
	Relevante Modellelementinstanzen	14	7
	Redundanz	2	3
	Überladung	2	2
	Exzess	6	0
	Defizit	18	16
Abdeckung	Degree of Completeness (DoC)	33,33%	40,74%
	Degree of Redundancy (DoR)	14,29%	42,86%
	Degree of Overload (DoO)	14,29%	28,57%
	Degree of Excess (DoE)	42,86%	0,00%
	lack-of-clarity-to-coverage	71,43%	58,44%
Prozesskosten pro Domäneninstanz	0.0.0.0 No Representation	107,90	0,00
	4.2 Procure materials and services (10216)	0,00	0,00
	4.2.1 Develop sourcing strategies (10277)	0,00	0,00
	4.2.1.1 Develop procurement plan (10281)	0,00	0,00
	4.2.1.2 Clarify purchasing requirements (10282)	0,00	0,00
	4.2.1.3 Develop inventory strategy (10283)	0,00	2,45
	4.2.1.4 Match needs to supply capabilities (10284)	1,42	2,45
	4.2.1.5 Analyze company's spend profile (10285)	0,00	2,45
	4.2.1.6 Seek opportunities to improve efficiency and value (10286)	0,00	0,00
	4.2.1.7 Collaborate with suppliers to identify sourcing opportunities (10287)	0,00	0,00
	4.2.2 Select suppliers and develop/maintain contracts (10278)	0,00	0,00
	4.2.2.1 Select suppliers (10288)	0,00	0,00
	4.2.2.2 Certify and validate suppliers (10289)	0,00	0,00
	4.2.2.3 Negotiate contracts (10290)	0,00	0,00
	4.2.2.4 Manage contracts (10291)	0,00	0,00
	4.2.3 Order materials and services (10279)	0,00	0,00
	4.2.3.1 Process/Review requisitions (10292)	1,82	20,88
	4.2.3.2 Approve requisitions (10293)	0,00	0,00
	4.2.3.3 Solicit/Track vendor quotes (10294)	0,00	0,00
	4.2.3.4 Create/Distribute purchase orders (10295)	11,13	3,95
	4.2.3.5 Expedite orders and satisfy inquiries (10296)	3,64	0,00
	4.2.3.6 Record receipt of goods (10297)	7,28	0,99
	4.2.3.7 Research/Resolve exceptions (10298)	9,10	0,99
	4.2.4 Appraise and develop suppliers (10280)	0,00	0,00
	4.2.4.1 Monitor/Manage supplier information (10299)	0,00	0,00
	4.2.4.2 Prepare/Analyze procurement and vendor performance (10300)	0,00	0,99
	4.2.4.3 Support inventory and production processes (10301)	1,69	3,39
	4.2.4.4 Monitor quality of product delivered (10302)	9,10	0,99

Tabelle 7.16: Ergebnis

Die Analyse des Referenzmodells für industrielle Geschäftsprozesse von SCHEER (1997, 425 ff.) sowie des „Aachener PPS Modell" für das Anwendungsgebiet „Beschaffung" mittels des Prototypen hat zu den in Tabelle 7.16 dargestellten Ergebnissen geführt.[266] Aus den quantitativen Kennzahlen ist eine Beantwortung der Fragestellungen zu dem Ziel 3 der Zielsetzung möglich. So ist ersichtlich, dass in dem Prozessmodell von Scheer (14) doppelt soviel **relevante Modellelementinstanzen** zur Beschreibung des Prozesses besitzt, wie das Prozessmodell des „Aachener PPS Modell" (7). Beide Modelle weisen zudem ein fast gleich hohes **Defizit** in Bezug auf die Modellierung von als relevant erachteter Domänenontologieinstanzen auf.

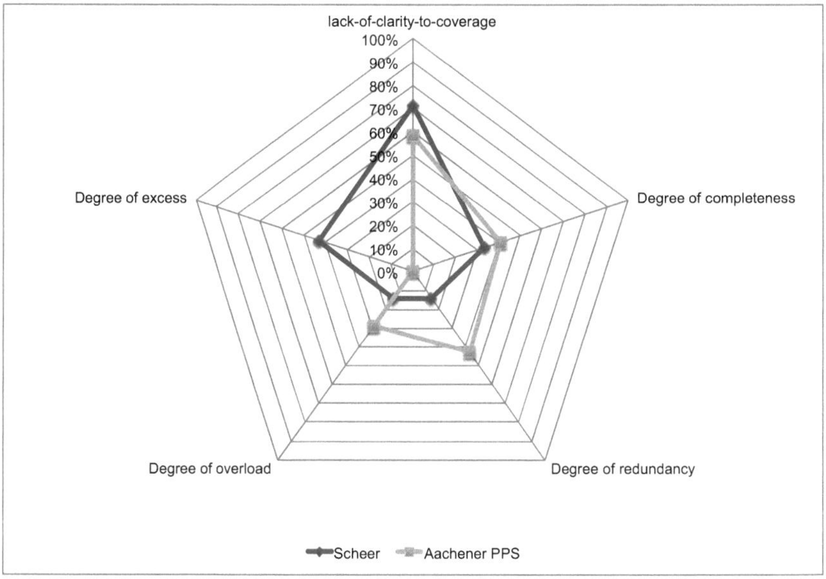

Abbildung 7.18: Vergleich hinsichtlich der Abdeckung der Problemdomäne

Die Bewertung der Abdeckung der Problemdomäne (Ziel 4) durch die einzelnen Prozesse führt zu der Erkenntnis, dass nicht alle Modellelementinstanzen der Problemdomäne zugeordnet werden konnen. So konnen im Prozessmodell von Scheer 42,86% (**DoE**) der Modellelementinstanzen nicht der Problemdomäne zugeordnet werden. Eine Prüfung der nicht zugeordneten Aktivitäten führt zu der Erkenntnis, dass insbesondere die Aktivitäten zur Rechnungsstellung und -prüfung nicht der Problemdomäne zugeordnet werden können. Ggf. könnte dies durch eine fachliche Trennung dieser Aktivitäten geändert werden. Weiterhin werden durch das Prozessmodell von Scheer lediglich 33,33% (**DoC**) aller Domäneninstanzen beschrieben. Im Gegensatz dazu umfasst das „Aachener PPS Modell" einen größeren Teil der Domäne, zeigt aber einen Grad der Redundanz (**DoR**)

[266] Im Anhang C.2 sind die Ergebnisse im Detail nochmals dargestellt.

von 42,86 %. Beide Modelle weisen auf eine nicht vollständige und klare Abdeckung der Problemdomäne hin (**lack-of-clarity-to-coverage**). Je niedriger dieser Wert ist, desto vollständiger und klarer wurde mittels der erfassten Prozessinformationen die Domäneninstanz repräsentiert. Der Vergleich beider Modelle hinsichtlich der Abdeckung der Problemdomäne ist in Abbildung 7.18 illustriert.

Bei einem Analyse der Prozesskosten der einzelnen Modelle mittels der Domäneninstanzen ist ein semantischer qualitativer Vergleich der Modelle möglich (Ziele 5). So führt zum Beispiel die Prozesskostenrechnung für die Modellelemente $ME_{1,12}$ („Verteilung an Lager; Buchung") des Prozessmodells von Scher sowie $ME_{2,8}$ („Bestandsführung") zu den in den Formeln 7.8 und 7.9 dargestellten Ergebnissen. Beide Aktivitäten weisen somit gleiche Kosten pro Transaktion auf.

$$ABC(ME_{1,12}) = \frac{50.000}{18.000} \cdot \left(\frac{200.000}{935.000} + 1\right) \approx 3,37 \tag{7.8}$$

$$ABC(ME_{2,8}) = \frac{3.000}{1.000} \cdot \left(\frac{4.500}{35.000} + 1\right) \approx 3,39 \tag{7.9}$$

Vergleicht man die beiden Prozesse jedoch anhand der den Modellelementinstanzen zugeordneten Domäneninstanz $DI_{p,13}$ („4.2.4.3 Support inventory and production processes (10301)") so erhält man das Ergebnis der Formeln 7.10 und 7.11.[267] Zusammenfassend sind die Kosten die dieser Domäneninstanz zugeordnet werden können, zwei mal höher im „Aachener PPS Modell" als im Referenzmodell von Scheer. Eine genauere Betrachtung und ggf. Optimierung dieses Prozessschrittes im „Aachener PPS Modell" wäre anzustreben.

$$ABC(DI_{1,13}) = ABC(ME_{1,12}) \cdot \frac{1}{2} \approx 1,69 \tag{7.10}$$

$$ABC(DI_{2,13}) = ABC(ME_{1,8}) \cdot \frac{1}{1} \approx 3,39 \tag{7.11}$$

7.3.4 Schlussbetrachtung

Die konzeptionelle Evaluation erfolgte anhand eines Experiments zur Durchführung eines Prozessbenchmarkings. Das Benchmarking wurde unter Einsatz des Konzeptes sowie

[267] In den Formeln werden zur Übersichtlichkeit lediglich die Prozesskosten von zugeordneten Modellelementinstanzen dargestellt.

des durch die technische Evaluation erzeugten Prototypen durchgeführt. Zusammenfassend können die beschriebenen Analysen und Vergleiche von Prozessmodellen automatisiert werden. Unter bestimmten Rahmenbedingungen führt dies zu einem beschleunigten und erleichterten Benchmarking-Verfahren. Eine detaillierte semantische Analyse und ein Vergleich der Modelle ist möglich und diese können beliebig oft wiederholt werden. Dies ermöglicht den Benchmarking-Partner ein regelmäßiges und wiederkehrendes Benchmarking ihrer Prozesse durchzuführen und deren Prozessanpassungen zu überprüfen.

Bei der konzeptionellen Evaluation hat sich gezeigt, dass die Zuordnung von Prozessinformationen zu Domäneninstanzen essentiell für die spätere Analyse und den Vergleich der Prozesse ist. Im vorliegenden Experiment wurde die Zuordnung lediglich von 2 Personen unabhängig voneinander durchgeführt und im Anschluss diskutiert. Trotz einer relativ hohen Interrater-Reliabilität im vorliegenden Experiment, ist die Zuordnung sehr Subjektiv. Weiterer Forschungsbedarf besteht daher in einer Ausarbeitung eines Konzepts zur Durchführung und Prüfung dieser Zuordnung, so dass der subjektive Einfluss minimiert werden kann. Ggf. kann die Zuordnung durch geeignete semantische Matching-Algorithmen teilweise automatisiert werden.[268]

Weiterhin hat sich gezeigt, dass die Entwicklung der Basisontologie sowie der Metriken für ein Benchmarking zu komplex erscheint. Ein Rückgriff auf eine für die Analyse bereitstehende Basisontologie sowie eines durch Praxis und Wissenschaft fundierten Metrikenkatalogs wäre wünschenswert und in einem der nächsten Schritte der Forschung zu erarbeiten. Zusätzlich könnten die Ergebnisse in einer standardisierten Form durch den Prototypen dargestellt werden.

7.4 Ökonomische Demonstration und Evaluation

Die ökonomische Evaluation bzw. Wirtschaftlichkeitsanalyse des vorgestellten Konzepts wird anhand des Anwendungsfalls des Prozessbenchmarkings durchgeführt.[269] Eine solche Wirtschaftlichkeitsanalyse erfolgt in der Praxis meist im Rahmen eines *Business Case*. Laut BRUGGER (2009, S. 13) fasst ein *Business Case* „...alle entscheidungsrelevanten Aspekte eines geplanten Vorhabens mit dem Ziel zusammen, die wirtschaftliche Vorteilhaftigkeit und strategische Konformität des Gesamtprojekts aufzuzeigen und eine abschließende Management-Entscheidung über dessen Ausführung zu ermöglichen." Neben der wirtschaftlichen Betrachtung werden somit in einem *Business Case* explizit auch nicht monetäre Aspekte des zu beurteilenden Projekts berücksichtigt.[270] Zielsetzung des

[268] Vgl. zum Beispiel GIUNCHIGLIA *et al.* (2007).

[269] Auszüge dieser ökonomischen Evaluation sind zur Veröffentlichung angenommen (vgl. TEUTEBERG *et al.* (2012)).

[270] In der Praxis wird unter dem Begriff des *Business Case* meist die rein finanzielle Bewertung eines Projektes verstanden. Laut HOGBIN UND THOMAS (1994) geht es bei einem *Business Case* aber um mehr als eine Abschätzung der wirtschaftlichen Vorteilhaftigkeit. Es sollen auch Zielsetzung und Abgrenzung des Projektes, Anforderungen, Lösungsvorschlag mit Alternativen, Beschränkungen

nachfolgenden *Business Case* ist eine Wirtschaftlichkeitsanalyse bzgl. der Durchführung eines Prozessbenchmarkings mit Hilfe des Konzepts unter Zuhilfenahme des Prototyps.

Als allgemeines zentrales Ziel eines *Business Case* kann die Unterstützung der Entscheidungsträger bei einer Investitionsentscheidung herausgestellt werden. Hierbei werden folgende grundsätzliche Facetten von Entscheidungen unterschieden:[271]

Durchführungsentscheidung (Absolute Vorteilhaftigkeit): In diesem Fall soll über eine einzelne Investition entschieden werden. Es soll die Frage beantwortet werden, ob das zu beurteilende Projekt vorteilhaft ist oder nicht.

Auswahlentscheidung (Relative Vorteilhaftigkeit): In diesem Fall stehen mehrere Investitionsalternativen zur Auswahl. Es soll die Frage beantwortet werden, welche dieser Alternativen am vorteilhaftesten ist. Durch standardisierte Berechnungsverfahren und Ergebniskennzahlen wird die Vergleichbarkeit hergestellt sowie eine objektive Entscheidungsfindung ermöglicht.

Nachfolgend wird in Abschnitt 7.4.1 zunächst das gewählte Vorgehen zur Wirtschaftlichkeitsanalyse und -beurteilung des Konzepts in Bezug auf den Anwendungsfalls des Prozessbenchmarkings beschrieben. Im Anschluss an die Beschreibung des Vorgehens werden in Abschnitt 7.4.2 die einzelnen identifizierten Arbeitsschritte zur beispielhaften Durchführung einer Wirtschaftlichkeitsanalyse und -bewertung eines fiktiven Projekts genutzt. Abschließend erfolgt in Abschnitt 7.4.3 eine Betrachtung der gewonnenen Erkenntnisse sowie ein Ausblick.

7.4.1 Vorgehensweise

Die Vorgehensweise orientiert sich an dem von BRUGGER (2009, S. 40 ff.) vorgeschlagenen Vorgehen zur Erstellung eines *Business Case* zur Wirtschaftlichkeitsanalyse. Eine Anpassung dieses Vorgehens erfolgte, da nicht alle Arbeitsschritte für die Analyse und Bewertung des vorliegenden Konzepts als relevant identifiziert wurden. Bei der Anpassung des Vorgehens wurde zusätzlich das Ziel verfolgt, ein strukturiertes Vorgehen zu identifizieren, dass zur Bewertung von Prozessbenchmarking-Projekten wiederverwendet werden kann. Hierdurch kann die Auswahlentscheidung zum Einsatz des vorliegenden Konzepts in einem konkreten Prozessbenchmarking-Projekts unterstützt werden. Im Mittelpunkt stehen hierbei eine Kosten-Nutzen-Analyse sowie die Betrachtung des Risikos. Durch das vorgeschlagene Vorgehen sollen somit die elementaren Bausteine Kosten, Nutzen und Risiken zur Gesamtbetrachtung des zu beurteilenden Projektes berücksichtigt werden.[272]

und Risiken, greifbare und immaterielle Nutzenpotenziale sowie eine Wirtschaftlichkeitsabschätzung berücksichtigt werden.

[271] Vgl. BRUGGER (2009, S. 14 f.).

[272] BRUGGER (2009, S. 11 ff.) führt auch die Strategien als elementaren Baustein an. Da dies jedoch nur in der konkreten Projektsituation und Organisationsstruktur betrachtet werden kann, wird

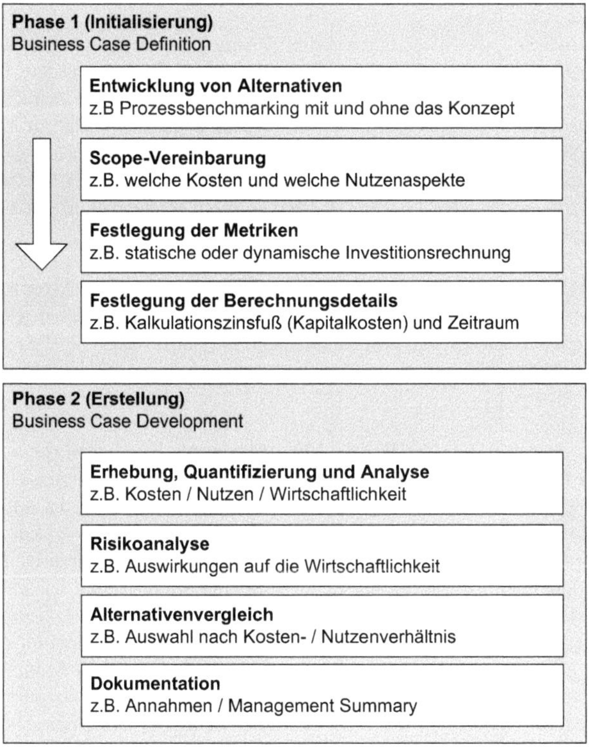

Abbildung 7.19: Phasen zur Erstellung eines *Business Case*
Quelle: In Anlehnung an BRUGGER (2009, S. 48)

Die Phasen und Arbeitsschritte des erarbeiteten Vorgehens sind in Abbildung 7.19 dargestellt. Der Kern zur Erstellung des *Business Case* bildet hierbei die Entwicklungsphase (Phase 2 in Abbildung 7.19). Nachfolgenden werden die beiden Phasen und Arbeitsschritte zur Auswahlentscheidung beschrieben.

Initialisierung

In dieser Phase sollen alle Vereinbarungen und Annahmen in Bezug auf das zu untersuchende Prozessbenchmarking-Projekt identifiziert und festgelegt werden. Hierzu zählen unter anderem die Schaffung eines einheitlichen Verständnisses über den Untersuchungsbereich (*Scope*), die Projektdefinition, eine Vereinbarung über die zu betrachtenden Kosten- und Nutzenaspekte, die Definition der Parameter zur Wirtschaftlichkeitsberechnung, die finanzmathematischen Berechnungsverfahren sowie deren Betrachtungshorizont.[273] Die Arbeitsschritte dieser ersten Phase sollten sequenziell abgearbeitet werden, da die Festlegung der einzelnen Aspekte aufeinander aufbauen.

Der erste Arbeitsschritt dieser Phase ist die **Entwicklung von Alternativen**. Mindestens sollten zwei Alternativen bestehen, die miteinander verglichen werden können. Zwei mögliche Alternativen sind zum Beispiel die Durchführung eines Prozessbenchmarkings mit und ohne des Konzepts der ontologischen Repräsentation von Prozessinformationen.

Der nächste Schritt bildet die **Scope-Vereinbarung**. Hier sollen die zur Bewertung herangezogen Kosten- und Nutzenaspekte festgelegt werden. Da bei einem Investitionsvorhaben auch nach Abschluss der primären Investition weitere Kosten anfallen können, die im ursprünglichen Zusammenhang mit der Investition stehen, erfolgt zur vollständigen Erfassung der Kosten eine Differenzierung in einmalige Investitionskosten und laufende Betriebskosten. Eine weitere Differenzierung erfolgt durch die Betrachtung interner und externer Kosten. Die internen Kosten fallen hierbei im Unternehmen selber an, wohingegen die externen Kosten von außenstehenden Vertragspartnern in Rechnung gestellt werden.[274] Eine zeitliche und sachlogische Abgrenzung ist in Abbildung 7.20 dargestellt. Die Nutzenaspekte werden durch Identifizierung aller Einsparpotentiale (einmaliger Nutzen) und Umsatzauswirkungen (laufender Nutzen) des Prozessbenchmarkings ermittelt und anschließend quantifiziert und in monetäre Größen übersetzt. Die Schwierigkeit dieser Übersetzung besteht darin, dass die meisten Nutzenaspekte nicht direkt finanziell ausgedrückt werden können (z.B. Produktivitätssteigerungen). Zur Überset-

dies bei der beispielhaften Analyse und Beurteilung in dieser Arbeit nicht berücksichtigt. Eine Berücksichtigung der Strategie ist jedoch grundsätzlich zum Beispiel beim Nutzen möglich (vgl. BRUGGER (2009, S. 83 ff.)).

273 Einige der von BRUGGER (2009, S. 43 ff.) vorgeschlagenen Aspekte sind hier nicht aufgeführt, da sie lediglich in einem konkreten Projekt sinnvoll festzulegen sind. Hierzu zählt zum Beispiel die Team-Definition, die lediglich unter Kenntnis einer bestimmten Organisation möglich ist.

274 Vgl. BRUGGER (2009, S. 63 ff.).

zung müssen dann Messkriterien festgelegt werden, die eine Quantifizierung des Nutzens ermöglichen.[275]

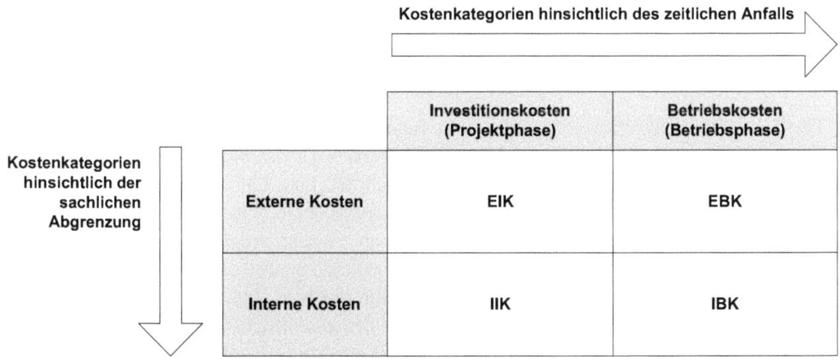

Abbildung 7.20: Zeitliche und sachliche Abgrenzungen zur Kostendifferenzierung
Quelle: In Anlehnung an BRUGGER (2009, S. 69)

Nach der Spezifikation der zu betrachtenden Kosten- und Nutzenaspekte erfolgt die **Festlegung der Metriken**. In diesem Arbeitsschritt sollen die Berechnungsverfahren (Metriken), die in statische und dynamische Verfahren der Investitionsrechnung unterschieden, festgelegt werden.[276] Als letzter Arbeitsschritt dieser Phase erfolgt die **Festlegung der Berechnungsdetails**. Hierzu zählen zum Beispiel der Zeitraum des *Business Case* sowie die aus den festgelegten Metriken abzuleitenden Parameter, wie der interne Zinsfuß, der Unternehmenssteuersatz etc.

Erstellung

Nachdem der *Business Case* in der ersten Phase initialisiert wurde, erfolgt in der zweiten Phase die Durchführung bzw. Erstellung der Wirtschaftlichkeitsanalyse und -beurteilung. Im Gegensatz zur ersten Phase können die einzelnen Arbeitsschritte hier nicht streng sequenziell abgearbeitet werden. Vielmehr greifen die Arbeitsschritte ineinander über und erfordern eine Gesamtbetrachtung dieser Phase. Beispielhaft sei hier die gewählte Art der Risikoanalyse genannt. Die Durchführung einer Szenarioanalyse[277] hat zum Beispiel Auswirkungen auf die Erhebung und Quantifizierung der Kosten und Nutzen für die Szenarien pessimistisch, realistisch und optimistisch.

[275] Siehe für eine detaillierte Erläuterung und Ausarbeitung dieser Quantifizierung BRUGGER (2009, S. 83 ff.).
[276] Siehe zu den einzelnen Verfahren der statischen und dynamischen Investitionsrechnung BRUGGER (2009, S. 140 ff.).
[277] Vgl. BRUGGER (2009, S. 347 f.).

Als ein wesentlicher Schritt zur Analyse und Berechnung der Wirtschaftlichkeit eines Prozessbenchmarking-Projekts dient die **Erhebung, Quantifizierung und Analyse**. Hier werden zunächst für die im Arbeitsschritt **Scope-Vereinbarung** festgelegten einmaligen sowie laufenden Kosten- und Nutzenaspekte Daten erhoben und quantifiziert. Das Ergebnis sind die erwarteten Zahlungsströme der zu betrachtenden Alternativen, die daraufhin analysiert werden können.

Da Wirtschaftlichkeitsanalysen die erwarteten finanziellen Konsequenzen einer anstehenden Investitionsentscheidung erfassen und mittels Metriken zu Kennzahlen verdichten werden, ist eine **Risikoanalyse** unerlässlich.[278] Das hier beschriebene Vorgehen beinhaltet daher eine Szenarioanalyse der angenommenen Kosten und des erwarteten Nutzen sowie eine Sensitivitätsanalyse. Durch die Szenarioanalyse soll jede Alternative anhand von drei Szenarien („optimistisch", „realistisch" und „pessimistisch") beurteilt werden. Während das realistische Szenario auf den aus heutiger Sicht im Mittel erwarteten Kosten- und Nutzengrößen basiert, wird bei den pessimistischen und optimistischen Szenarien zusätzlich berücksichtigt, dass Nutzenpotenziale bzw. Kostentreiber bei Eintreten bestimmter Ereignisse unter Umständen höher bzw. niedriger ausfallen können.[279] Der primäre Zweck der Analyse verschiedener Szenarien ist, „... risikodifferenzierte und «echte», d.h. sich gegenseitig ausschließende, Entscheidungsoptionen zu präsentieren und ihre Auswirkung auf die Wirtschaftlichkeit des Vorhabens darzulegen".[280] Im Rahmen des hier vorgeschlagenen Vorgehens soll zur besseren Beurteilung des Risikos für die als vorteilhafteste identifizierte Alternative zusätzlich eine Sensitivitätsanalyse[281] bzgl. der festgelegten einmaligen sowie laufenden Kosten- und Nutzenaspekte des realistischen Szenarios durchgeführt werden. BRUGGER (2009, S. 341) beschreibt als generelles Ziel einer Sensitivitätsanalyse „... die Beurteilung der Stabilität einer Lösung in Abhängigkeit von Parameteränderungen für unsichere Einflussgrößen." Zum Beispiel kann dies anhand einer Kritische-Werte-Rechnung, also der Beantwortung der Frage, welche Einflussgrößen die Höhe der Ergebnisgrößen besonders stark beeinflussen, erfolgen. Diese soll auch hier durchgeführt werden.

Weitere Arbeitsschritte dieser Phase ist der **Alternativenvergleich** und die **Dokumentation** der Ergebnisse. Durch die Dokumentation soll der Alternativenvergleich, indem die untersuchten Alternativen auf ihre relative Vorteilhaftigkeit hin verglichen werden, sowie die Ergebnisse der Beurteilung für spätere Rückbetrachtungen festgehalten werden.

---

[278] Der Informationswert der Kennzahl ist stark abhängig von der unsicheren Prognose der Kosten und des Nutzens in die Zukunft. Eine detaillierte Beschreibung liefert BRUGGER (2009, S. 325 ff.).

[279] Vgl. BRUGGER (2009, S. 40 ff.).

[280] Vgl. BRUGGER (2009, S. 341).

[281] Vgl. BRUGGER (2009, S. 340 ff.).

7.4.2 Wirtschaftlichkeitsanalyse des Anwendungsfalls Prozessbenchmarking

Das im vorherigen Abschnitt beschrieben Vorgehen zur Wirtschaftlichkeitsanalyse und -beurteilung soll nun auf den im Abschnitt 5.2.3 beschriebenen Anwendungsfall des Prozessbenchmarkings angewandt werden. Ausgangspunkt der Analyse bildet dabei ein fiktives Prozessbenchmarking-Projekt sowie dessen wirtschaftliche Analyse und Beurteilung. Im vorliegenden Fall soll das Ziel der Wirtschaftlichkeitsanalyse die Unterstützung der Entscheidungsträger bei der Auswahlentscheidung zur Durchführung eines Prozessbenchmarking-Projekts mit und ohne Nutzung des hier vorgestellten Konzepts verfolgt werden.

Initialisierung

Der erste Schritt der Initialisierungsphase ist der Alternativenentwurf, welcher maßgeblich vom verfolgten Ziel der Wirtschaftlichkeitsanalyse abhängt. Folgende vier Alternativen sollen bei der Auswahlentscheidung berücksichtigt werden:

Alternative 1: Es wird ein Prozessbenchmarking **ohne Nutzung des Konzepts** durchgeführt.

Alternative 2: Es wird ein Prozessbenchmarking **unter Nutzung des Konzepts** durchgeführt.

Alternative 3: Es wird ein iteratives Prozessbenchmarking **ohne Nutzung des Konzepts** durchgeführt **(3 Wiederholungen)**.

Alternative 4: Es wird ein iteratives Prozessbenchmarking **unter Nutzung des Konzepts** durchgeführt **(3 Wiederholungen)**.

Jede dieser Alternativen soll anhand der in Tabelle 7.17 dargestellten Kostenbestandteile analysiert werden, die anhand der in Abbildung 7.20 dargestellten Kostenkategorien unterteilt sind. Die Investitionskosten 1.1-5 sind den von Mertins und Kohl (2009, S. 47) beschriebenen Phasen eines Benchmarking-Projekts entnommen und können als grundlegende Arbeitspakete eines jeden Benchmarking-Projekts angesehen werden (Grundkosten). Die weiteren Kosten 1.6-9 und 2.1-3 der Tabelle 7.17 bedingen sich durch die in Abschnitt 6.5.2 festgelegte Methode des Prozessbenchmarking mittels des Konzepts sowie der benötigten Hardware- und Applikationskosten. Es wird zusätzlich die Annahme getroffen, dass nach Beendigung des letzten Benchmarkings, keine laufenden Kosten mehr für den Betrieb der Software auftreten, da alle nicht mehr benötigten Komponenten abgeschaltet werden.

Kosten	Kategorie	Beschreibung
1. Einmalige Kosten (Investitionskosten)		
1.1 Gegenstand des Benchmarking definieren	IIK	Auswahl der zu untersuchenden Prozesse
1.2 Beurteilung der eigenen Prozesse	IIK	Beurteilung der eignen Prozesse sowie Ermittlung der Leistungsdaten
1.3 Auswahl "Best in Class"	EIK, IIK	Auswahl geeigneter Benchmarkingpartner
1.4 Vergleich der Leistungsdaten	EIK, IIK	Vergleich der Leistungsdaten mit den Leistungsdaten der Prozesse aller Benchmarkingpartner
1.5 Planung der Umsetzung	IIK	Entwicklung von Maßnahmen und Planung dieser zur Optimierung der Prozesse anhand der identifizierten Optimierungspotenziale
1.6 Investitionen	EIK, IIK	Investitionskosten für Software, Hardware zur Verwaltung semantisch annotierter Prozessmodelle
1.7 Arbeits-/Dienstleistungsaufwand	EIK	Schulungskosten, Beratung, Soft- und Hardwareanpassungen, Installation
1.8 Initiale Annotation der Prozessmodelle	EIK, IIK	Investitionskosten, die durch die initiale Annotation der Prozessmodelle entstehen
1.9 Kauf oder Aufbau der Domänenontologie	EIK	Investitionskosten zur Bestimmung oder zum Aufbau einer Domänenontologie
2. Laufende Kosten (Betriebskosten)		
2.1 Hardware- und Applikationskosten	EBK, IBK	Hardwarebetrieb, Updates (Repository, Analysetool etc.)
2.2 Kosten für externe Berater	EBK	Beratung durch externe Konow-How-Träger bei Wiederholung des Prozessbenchmarkings
2.3 Pflege annotierter Prozessmodelle, Metriken	EBK, IBK	Aktualisierung bestehender Prozessmodelle bei Wiederholung des Prozessbenchmarkings sowie Pflege der Prozessmodelle aller Benchmarkingpartner

Tabelle 7.17: Beschreibung der angenommenen Kostenbestandteile

Die zu berücksichtigenden Nutzenaspekte sind in Tabelle 7.18 dargestellt. Der durch das Prozessbenchmarking-Projekt erwartete Nutzen aller Alternativen wird dabei als laufender originärer Nutzen („2.1 Originärer Nutzen“) angesehen. Alle weiteren Nutzenaspekte sind durch den Einsatz des Verfahrens motiviert, wobei in der aktuell vorliegenden Analyse nicht alle Nutzenaspekte berücksichtigt werden. Eine Auflistung erfolgt jedoch, um die Nutzung dieser Wirtschaftlichkeitsanalyse und -beurteilung allgemeingültig zu halten.

Die Festlegung der Metriken erfolgt in der vorliegenden Wirtschaftlichkeitsanalyse anhand der in der Praxis am häufigsten[282] genutzten dynamischen Investitionsrechnungsverfahren.[283] Zu diesen Verfahren zählen der *Net Present Value*[284] (NPV), der *Internal Rate of Return*[285] (IRR) sowie der dynamische *Payback*[286]. Die Berechnungen unterliegen dabei folgenden Annahmen:

- Der Zahlungszeitpunkt ist jeweils am Ende des Geschäftsjahres
- Die Laufzeit umfasst den Investitionszeitpunkt am Ende des Geschäftsjahres 0 und drei weitere Geschäftsjahre
- Der Kalkulationszinssatz beträgt 15%[287]

[282] Vgl. BRUGGER (2009, S. 236).

[283] Eine detaillierte Erläuterung der Verfahren entfällt. Zur Einführung in die dynamische Investitionsrechnung siehe BRUGGER (2009, S. 195 ff.).

[284] Vgl. BRUGGER (2009, S. 195 ff.).

[285] Vgl. BRUGGER (2009, S. 199 ff.).

[286] Vgl. BRUGGER (2009, S. 210 ff.).

[287] Der Kalkulationssatz wurde mit 15% relativ hoch angesetzt, um den Risiken und dem Innovationscharakter des vorliegenden Konzepts gerecht zu werden. Eine Einführung in mögliche Einflussfaktoren auf den Kalkulationssatz einer Investitionsrechnung liefert BRUGGER (2009, S. 144 ff.).

- Zahlungsströme 3 Jahre nach dem letzten Benchmarking werden nicht mehr berücksichtigt (Terminierung: abruptes Ende)
- Effekte, die durch Abschreibung und Steuern entstehen, bleiben unberücksichtigt

Nutzen	Beschreibung
1. Einmaliger Nutzen	
1.1 Kostenreduktion	Kostenreduktion bei der Wiederholung des Prozessbenchmarking: - Besserer Vergleich der Ergebnisse mit vorangegangenen Ergebnissen - Geringere Dauer zur Einbindung weiterer Benchmarkingpartner - Automatische Analyse optimierter Prozesse mittels vorhandener Metriken
1.2 Kostenvermeidung	Zum Beispiel Kostenvermeidung durch sofortige Wiederholbarkeit des Benchmarkings. Eine Betrachtung dieses Aspekts erfolgt in der vorliegenden Wirtschaftlichkeitsanalyse nicht.
1.3 Erhöhte Transparenz	Es erfolgt eine intensive Auseinandersetzung mit der Problemdomäne und diese wird explizit dokumentiert. Weiterhin werden semantische Aspekte der Prozesse explizit beachtet bzw. analysiert. Eine Betrachtung dieses Aspekts erfolgt in der vorliegenden Wirtschaftlichkeitsanalyse nicht.
2. Laufender Nutzen	
2.1 Originärer Nutzen	Originärer Nutzen, der zum Beispiel mittels des durch das Prozessbenchmarking optimierten Prozesses erzielt wird. Dieser Nutzen wird als Vergleichsbasis allen Varianten unterstellt.
2.2 Kostenreduktion	Laufende Kostenreduktion die mittels des durch des Benchmarkings optimierten Prozesse erzielt werden. Eine Betrachtung dieses Aspekts erfolgt in der vorliegenden Wirtschaftlichkeitsanalyse nicht.
2.3 Kostenvermeidung	Laufende Kostenvermeidung die mittels des durch des Benchmarkings optimierten Prozesse erzielt werden. Eine Betrachtung dieses Aspekts erfolgt in der vorliegenden Wirtschaftlichkeitsanalyse nicht.
2.4 Identifizierung zusätzlicher Optimierungspotenz	Durch vorgefertigte Metriken können zum Beispiel Optimierungspotenziale identifiziert werden, die sonst ggf. verborgen geblieben wären.
2.5 Sonstiges	Weitere Nutzenaspekte, die jedoch keine Berücksichtigung in der vorliegenden Wirtschaftlichkeitsanalyse finden. Dies sind zum Beispiel folgende Aspekte: - Weiteres externe Know-How wird herangezogen - Erhöhte Transparenz der Analysen durch explizite Beschreibung der Metriken - Ad-hoc Analyse mittels Abfragen SPARQL, um neue Informationen zu erhalten - Erlangung neuartiges Wissen über Prozesse durch Inferenz

Tabelle 7.18: Beschreibung der angenommenen Nutzenbestandteile

Erstellung

Die in dieser Wirtschaftlichkeitsanalyse für alle beschriebenen Alternativen angenommenen Grundkosten (siehe Kosten 1.1-1.5 in Tabelle 7.17) für das Prozessbenchmarking wurden anhand der durch MERTINS UND KOHL (2009, S. 47) beschriebenen durchschnittlichen Zeitanteile in einem Benchmarking-Projekt festgelegt (siehe Abbildung 7.21). Unter der vereinfachenden Annahme, dass pro Zeitanteil Projektkosten von 1 Tsd. € veranschlagt werden, werden die Grundkosten für das angenommene Projekt mit 100 Tsd. € festgelegt.[288] Alle nachfolgend aufgeführten Alternativen werden auf dieser Kostenbasis bewertet und durch weitere Kosten- sowie Nutzengrößen erweitert und beschrieben.

[288] Laut MERTINS UND KOHL (2009, S. 109) ist ein Benchmarking insbesondere zu Beginn sehr zeit- und kostenintensiv.

Bei der nachfolgenden Analyse und Bewertung geht es dabei jedoch weniger um die tatsächlichen Kosten- und Nutzenausprägungen, als um die Verdeutlichung der Berechnung und der Interpretation der ermittelten Ergebnisse. Eine detaillierte Darstellung der Zahlungsströme jeder Alternative ist dem Anhang C.3 zu entnehmen.

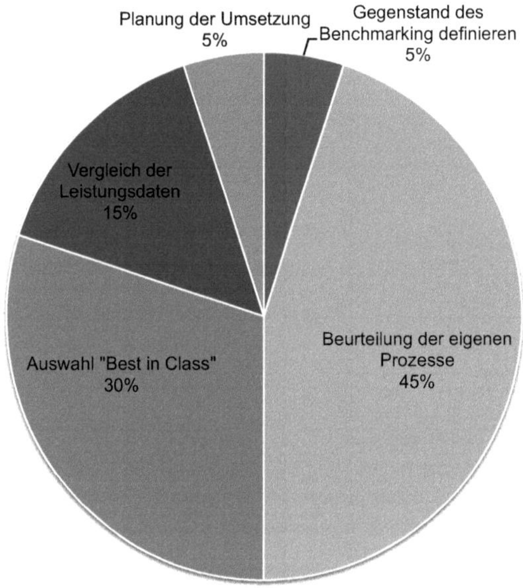

Abbildung 7.21: Zeitanteile in einem Benchmarking-Projekt
Quelle: MERTINS UND KOHL (2009, S. 47)

Die erste Alternative **(Alternative 1)** beschreibt das fiktive Prozessbenchmarking-Projekt ohne Nutzung des Konzepts. Es kann somit als Unterlassungsalternative aus Sicht der Evaluierung zur Nutzung des Konzepts angesehen werden. Die Kosten für das Benchmarking werden anhand der oben beschrieben Grundkosten von 100 Tsd. € im Geschäftsjahr 0 der Investition angenommen (einmalige Investition). Der erwartete Nutzen für die Geschäftsjahre 1 bis 3 der jeweiligen drei Szenarien wird wie folgt festgelegt:

Pessimistisch: Es wird durch das Benchmarking eine Prozesskostensenkung von 50 Tsd. € für alle zu betrachtenden Geschäftsjahre erwartet.

Realistisch: Es wird durch das Benchmarking eine Prozesskostensenkung von 60 Tsd. € für alle zu betrachtenden Geschäftsjahre erwartet.

Optimistisch: Es wird durch das Benchmarking eine Prozesskostensenkung von 70 Tsd. € für alle zu betrachtenden Geschäftsjahre erwartet.

Kennzahlen/Ergebnisse	Einheit	pessimistisch	realistisch	optimistisch
Net Present Value	€ (Tsd.)	14	37	60
Internal Rate of Return	%	23%	36%	49%
Payback	Jahre	2,00	1,67	1,43

Tabelle 7.19: Wirtschaftlichkeitsberechnung - Kennzahlen Alternative 1

Die Kennzahlen der Analyse dieser Alternative mittels der festgelegten Metriken sind in Tabelle 7.19 dargestellt. Da der *Net Present Value* für alle Szenarien größer 0 ist (14, 37, 60) und die jährliche Verzinsung (IRR) über dem Kalkulationszinssatz liegt, können alle drei Szenarien als vorteilhaft angesehen werden. Jedoch schwankt der *Internal Rate of Return* zwischen 23% und 49%, so dass die Durchführung dieses Projekt mit einem Risiko verbunden ist. Da der *Payback* zwischen 1,43 (optimistisch) und 2,00 (pessimistisch) Jahren liegt, kann das Projekt bei einer Laufzeit von 3 Jahren zusätzlich als riskant eingeschätzt werden.[289]

Bei Durchführung der zweiten Alternative (**Alternative 2**) wird ein Prozessbenchmarking unter Nutzung des Konzepts angenommen. Im Gegensatz zur ersten Alternativen wird angenommen, dass zusätzlich 15 Tsd. € zur Einführung des Konzepts investiert werden müssen. Der erwartete Nutzen beläuft sich für die Geschäftsjahre 1 bis 3 der drei Szenarien wie folgt:

Pessimistisch: Es wird durch das Benchmarking eine Prozesskostensenkung von 50 Tsd. € sowie ein 10% höherer Nutzen, durch weitere identifizierte Optimierungspotenziale, für alle zu betrachtenden Geschäftsjahre erwartet.

Realistisch: Es wird durch das Benchmarking eine Prozesskostensenkung von 60 Tsd. € sowie ein 10% höherer Nutzen, durch weitere identifizierte Optimierungspotenziale, für alle zu betrachtenden Geschäftsjahre erwartet.

Optimistisch: Es wird durch das Benchmarking eine Prozesskostensenkung von 70 Tsd. € sowie ein 10% höherer Nutzen, durch weitere identifizierte Optimierungspotenziale, für alle zu betrachtenden Geschäftsjahre erwartet.

Kennzahlen/Ergebnisse	Einheit	pessimistisch	realistisch	optimistisch
Net Present Value	€ (Tsd.)	11	36	61
Internal Rate of Return	%	20%	33%	45%
Payback	Jahre	2,09	1,74	1,49

Tabelle 7.20: Wirtschaftlichkeitsberechnung - Kennzahlen Alternative 2

[289] Zur Begründung, warum dies insbesondere bei IT-Projekten als riskant angesehen wird, siehe BRUGGER (2009, S. 190).

Die ermittelten Kennzahlen sind der Tabelle 7.20 zu entnehmen. Wie bei der ersten Alternative sind alle drei Szenarien vorteilhaft, jedoch mit einem höheren Risiko versehen, da der IRR weiterhin stark schwankt und der *Payback* sehr hoch ist. Zusätzlich liegt der NPV und IRR der jeweiligen Szenarien unter denen der Alternative 1. Insgesamt ist daher Alternative 1 vorzuziehen.

In der dritten Alternative **(Alternative 3)** soll ein iteratives Prozessbenchmarking ohne Nutzung des Konzepts durchgeführt werden, welches drei mal wiederholt werden soll. Die Grundkosten werden, wie in den vorherigen Alternativen, mit 100 Tsd. € angenommen. Aufgrund der dreimaligen Wiederholung erfolgt eine Betrachtung der Projektlaufzeit von fünf Geschäftsjahren. Der prognostizierte Nutzen der einzelnen Szenarien beläuft sich wie folgt:

Pessimistisch: Es wird durch das erste Benchmarking eine Prozesskostensenkung von 50 Tsd. €, durch das zweite von 40 Tsd. € und durch das dritte von 30 Tsd. € erwartet.

Realistisch: Es wird durch das erste Benchmarking eine Prozesskostensenkung von 60 Tsd. €, durch das zweite von 50 Tsd. € und durch das dritte von 40 Tsd. € erwartet.

Optimistisch: Es wird durch das erste Benchmarking eine Prozesskostensenkung von 70 Tsd. €, durch das zweite von 60 Tsd. € und durch das dritte von 50 Tsd. € erwartet.

Kennzahlen/Ergebnisse	Einheit	pessimistisch	realistisch	optimistisch
Net Present Value	€ (Tsd.)	56	132	207
Internal Rate of Return	%	26%	39%	52%
Payback	Jahre	3,33	2,87	2,56

Tabelle 7.21: Wirtschaftlichkeitsberechnung - Kennzahlen Alternative 3

Im Ergebnis führen die erwarteten Zahlungsströme zu den in Tabelle 7.21 aufgeführten Kennzahlen. Durch die mehrfache Wiederholung und den begrenzt angenommenen zusätzlichen Nutzen aus dem wiederholten Benchmarking, schwankt die dynamische Rentabilität (IRR) um 26%. Es wird in jedem Szenario ein höherer NPV als durch Alternative 1 erzielt und die jährliche Rendite (IRR) liegt jeweils etwas über den jeweiligen Szenarien der Alternative 1. Da der *Payback* eher in der Mitte der Laufzeit des Projekts ist, ist diese Alternative als weniger risikobehaftet anzusehen.

Bei der vierten Alternative **(Alternative 4)** wird ein iteratives Prozessbenchmarking unter Nutzung des Konzepts angenommen. Wie bei Alternative 3 sollen drei Wiederholungen des Benchmarkings durchgeführt werden. Als Grundkosten für das Benchmarking werden wiederum 100 Tsd. € im Geschäftsjahr 0, 1 und 2 als Investition angenommen. Weiterhin werden einmalige Kosten zur Einführung des Konzepts von 15 Tsd. € im Geschäftsjahr 0 und jeweils 7 Tsd. € zusätzliche laufende Kosten durch Anwendung des

Kennzahlen/Ergebnisse	Einheit	pessimistisch	realistisch	optimistisch
Net Present Value	€ (Tsd.)	110	194	277
Internal Rate of Return	%	36%	50%	63%
Payback	Jahre	2,87	2,50	2,25

Tabelle 7.22: Wirtschaftlichkeitsberechnung - Kennzahlen Alternative 4

Konzepts in den Geschäftsjahren 1 und 2 prognostiziert. Der erwartete Nutzen für die Geschäftsjahre 1 bis 5 der drei Szenarien beläuft sich dabei wie folgt:

Pessimistisch: Es wird durch das erste Benchmarking eine Prozesskostensenkung von 50 Tsd. €, durch das zweite von 40 Tsd. € und durch das dritte von 30 Tsd. € erwartet. Weiterhin wird ein 10% höherer Nutzen, durch weitere identifizierte Optimierungspotenziale, für alle zu betrachtenden Geschäftsjahre erwartet.

Realistisch: Es wird durch das erste Benchmarking eine Prozesskostensenkung von 60 Tsd. €, durch das zweite von 50 Tsd. € und durch das dritte von 40 Tsd. € erwartet. Weiterhin wird ein 10% höherer Nutzen, durch weitere identifizierte Optimierungspotenziale, für alle zu betrachtenden Geschäftsjahre erwartet.

Optimistisch: Es wird durch das erste Benchmarking eine Prozesskostensenkung von 70 Tsd. €, durch das zweite von 60 Tsd. € und durch das dritte von 50 Tsd. € erwartet. Weiterhin wird ein 10% höherer Nutzen, durch weitere identifizierte Optimierungspotenziale, für alle zu betrachtenden Geschäftsjahre erwartet.

Die Ergebnisse der Analyse der vierten Alternative sind in Tabelle 7.22 angegeben. Der *Net Present Value* sowie die jährliche Rendite (IRR) liegt hier signifikant höher als bei allen anderen Alternativen. Das Risiko bzgl. des *Payback* konnte durch Einsatz des Konzepts weiter gesenkt werden. Unter Anbetracht des höheren NPV und der höheren Rendite sowie des geringeren Risikos, ist diese Alternative allen anderen Alternativen vorzuziehen. Die diskontierten Cashflows (kumulierten) für das realistische Szenario der einzelnen Alternativen sind zum Vergleich in Abbildung 7.22 illustriert. Auch hier wird die Vorteilhaftigkeit der Alternative 4, gegenüber der anderen Alternativen, deutlich.

Zur besseren Risikoabschätzung wird, zusätzlich zu den in jeder Alternative beschriebenen Szenarien (pessimistisch, realistisch und optimistisch), für das realistische Szenario der Alternative 4 eine Sensitivitätsanalyse durchgeführt. Hierbei werden die einzelnen Eigenschaften „Einmaliger Nutzen“, „Laufender Nutzen“, „Einmalige Kosten“ und „Laufende Kosten“ des *Business Case* in 5% Schritten zwischen -20% und +20% angepasst. Die Ergebnisse sind in der Abbildung 7.23 für den *Net Present Value* und Abbildung 7.24 für den *Internal Rate of Return* dargestellt.

Es ist zu erkennen, dass die Eigenschaften „Laufender Nutzen“ und „Einmalige Kosten“ einen erheblichen Einfluss auf die Wirtschaftlichkeit des Projektes haben. Dem

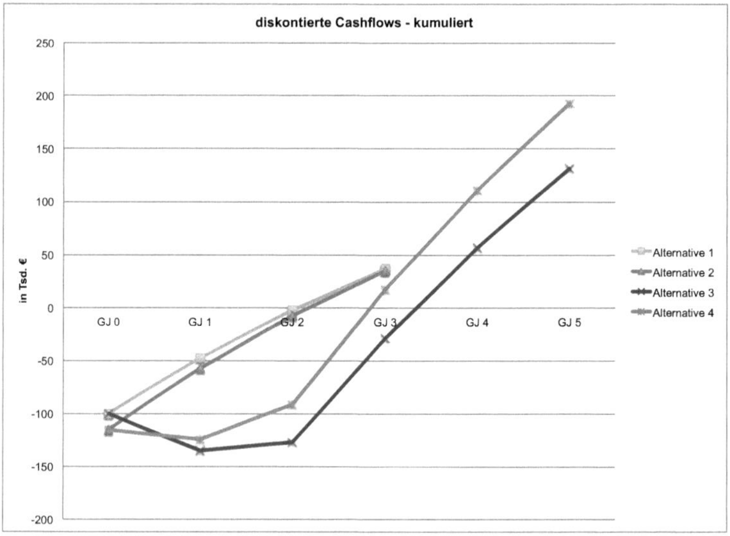

Abbildung 7.22: Diskontierte Cashflows - kumuliert (aller Alternativen; realistisches Szenario)

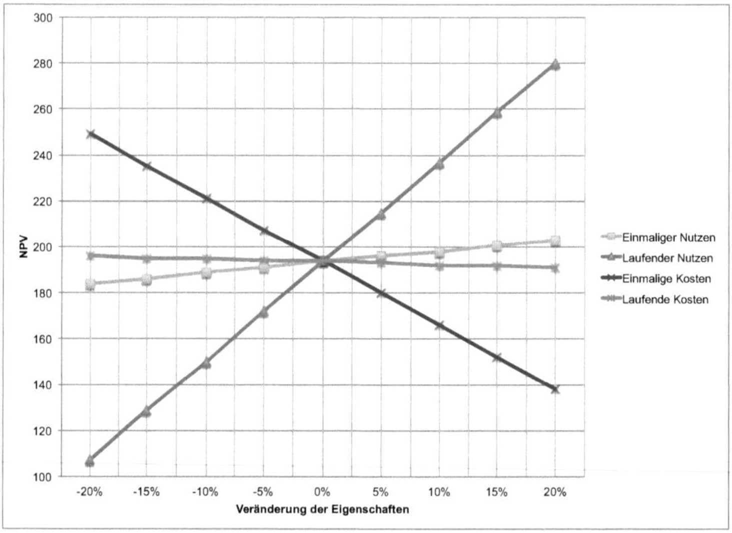

Abbildung 7.23: Sensitivitätsanalyse NPV

gegenüber haben die beiden anderen Eigenschaften („Einmaliger Nutzen" und „Laufende Kosten") weniger Einfluss auf die Wirtschaftlichkeit. Das Risiko zur Einführung des Konzepts besteht also weniger im Nutzen der einmaligen Kostenreduktion des Benchmarkings durch das Verfahren, noch durch die laufenden Kosten zur Bereitstellung des Konzepts („Hardware- und Applikationskosten", „Kosten für externe Berater" und die „Pflege annotierter Prozessmodelle, Metriken"). Vielmehr müssen die einmaligen Kosten zur Einführung des Konzepts sowie der laufende Nutzen bzw. die erzielten Optimierungspotenziale durch das Verfahren besonders beachtet werden.

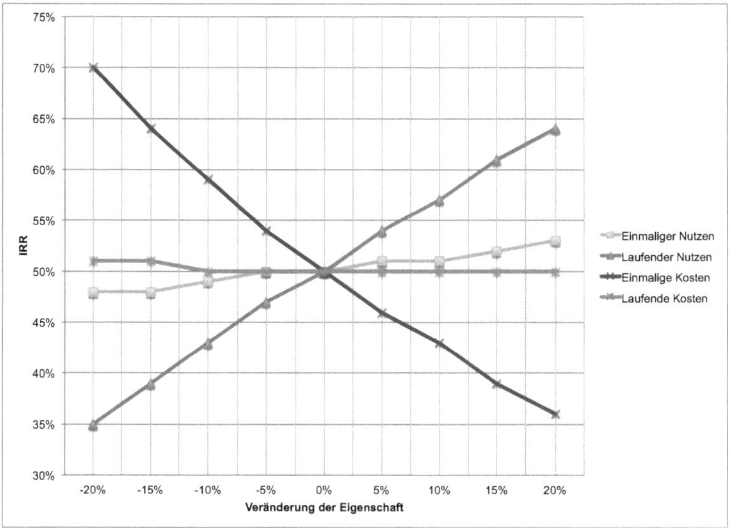

Abbildung 7.24: Sensitivitätsanalyse IRR

7.4.3 Schlussbetrachtung

Anhand der vorangegangenen Wirtschaftlichkeitsanalyse wurde das erarbeitete Verfahren sowie dessen Anwendung veranschaulicht. Weiterhin wurde das Verfahren in Bezug auf die Eignung zur Bewertung des Einsatzes des Konzepts zum Prozessbenchmarking hinterfragt. Aufgrund der allgemeingültig gehaltenen Kosten- und Nutzenaspekte ist eine Überführung der Zahlungsströme auf ein reales Prozessbenchmarking-Projekt leicht möglich, da alle vier Alternativen mit dem einheitlichen Bewertungsschema analysiert werden konnten.

Weiterhin hat die vorangegangene Wirtschaftlichkeitsanalyse und -beurteilung gezeigt, dass die Nutzung des Konzepts beim Prozessbenchmarking unter gewissen Rahmenbedingungen ökonomisch vorteilhaft sein kann. Wie durch die Sensitivitätsanalyse zu erkennen ist, sind insbesondere die Kosten zur Einführung des Konzepts sowie der laufende Nutzen, der durch das Verfahren erzielt wird, zu beachten.[290] Wobei grundsätzlich gilt, dass der Nutzen durch die Einführung des Konzepts höher sein muss, als die entstehenden Kosten. Die Einführungskosten hängen nach den Ergebnissen der konzeptionellen Evaluation maßgeblich von der Erstellung der Domänen- und Basisontologie, sowie der Annotation der Prozessmodelle ab. Die Kosten zur Erstellung der Domänen- und Basisontologie können zum Beispiel durch ein *Clearing Centre*, dass regelmäßig Benchmarkings in verschiedenen Domänen durchführt weiter reduziert werden.[291] Ein solches *Clearing Centre* könnte verantwortlich für die Sammlung, Annotation, Transformation und der Speicherung der Prozessdaten sowie der Domänenontologien sein. Somit könnte dieses Benchmarking-Leistungen an interessierte Kunden anbieten. Es ist davon auszugehen, dass sich der Nutzen eines solchen *Clearing Centre* steigert, je mehr Benchmarkingpartner die Leistungen nutzen.[292]

[290] Siehe Abschnitt 4.2 zur Ökonomie von Kennzahlen.

[291] Der Einsatz eines möglichen *Clearing Centre* soll hier lediglich motiviert werden. Eine detaillierte Ausarbeitung dieser Möglichkeit anhand eines *Business Plan* (vgl. Brugger (2009, S. 29 ff.)) erfolgt im Rahmen dieser Arbeit nicht. Jedoch kann der vorliegende *Business Case* zur wirtschaftlichen Betrachtung eines Produkts eines solchen *Clearing Centre* sein.

[292] Vgl. Liebowitz und Margolis (1995) bzgl. ggf. eintretender Netzwerkeffekte, so dass jeder Benchmarking-Partner diese Stelle interessanter macht.

Teil III

Schlussbetrachtung

Kapitel 8

Fazit und Ausblick

8.1 Fazit

Mit dieser Forschungsarbeit wurde gezeigt, wie ein Konzept zur semantischen Analyse und zum Vergleich von Prozessen mittels einer ontologischen Repräsentation der Prozessinformationen gestaltet werden kann. Um das Anwendungspotenzial eines solchen semantischen Benchmarkings auf einer wissenschaftlich fundierten Grundlage aufzeigen zu können, wurden zunächst die für die Forschung benötigten begrifflichen und konzeptionellen Grundlagen erarbeitet.

Aufbauend auf den begrifflichen und konzeptionellen Grundlagen erfolgte die Problemidentifikation und -motivation für ein solches Konzept. Zunächst wurde der Anwendungsbereich der Analyse und des Vergleichs von Prozessen mittels Prozessmodellen betrachtet. Die aus diesem Anwendungsbereich identifizierten Optimierungspotenziale bzw. Probleme, insbesondere im Hinblick auf eine semantische Betrachtung der Prozessinformationen, wurden mittels eines Literaturreview eingehend untersucht. Die Aufarbeitung des Standes der Forschung für den Anwendungsbereich führte zur Festlegung der Zielsetzung dieser Forschungsarbeit.

Die Ausarbeitung des Konzepts zum semantischen Benchmarking von Geschäftsprozessen mittels einer ontologischen Repräsentation der Prozessinformationen orientierte sich an der festgelegten Zielsetzung. Im ersten Schritt zur Konzeption wurde die einheitliche ontologische Repräsentation von Prozessinformationen erarbeitet. Da in der Repräsentation alle zur Analyse benötigten Prozessinformationen enthalten sein sollten, erfolgte eine Festlegung der benötigten Informationen über Rückgriff auf die Repräsentationstheorie. Weiterhin wurde die Nutzung von Metriken und Abfragesprachen für eine quantitative und qualitative Untersuchung der Prozesse erarbeitet. Zur Beurteilung des Anwendungspotenzials eines solchen Konzepts, wurde der Anwendungsfall des Prozessbenchmarking analysiert, beschrieben und auf eine Durchführung unter Berücksichtigung des Konzepts hin angepasst.

Das Anwendungspotenzial des Konzepts für ein teilautomatisiertes Prozessbenchmarking wurde anschließend evaluiert. Die Evaluation unterteilte sich hierbei in eine technische, eine konzeptionelle und eine ökonomische Evaluation. Mittels der technischen Evaluation wurde eine prototypische Umsetzung erarbeitet, die als Hilfsmittel für die weitere konzeptionelle und ökonomische Evaluation genutzt werden konnte. Die Ergebnisse der einzelnen Evaluationen führten zur Erweiterung und Anpassung des Konzepts.

Die theoretischen Ergebnisse des vorgestellten neuartigen und innovativen Konzepts für den Anwendungsfall des Prozessbenchmarkings rechtfertigen eine weitere Auseinandersetzung und Ausarbeitung des Konzepts. Der vorgeschlagene Ansatz konnte mittels eines Prototypen effizient umgesetzt werden. Weiterhin konnte durch die konzeptionelle Evaluation gezeigt werden, dass der Prototyp den Anwendungsfall effektiv unterstützt. Zusätzlich wurden durch das Konzept die grundlegenden konzeptionellen Bausteine definiert, die für eine weitere Forschung herangezogen werden können. Die konzeptionelle Evaluation dieser Bausteine führte zu der Erkenntnis, dass mittels des Konzepts sowie ausgewählter Metriken neuartige und aufschlussreiche Informationen über die Prozesse ermittelte werden können. Diese Informationen können darüber hinaus für einen eingehenden Vergleich der Prozesse genutzt werden. Die allgemeine Rentabilität eines Prozessbenchmarkings mittels des Konzepts konnte anhand der ökonomischen Evaluation gezeigt werden. Jedoch sind hierfür Rahmenbedingungen, wie zum Beispiel wiederkehrende groß angelegte Benchmarkinginitiativen, nötig, die einen Einsatz erst rechtfertigen. Weiterhin begünstigt das Vorhandensein von semi-formalen Prozessmodellen den effizienten Einsatz des Konzepts. Tabelle 8.1 fasst die wichtigsten Ergebnisse der Evaluation zusammen.

Im Ergebnis konnten mittels des Konzepts die zeitaufwändige und kostspielige quantitative und qualitative Analyse von Prozessmodellen für das Benchmarking und der Vergleich der Prozesse teilweise automatisiert werden. Durch das Konzept sowie die prototypische Umsetzung konnte das Prozessbenchmarking effizienter, effektiver und gleichzeitig aussagekräftiger gestaltet werden. Das vorgeschlagene Konzept hat das Potenzial, das aktuelle Vorgehen des Prozessbenchmarking zu verändern.[293]

Trotz dieser aufgeführten Potenziale ist eine abschließende Bewertung der Anwendbarkeit des Ansatzes in der Praxis zum gegenwärtigen Zeitpunkt noch nicht möglich. So hängt das vorgeschlagene Konzept für das Prozessbenchmarking stark von der Verfügbarkeit geeigneter Metriken und Ontologien ab. Zur Erzeugung der Metriken sowie der Ontologien (Basis- und Domänenontologie) ist ein fundiertes Wissen im Bereich der Wissensrepräsentation erforderlich. Der zusätzliche Aufwand zur Erstellung dieser Artefakte erscheint derzeit lediglich bei einem hohen Grad der Wiederverwendung als gerechtfertigt. Darüber hinaus wäre eine anwenderfreundliche Softwareunterstützung wünschenswert. Zwar zeigt die vorgestellte prototypische Entwicklung, dass eine Fokussierung auf fachliche Zielsetzungen und eine Abstraktion von technischen Details möglich ist, jedoch sollte für die Akzeptanz eines solchen Systems eine tiefgreifende Analyse des Anwender-

[293] Eine Checkliste zur Beurteilung der Einsatzmöglichkeit des Konzepts zum Prozessbenchmarking befindet sich im Anhang C.4 und kann zur Orientierung genutzt werden.

Evaluations-perspektive	Zentrale Fragestellungen	Evaluationsmethode	Wichtigste Ergebnisse
Technisch	Ist das Konzept technisch realisierbar und existieren technische Einschränkungen? Kann das Konzept effizient umgesetzt werden?	Entwicklung eines Prototypen und eine eingehende Überprüfung der Umsetzung	• Der Prototyp unterstützt das Konzept effizient. • Der Prototyp erzeugt korrekte und entscheidbare Analyseontologien. • Es wurden keine technischen Grenzen festgestellt, die einen generellen Einfluss auf das Konzept haben.
Konzeptionell	Ist das Konzept sinnvoll? Können mittels des Konzepts neue und aufschlussreiche Informationen ermittelt werden?	Experimentelles Benchmarking mittels Metriken für 2 prominente Referenzprozesse	• Der Ansatz erzeugt neue und aufschlussreiche Informationen über Prozesse, zum Beispiel die zugeordneten Kosten einer Domäneninstanz für verschiedenen Prozessmodelle. • Die Zuordnung ist der zeitaufwendigste und wichtigste Arbeitsschritt des Konzepts. Fundierte Kenntnisse über die Aktivitäten sowie der Interpretation ihrer Domäneninstanzen ist Voraussetzung. • Bei Verwendung vorkompilierter Metriken ist keine tiefgreifende Kenntnis im Bereich der Wissensrepräsentation erforderlich. • Die weitere Ausarbeitung einer semantischen Abfragesprache zur Erleichterung von Benchmarking-Analysen ist entscheidend und erfordert weitere Untersuchungen.
Ökonomisch	Kann das Konzept profitabel eingesetzt werden?	Erarbeitung eines Business Case	• Der Einsatz des Konzepts ist bei nur bei Berücksichtigung vieler Benchmarking-Teilnehmer sowie einem wiederholenden Benchmarking ökonomisch sinnvoll. • Ein kostengünstiger Einsatz könnte durch ein Clearing Centre erfolgen.

Tabelle 8.1: Ergebnisse der Evaluation im Überblick

verhaltens sowie dessen Anforderungen durchgeführt werden. Eine Referenz-Architektur für ein solches Informationssystem sollte entwickelt werden und eine Integration mit Prozessmodellierungswerkzeugen über die bisherige Umsetzung hinaus erreicht werden. Weiterhin ist die gewählte Speicherung der Prozessinformationen in Hinblick auf die Erweiterbarkeit des Prototypen kritisch zu sehen und sollte ggf. direkt in einer abgeleiteten Basisontologie erfolgen.

Neben der Akzeptanz einer möglichen Software-Lösung sollte eine kritische Betrachtung der Zuordnung von Modellelementinstanzen zu Domänenontologieinstanzen erfolgen. Die hier vorgestellte Zuordnung führt nicht zu reproduzierbaren und von subjektiven Einflüssen abstrahierten Zuordnungen. Eine solche valide, reproduzierbare und von subjektiven Einflüssen reduzierte Zuordnung würde jedoch die Akzeptanz und Aussagekraft der Analyseergebnisse erhöhen. Beim Vergleich von Prozessen unter Berücksichtigung von Leistungsinformationen sollte zusätzlich der Kontext der Prozessdurchführung sowie die Ablauflogik der Modelle mit einbezogen werden. Prozessmodelle können beispielsweise Zyklen, Entscheidungsknoten und komplexe Abläufe umfassen, die eine Auswertung erschweren. Durch Berücksichtigung dieser Abläufe wären weitere tiefgreifenden Aussagen über Prozesse möglich und sinnvoll.

Die Ergebnisse der ökonomischen Evaluation sollten anhand von empirischen Befunden erweitert, eingehend untersucht und kritisch hinterfragt werden. Die hier vorgestellte Wirtschaftlichkeitsanalyse bietet lediglich ein Vorgehen zur ökonomischen Beurteilung des Konzepts und die Aussage der Vorteilhaftigkeit des Konzepts für ein Prozessbenchmarking unter Kosten- und Nutzenannahmen, die ggf. in der Praxis nicht gerechtfertigt sind.

8.2 Ausblick

Die weiteren technischen, konzeptionellen und ökonomischen Forschungsbedarfe im Bereich der semantischen Analyse und dem Vergleich von Prozesses mittels des in dieser Arbeit vorgestellten Konzepts werden im Folgenden kurz zusammengefasst.

Zur Erstellung einer marktfähigen Software-Lösung wären weitere Forschungen in Form von Experimenten, Laborstudien sowie Studien zur Anwendbarkeit und Benutzerfreundlichkeit des Prototypen anzustreben. Zielsetzung dieser Forschungen sollte die Erarbeitung von Maßnahmen zur Akzeptanzsteigerung einer solchen Lösung sein. Hierzu würde auch die Erweiterung der Software um benutzerdefinierte Metriken und einen „intelligenten“ Editor zur Erstellung von Ad-hoc Abfragen zählen. Zusätzlich wäre die Integration der Software in Modellierungswerkzeuge und Ontologie-Editoren weiter auszubauen. Eine Stärkung der Auswertungsergebnisse, die durch den Ansatz erzielt werden können, wäre durch eine visuelle Präsentation und Gegenüberstellung der zu untersuchenden Prozesse zusätzlich möglich.

Forschungsbedarfe und Optimierungspotenziale hinsichtlich der technischen Umsetzung ergeben sich insbesondere auch im Bereich der Anbindung und Nutzung des *Repository*. So erfolgt keine Versionskontrolle von gespeicherten Modellen, Metriken und Ontologien.[294] Weiterhin ist die Erweiterbarkeit der prototypischen Umsetzung durch die Speicherung der Prozessinformationen in einer relationalen Datenbank stark eingeschränkt. Die Speicherung dieser Informationen mittels einer Ontologie wäre anzustreben.[295]

Weitere Forschungsbedarfe bzgl. der technischen Unterstützungen bieten sich zudem im Bereich der automatisierten Annotation sowie Überführung von Leistungsinformationen an. In der Literatur existieren eine Vielzahl an Publikationen in Bezug auf das *Ontology-Matching*[296], die für eine Unterstützung des Anwenders bei der Annotation herangezogen werden könnten. In Bezug auf die automatisierte Überführung von Leistungsinformationen könnte ein Rückgriff auf bestehende *Data-Warehouse* Systeme oder *Controlling* Berichte erfolgen. Zur Ermittlung von Leistungsinformationen sowie weiteren Erkenntnissen bzgl. des zu untersuchenden Prozesses wäre auch die Untersuchung des *Process Mining*, wie es DE MEDEIROS *et al.* (2007) für das *Semantic Business Process Management* vorschlagen, sinnvoll.

Aus konzeptioneller Sicht sollte als zentraler Arbeitsschritt des Konzepts das Vorgehen zur Zuordnung von Modellelementinstanzen zu Domäneninstanzen weiter untersucht werden. Durch ein wissenschaftlich fundiertes Vorgehen sollten valide, reproduzierbare und von subjektiven Einflüssen reduzierte Zuordnungen ermöglicht werden. Weiterhin erfolgt in der hier dargestellten Form lediglich eine sehr einfache Berechnung der anteiligen Kosten eines Arbeitsschritts bei einer Zuordnung vom Typ `isBroaderConceptOf` oder `isNarrowerConceptOf` zu einer Domäneninstanz. Die anteiligen Prozesskosten eines Modellelements werden anhand der Anzahl der Zuordnungen des Modellelements zu weiteren Domäneninstanzen berechnet. Diese einfache Verteilung geht davon aus, dass die Kosten für eine Aktivität auf alle zugeordneten Domäneninstanzen gleichverteilt sind. Dies könnte über qualifizierende Zuordnungen optimiert werden.

Forschungsbedarfe existieren auch in der Erzeugung, Auswahl und Validierung der zu nutzenden Domänen- und Basisontologien. Die Prüfung der Problemangemessenheit dieser Ontologien stellt eine offene Forschungsfrage dar und wurde hier nicht weiter verfolgt. Weiterhin könnte die Basisontologie auch um Regeln erweitert werden. So könnte zum Beispiel Integritätsregeln definiert werden, die besagen, dass ein Element eines Prozessmodells nur in die Instanz eines Konzepts der Basisontologie überführt werden darf. Hierdurch könnte die Validität der resultierenden Analyseontologie weiter erhöht werden. Die Analyse der Prozessinformationen könnte auf zusätzliche Aspekte wie Ablaufinformationen, Geschäftsprozessregeln und Prozesskontexte erweitert werden. Hierzu wäre eine Evaluation der für eine angepasste Analyse erforderlichen Basisontologie nötig.

[294] So bietet zum Beispiel THOMAS (2008) einen Ansatz für ein Versionsmanagement für die Referenzmodellierung. Dies könnte als Ausgangspunkt für weitere Optimierungen genutzt werden.

[295] MA *et al.* (2007) bieten einen Ansatzpunkt zur weiteren Ausarbeitung.

[296] Vgl. zum Beispiel KALFOGLOU UND SCHORLEMMER (2003).

Zur Beschreibung von Ablaufinformationen, die auch für eine Simulation von Prozessveränderungen genutzt werden könnten, bieten sich zum Beispiel *Workflow-Pattern* als Ausgangspunkt weiterer Forschungen an.[297] Über die Erweiterung der Analyse um Kontexte könnten Rahmenbedingungen zur Prozesslaufzeit berücksichtigt werden, die einen Einfluss auf die Leistungsinformationen haben.[298]

Hinsichtlich der Analyse könnten anhand von Studien benötigte Metriken für festzulegende Analyseziele evaluiert, konzipiert und anhand eines Katalogs festgelegt werden. Zusätzlich könnte eine weitere Ausarbeitung semantischer Ad-hoc Abfragen zur Erleichterung von Benchmarking-Analysen führen. Eine Untersuchung von möglichen unterstützenden Eigenschaften zu gegebenen Metriken wäre hier anzustreben. Neben der Forschung im Bereich der Analyse, könnte eine Forschung in Bezug auf die Interpretation und Überprüfung der Ergebnisse des Benchmarkings einen Einsatz des Konzepts weiter begünstigen. So könnten zum Beispiel Prozessänderungen direkt in den Benchmarking-Prozess eingebaut werden.[299] Durch Simulationen der möglichen Prozessänderung können die Auswirkungen direkt beurteilt und gegebenenfalls Maßnahmen zur Durchführung der Prozessänderungen abgeleitet werden.[300]

Die ökonomische Evaluation könnte durch empirische Befunde aus der Anwendung des vorgeschlagenen Ansatzes in realen Szenarien untersucht und die Aussagen der zugrunde liegenden Forschung weiter gestärkt werden. Weiterhin könnten die Voraussetzungen zur Umsetzung des Verfahrens empirisch untersucht, geprüft und näher spezifiziert werden. So könnte durch den Einsatz eines Reifegradmodells die Vorteilhaftigkeit der Nutzung des Konzepts für ein Prozessbenchmarking festgelegt werden.

Für die in diesem Abschnitt zusammengefassten zukünftigen Forschungsbedarfe bietet das in dieser Arbeit vorgestellte Konzept zum semantischen Benchmarking von Geschäftsprozessen mittels einer ontologischen Repräsentation der Prozessinformationen die Voraussetzungen.

---

[297] Vgl. VAN DER AALST *et al.* (2003) sowie RUSSELL *et al.* (2006). Siehe auch `http://www.workflowpatterns.com/` [15.06.2012].

[298] Vgl. ROSEMANN *et al.* (2008).

[299] Vgl. zum Beispiel VOM BROCKE *et al.* (2010), BUHL *et al.* (2011).

[300] PETSCH *et al.* (2008) liefert Ansatzpunkte zur Transformation von Prozessmodellen in eine Simulationsumgebung.

Teil IV

Anhang

Anhang A

Übersicht Literaturreview

Die auf den folgenden Seiten aufgeführten Publikationen wurden bei der Literaturanalyse berücksichtigt. Die gefundenen Publikationen wurden hinsichtlich der Kriterien „Anwendungsbereich“, „Nutzung semantischer Technologien“, „Modellierungssprachenunabhängig“, „Modellvergleich“, „Modellanalyse“, „Modellerweiterung“, „Prozessanalyse“ und „Evaluationsansatz“ bewertet. Weiterhin wurde zu jeder Publikation eine kurze Erläuterung in Bezug auf die Relevanz für die vorliegende Arbeit erfasst. In der Spalte „Einordnung“ ist der Einfluss der Publikation dargestellt. Publikationen mit einem Pfeil nach oben haben einen signifikanten Einfluss auf die Forschung gehabt.

Einordnung	Autoren	Titel	Jahr	Anwendungsgebiet	Nutzung semantischer Technologien	Modellierungssprachen-unabhägig	Modellvergleich	Modellanalyse	Modellerweiterung	Prozessanalyse	Evaluations-ansatz	Erläuterung
→	van der Aalst, W. M. P	Trends in business process analysis - from verification to process mining	2007	Geschäftsprozess-modellkonstruktion	nein	–	nein	nein	nein	ja	Fallstudie, Prototyp	Prozessanalysen (Process Mining) anhand von Logfiles.
→	van der Aalst, W. M. P.	Challenges in Business Process Analysis	2007	Geschäftsprozess-modellkonstruktion	nein	–	nein	nein	nein	ja	Fallstudie, Prototyp	Prozessanalysen (Process Mining) anhand von Logfiles.
↑	Abramowicz, W.; Filipowska, A.; Kaczmarek, M. & Kaczmarek, T.	Semantically enhanced Business Process Modelling Notation	2007	Prozessmodell-transformation	ja	nein	nein	nein	nein	nein	Fallstudie	Semantische Erweiterung für die Prozessmodellierungssprache BPMN mittels einer Ontologie (sBPMN). Zielsetzung ist die Probleme bei der Überführung der von Business-Analysten erstellten Prozessmodellen in BPMN in Ausführbare BPEL-Modelle zu überwinden.
↑	Ahlemann, F.; Teuteberg, F. & Brune, G.	Ontologie-basierte Attributierung von Informationsmodellen: Grundlagen und Anwendungsgebiete	2006	Prozessanalyse	ja	ja	ja	ja	ja	nein	n/a	Semantische Erweiterung von Informationsmodellsprachen über die Zuordnung von Ontologie-Konzepten zu Modellelementen. eine Speicherung von Prozessinformationen in einer Ontologien ist nicht vorgesehen. Es werden lediglich mögliche Anwenungsbereiche skizziert. Eine mögliche Umsetzung wird nicht vorgestellt.
→	Allweyer, T.	Erzeugung detaillierter und ausführbarer Geschäftsprozessmodelle durch Modell-zu-Modell-Transformationen	2007	Prozessmodell-transformation	nein	ja	nein	nein	nein	nein	–	Modell zu Modell Transformation. Hierzu werden Templates und Transformationsregeln verwendet.
→	Arnarsdóttir, K.; Berre, A.-J.; Hahn, A.; Missikoff, M. & Taglino, F.	Semantic mapping: ontology-based vs. model-based approach Alternative or complementary approaches?	2006	Geschäftsprozess-modellkonstruktion	ja	nein	nein	nein	nein	nein	n/a	Ziel ist die Steigerung der Interoperabilität. Hierzu werden zwei Ansätze zur Prozessmodelltransformation diskutiert. Ein ontlogiebasierter und ein modellbasierter Ansatz.
→	Belhajjame, K. & Brambilla, M.	Ontology-Based Description and Discovery of Business Processes	2009	Geschäftsprozess-modellkonstruktion	ja	nein	nein	nein	nein	nein	Fallstudie	Ansatz zur Beschreibung, Speicherung und Auswertung von Geschäftsprozessen. Der Begriff der Ähnlichkeit zwischen Prozessmodellen wird durch Ausnutzung von Ontologie Definitionen und das Konzept der abstrakten Geschäftsprozessen (ABP) erweitert. Hierdurch soll bei der Wiederverwendung und Anpassung von Geschäftsprozessen Zeit und Kosten gespart werden. Im Mittelpunkt steht die Struktur der einzelnen Prozesse.
→	Bögl, A.; Schrefl, M.; Pomberger, G. & Weber, N.	Semantic Annotation of EPC Models in Engineering Domains to Facilitate an Automated Identification of Common Modelling Practices	2008	Geschäftsprozess-modellkonstruktion	ja	nein	ja	ja	nein	nein	n/a	Wie "Semantic Annotation of EPC Models in Engineering Domains by Employing Semantic Patterns". Jedoch wird die semantische Erweiterung zur automatisierten Identifikation von gemeinsamen Modellierungsmustern von EPK-Funktionen und -Ereignisse genutzt.
↑	Bögl, A.; Schrefl, M.; Pomberger, G. & Weber, N.	Semantic Annotation of EPC Models in Engineering Domains by Employing Semantic Patterns	2008	Geschäftsprozess-modellkonstruktion	ja	nein	nein	nein	nein	nein	n/a	Semantische Erweiterung für die Prozessmodellierungssprache EPK. Dies jedoch lediglich für die Sprachkonstrukte Funktion und Ereignis über Namenskonventionen. Es wird die semantische Erweiterung zur automatisierten Identifikation von gemeinsamen Modellierungsmustern von EPK-Funktionen und -Ereignisse genutzt.

Tabelle A.1: Übersicht untersuchte Publikationen (1)

Einordnung	Autoren	Titel	Jahr	Anwendungsgebiet	Nutzung semantischer Technologien	Modellierungssprachen-unabhägig	Modellvergleich	Modellanalyse	Modellerweiterung	Prozessanalyse	Evaluations-ansatz	Erläuterung
⇨	Born, M.; Dörr, F. & Weber, I.	User-Friendly Semantic Annotation in Business Process Modeling	2007	Geschäftsprozess-modellkonstruktion	ja	nein	nein	ja	nein	nein	Prototyp	In dieser Arbeit wird ein Ansatz für die Integration von Semantik Modellierungs-Tools zur grafischen Modellierung von Geschäftsprozessen mit Informationen aus der Domäne Ontologien abgeleitet unterstützen. Das Ziel ist es, diese Geschäftsprozessmodeller genauer, um ihre (halbautomatisch) Realisierung zu erleichtern und damit Abfragen große Prozessmodell Repositories.
⇧	vom Brocke, J.; Recker, J. & Mendling, J.	Value-oriented process modeling: integrating financial perspectives into business process re-design	2010	Prozessanalyse	nein	nein	ja	ja	nein	ja	Fallstudie	Im Fokus der Betrachtung liegen die Prozesse und deren Ausgestaltung zum Zeitpunkt der Erstellung oder des Redesign, da zu diesem Zeitpunkt die größten Auswirkungen auf das Betriebsergebnis erzielt werden können.
⇨	Cabral, L.; Norton, B. & John, D.	The Business Process Modelling Ontology	2009	Geschäftsprozess-modellkonstruktion	ja	nein	nein	ja	nein	nein	n/a	Beschreibt eine Business Process Model Ontology (BPMO) zur semantischen Beschreibung von Web Services.
⇨	Celino, I.; de Medeiros, A. K. A.; Zeissler, G.; Oppitz, M.; Facca, F. M. & Zoeller, S.	Semantic Business Process Analysis	2007	Geschäftsprozess-modellkonstruktion	ja	nein	nein	ja	nein	ja	n/a	Zielt auf Process Mining und Reverse Business Engineering. Über semantische Informationen soll dies für Web Services unterstützt werden.
⇧	Chabrol, M.; Chauvet, J.; Féniès, P. & Gourgand, M.	A Methodology for Process Evaluation and Activity Based Costing in Health Care Supply Chain	2006	Prozessanalyse	nein	ja	nein	ja	nein	ja	n/a	Fokussiert auf einen methodischen Ansatz für die Supply Chain Modellierung und Evaluierung von Prozessen im Gesundheitssystem mittels Prozesskostenrechnung.
⇨	Daneva, M.; Heib, R. & Scheer, A.-W.	Benchmarking Business Process Models	1996	Prozessanalyse	nein	nein	ja	ja	nein	ja	Prototyp (in der Entwicklung); Empirische Prüfung geplant	Zielsetzung ist das Kontrollieren der Qualität von Geschäftsprozessen, die auf EPKs und einer Erweiterung des ARIS-Toolsets basieren.
⇨	van Dongen, B. F.; Dijkman, R. M. & Mendling, J.	Measuring Similarity between Business Process Models	2008	Prozessmodell-analyse	nein	nein	ja	ja	nein	ja	n/a	Es werden die Grundlagen der Erfassung und Messung der Ähnlichkeit zwischen Geschäftsprozessmodellen beschrieben. Es wird ein Ansatz unter Berücksichtigung der sprachlichen und verhaltensorientierten Aspekte von Prozessmodellen beschriebent. Weiterhin wird die Qualität von Prozessmodellen ermittelt.
⇧	Ehrig, M.; Koschmider, A. & Oberweis, A.	Measuring Similarity between Semantic Business Process Models	2007	Geschäftsprozess-modellkonstruktion	ja	nein	ja	ja	nein	ja	Prototyp	Konzentrieren Sie sich auf die Messung der Ähnlichkeiten zwischen semantischen Geschäftsprozessmodellen durch (Semi-) automatisch erkannen von Synonymen, Homonymem unter Prozess Elementnamen. Lediglich Petri-Netze.
⇨	Fan, S.; Zhang, L. & Sun, Z.	An Ontology Based Method for Business Process Integration	2009	Geschäftsprozess-modellkonstruktion	ja	nein	ja	nein	nein	nein	n/a	Diese Arbeit stellt eine Ontologie basierende Methode für organisationsübergreifende Business Process Integration. Das vorgeschlagene Verfahren nimmt Ontologie als Träger von Geschäftsprozessen. Nach der Übersetzung von konstruierten Geschäftsprozessmodellen von Business-Analysten in Business Process Ontologien von OWL-S, Ontologie Mapping und Integration Techniken vertreten sind verabschiedet, um die semantische Lücken zwischen den Organisationen Brücke, und damit verbundene Prozesse in einem organischen Prozess zu integrieren durch Eliminierung von Redundanzen und die Neukomposition Prozesse nach Eliminierung.

Tabelle A.2: Übersicht untersuchte Publikationen (2)

Einordnung	Autoren	Titel	Jahr	Anwendungsgebiet	Nutzung semantischer Technologien	Modellierungssprachen-unabhägig	Modellvergleich	Modellanalyse	Modellerweiterung	Prozessanalyse	Evaluations-ansatz	Erläuterung
→	Fellmann, M.; Hogrebe, F.; Thomas, O. & Nüttgens, M.	How to ensure correct process models? A semantic approach to deal with resource problems.	2010	Geschäftsprozess-modellkonstruktion	ja	ja	nein	ja	nein	nein	Fallstudie	Es werden Ontologien und Regeln sowie die Schlussfolgerung mittels dieser zur semantischen Verifikation von Prozessmodellen genutzt.
↑	Fellmann, M.; Hogrebe, F.; Thomas, O. & Nüttgens, M.	An Ontology-driven Approach to Support Semantic Verification in Business Process Modeling	2010	Geschäftsprozess-modellkonstruktion	ja	ja	nein	ja	nein	nein	Fallstudie	Wie "How to ensure correct process models? A semantic approach to deal with resource problems".
↓	Fellmann, M.; Zarvić, N. & Thomas, O.	Unterstützung von Modellierungsleistungen durch semantische Technologien	2010	Geschäftsprozess-modellkonstruktion	ja	ja	nein	ja	nein	nein	n/a	Es wird die Modellierungsleistungen im generellen betrachtet und wie diese durch semantische Technologien verbessert werden können.
↑	Fettke, P. & Loos, P.	Ontological Evaluation of Scheer's Reference Model for Production Planning and Control Systems	2007	Prozessmodell-analyse	ja	nein	ja	ja	nein	nein	n/a	Fokussiert auf die semantische Evaluation des Y-CIM Referenzmodells von Scheer. Es wird das BWW-Modell genutzt, um ontologische Annomalien des Referenzmodells aufzuzeigen. Bei Anwendung des Referenzmodells kann so gezielt auf diese Annomalien reagiert werden.
→	Filipowska, A.; Hepp, M.; Kaczmarek, M. & Markovic, I.	Organisational Ontology Framework for Semantic Business Process Management	2009	Geschäftsprozess-modellkonstruktion	ja	nein	nein	nein	nein	nein	Fallstudie	Ein organisatorischen Ontologieframework für SBPM wird vorgestellt, dass verschiedene Sichten eines Unternehmens darstellt.
→	Gao, J. & Zhang, L.	On Measuring Semantic Similarity of Business Process Models	2009	Geschäftsprozess-modellkonstruktion	ja	nein	ja	ja	nein	nein	Fallstudie	Vergleich von Geschäftsprozessen anhand der genutzen Terminologie.
→	Green, P. F. & Rosemann, M.	Ontological analysis of integrated process models: Testing hypotheses	2001	Prozessmodell-analyse	ja	nein	ja	ja	nein	nein	n/a	Prozessmodellanalyse und Evaluierung von Modellierungssprachen
→	Green, P. & Rosemann, M.	Applying Ontologies to Business and Systems Modeling Techniques and Perspectives: Lessons Learned	2004	Prozessmodell-analyse	ja	nein	ja	ja	nein	nein	n/a	Prozessmodellanalyse und Evaluierung von Modellierungssprachen
→	Green, P.; Rosemann, M.; Indulska, M. & Manning, C.	Candidate interoperability standards: An ontological overlap analysis	2007	Prozessmodell-analyse	ja	nein	ja	ja	nein	nein	n/a	Prozessmodellanalyse und Evaluierung von Modellierungssprachen
↑	Heinrich, B.; Bewernik, M.-A.; Henneberger, M.; Krammer, A. & Lautenbacher, F.	SEMPA – Ein Ansatz des Semantischen Prozessmanagements zur Planung von Prozessmodellen	2008	Geschäftsprozess-modellkonstruktion	ja	ja	nein	ja	nein	nein	Prototyp	Es wird eine teilweise automatisierte Planung und Modellierung von Prozessmodellen vorgestellt, über die eine (automatisierte) Web Service Komposition erfolgen kann.
→	Henneberger, M.; Heinrich, B.; Lautenbacher, F. & Bauer, B.	Semantic-Based Planning of Process Models	2008	Geschäftsprozess-modellkonstruktion	ja	ja	nein	ja	nein	nein	Prototyp	Wie "SEMPA – Ein Ansatz des Semantischen Prozessmanagements zur Planung von Prozessmodellen"

Tabelle A.3: Übersicht untersuchte Publikationen (3)

Einordnung	Autoren	Titel	Jahr	Anwendungsgebiet	Nutzung semantischer Technologien	Modellierungssprachen-unabhägig	Modellvergleich	Modellanalyse	Modellerweiterung	Prozessanalyse	Evaluations-ansatz	Erläuterung
⇨	Martin Hepp and Frank Leymann and John Domingue and Alexander Wahler and Dieter Fensel	Semantic Business Process Management: A Vision Towards Using Semantic Web Services for Business Process Management	2005	Geschäftsprozess-modellkonstruktion	ja	nein	nein	ja	nein	nein	n/a	Das Semantic Business Process Management (SBPM) wird vorgestellt. Es ist eine konsolidierte Technologie, die Semantic Web und Semantic Web Services (SWS) sowie Business Process Management (BPM) miteinander vereint.
⇧	Hepp, M. & Roman, D.	An Ontology Framework for Semantic Business Process Management	2007	Geschäftsprozess-modellkonstruktion	ja	nein	nein	nein	ja	nein	n/a (geplant)	Ontologisches Framework sowie die IS-Perspektive auf Geschäftsprozesse.
⇨	Hoang, H. Tran, P.-C. & Le, T.	State of the Art of Semantic Business Process Management: An Investigation on Approaches for Business-to-Business Integration	2010	Geschäftsprozess-modellkonstruktion	ja	ja	ja	nein	nein	nein	n/a	Zusammenfassung des Semantic Business Process Management.
⇧	Peter Höfferer	Achieving Business Process Model Interoperability Using Metamodels and Ontologies	2007	Geschäftsprozess-modellkonstruktion	ja	ja	nein	nein	nein	nein	Prototyp in der Entwicklung	Konzentrieren Sie sich auf die semantische Interoperabilität von Geschäftsprozessen.
⇨	Kappel, G.; Kapsammer, E.; Kargl, H.; Kramler, G.; Reiter, T.; Retschitzegger, W.; Schwinger W. & Wimmer, M.	On Models and Ontologies - A Semantic Infrastructure Supporting Model Integration	2006	Geschäftsprozess-modellkonstruktion	ja	ja	nein	nein	nein	nein	Prototyp	Es wird ModelCVS als Integrationswerkzeug zu transparenten Transformation von Modellen verschiedener Modellierungswerkzeuge vorgestellt.
⇩	Kappel, G. Kapsammer, E.; Kargl, H.; Kramler, G.; Reiter T.; Retschitzegger, W.; Schwinger, W. & Wimmer, M.	Lifting metamodels to ontologies - a step to the semantic integration of modeling languages	2006	Geschäftsprozess-modellkonstruktion	ja	ja	nein	nein	nein	nein	n/a	Integration mehrerer Modellierungspsrachen durch Ontologien. "Lifting" von Metamodellen in Ontologien, indem implizite Konzepte im Metamodell explizit in der Ontologie beschrieben werden.
⇩	Karagiannis, D. & Höfferer, P.	Metamodels in action: An overview	2006	Geschäftsprozess-modellkonstruktion	nein	nein	ja	nein	nein	nein	n/a	Zusammenfassung Metamodelle.
⇨	Karastoyanova, D.; van Lessen, T.; Leymann, F.; Ma, Z.; Nitzsche, J.; Wetzstein, B.; Bhiri, S.; Hauswirth, M. & Zaremba, M.	A Reference Architecture for Semantic Business Process Management Systems	2008	Geschäftsprozess-modellkonstruktion	ja	ja	nein	nein	nein	nein	n/a	Referenzarchitektur für Semantic Business Process Management Systeme.
⇧	Koschmider, A. & Oberweis, A.	Ontology Based Business Process Description	2005	Geschäftsprozess-modellkonstruktion	ja	nein	nein	nein	ja	ja	Prototyp	Semantische Erweiterung für Petri-Netze mittels Ontologien. Es soll die heirdurch eine leichtere, flexibelere und teilweise automatisierte Kopplung loser Prozesse ermöglicht werden.
⇨	Agnes Koschmider	Ähnlichkeitsbasierte Modellierungsunterstützung für Geschäftsprozesse	2007	Geschäftsprozess-modellkonstruktion	ja	nein	nein	nein	ja	ja	Prototyp	Hauptziel dieser Arbeit ist es, Methoden zu entwickeln, mit denen die Modellierung von Geschäftsprozessen benutzerindividuell unterstützt und somit die Fehlerrate von Geschäftsprozessmodellen weitgehend reduziert werden kann. Dabei sollte die Unterstützung von Benutzern während der Geschäftsprozessmodellierung entweder teilautomatisch und/oder automatisch durch ein Unterstützungssystem umgesetzt werden (abhängig von den Benutzerwünschen und dem Benutzertyp).

Tabelle A.4: Übersicht untersuchte Publikationen (4)

Einordnung	Autoren	Titel	Jahr	Anwendungsgebiet	Nutzung semantischer Technologien	Modellierungssprachen-unabhägig	Modellvergleich	Modellanalyse	Modellerweiterung	Prozessanalyse	Evaluations-ansatz	Erläuterung
↑	Li Liao and Yuzhong Qu and Hareton K. N. Leung	A Software Process Ontology and its Application	2005	Geschäftsprozess-modellkonstruktion	ja	nein	nein	nein	nein	nein	Prototyp	Mittels einer vorgestellten Software Process Ontology (SPO) sollen Softwareprozesse konzeptionell beschrieben werden. Schlussfolgerungen innerhalb der SPO sollen in der weiteren Forschung untersucht werden. Ein mögliches Benchmarking wird zwar motiviert, jedoch nicht im Detail dargestellt.
↑	Lin, Y. & Strasunskas, D.	Ontology-based Semantic Annotation of Process Templates for Reuse	2005	Geschäftsprozess-modellkonstruktion	ja	ja	nein	nein	nein	nein	n/a	Prozessmodelle werden mittels einer General Process Ontology (GPO) semantisch annotiert. Hierdurch können Prozessmodelle genralisiert werden und es kann das Speichern und Auffinden von Prozessvorlagen sowie deren Wiederverwendung unterstützt werden.
→	Lin, Y. & Ding, H.	Ontology-based Semantic Annotation for Semantic Interoperability of Process Models	2005	Geschäftsprozess-modellkonstruktion	ja	ja	nein	nein	nein	nein	n/a	Semantische Prozessbeschreibung zur Steigerung der Interoperabilität von hetrogenen Prozessmodellen.
→	Lin, Y.; Strasunskas, D.; Hakkarainen, S.; Krogstie, J. & Sølvberg, A.	Semantic Annotation Framework to Manage Semantic Heterogeneity of Process Models	2006	Geschäftsprozess-modellkonstruktion	ja	ja	nein	nein	nein	nein	n/a	Es wird ein Framework zur Annotation von Prozessmodellen entwickelt. Ziel ist die semantische Heterogenität von dezentralen Prozessmodellen zu bewältigen. Eine generelle Prozessontologie auf Basis von Meta-Modellen wird presentiert.
→	Lin, Y. & Sølvberg, A.	Goal Annotation of Process Models for Semantic Enrichment of Process Knowledge	2007	Geschäftsprozess-modellkonstruktion	ja	ja	nein	nein	nein	ja	n/a	Erweitert die Arbeit aus Lin2006. Prozessmodelle werden mit einer Ziel-Ontologie zur Beschreibung der Ziele und Leistungsfähigkeit der Prozessmodelle annotiert. Aktuell nicht relevant, da wir Ziele von Prozessmodellen nicht beschreiben. Allerdings mögliche Erweiterung für unser Konzept.
↑	Lin, Y.	Semantic Annotation for Process Models: Facilitating Process Knowledge Management via Semantic Interoperability	2008	Geschäftsprozess-modellkonstruktion	ja	ja	nein	nein	nein	ja	Prototyp, Fallstudie	Ziel des Beitrags ist die Verbesserung der Interoperabilität von Prozessmodellen mit Hilfe von Ontologien in Process Knowledge Management Anwendungen. Es sollen das Wiederverwerten, Finden und die Integration von Prozessmodellen in diesen Anwendungen unterstützt werden.
→	Markovic, I. & Pereira, A. C.	Towards a formal framework for reuse in business process modeling	2008	Geschäftsprozess-modellkonstruktion	ja	nein	nein	ja	nein	nein	n/a	Es wird eine Business Process Ontology erzeugt. Über diese können Abfragen erstellet werden und Prozessmuster wiederverwertet werden.
→	Markovic, I.	Advanced Querying and Reasoning on Business Process Models	2008	Geschäftsprozess-modellkonstruktion	ja	nein	nein	ja	nein	nein	n/a	Es wird untersucht, wie die Gestaltung neuer Prozessmodelle erleichtert und das Redesign bestehender durch den Einsatz semantischer Technologien erleichtert werden kann. Hierzu werden Abfragesprachen genutzt.
→	Markovic, I.; Pereira, A. C. & Stojanovic, N.	A Framework for Querying in Business Process Modelling	2008	Geschäftsprozess-modellkonstruktion	ja	nein	nein	ja	nein	nein	n/a	Wie "Advanced Querying and Reasoning on Business Process Models".
↑	Ivan Markovic and Florian Hasibether and Sukesh Jain and Nenad Stojanovic	Process-oriented Semantic Business Modeling	2009	Geschäftsprozess-modellkonstruktion	ja	nein	nein	nein	ja	nein	n/a	Es wird ein prozessorientiertes Framework zur Erstellung von Ontologien zur Erfassung aller relevanten Aspekte von Prozessmodellen. Die Speicherung von Prozessinformationen wird aufgearbeitet.

Tabelle A.5: Übersicht untersuchte Publikationen (5)

Einordnung	Autoren	Titel	Jahr	Anwendungsgebiet	Nutzung semantischer Technologien	Modellierungssprachen-unabhägig	Modellvergleich	Modellanalyse	Modellerweiterung	Prozessanalyse	Evaluations-ansatz	Erläuterung
⇨	Murzek, M.; Kramer, G. & Michlmayr, E.	Structural Patterns for the Transformation of Business Process Models	2006	Prozessmodell-transformation	nein	nein	ja	nein	nein	nein	n/a	Prozessmodelltransformation ohne Ontologien.
⇨	Murzek, M. & Kramler, G.	Business Process Model Transformation Issues - The Top 7 Adversaries Encountered at Defining Model Transformations	2007	Prozessmodell-transformation	nein	nein	ja	nein	nein	nein	n/a	Prozessmodelltransformation ohne Ontologien.
⇨	Murzek, M. & Kramler, G.	The Model Morphing Approach - Horizontal Transformations between Business Process Models	2007	Prozessmodell-transformation	nein	nein	ja	nein	nein	nein	n/a	Prozessmodelltransformation ohne Ontologien.
⇨	Murzek, M.	The Model Morphing Approach - Horizontal Transformation of Business Process Models	2008	Prozessmodell-transformation	nein	nein	ja	nein	nein	nein	n/a	Prozessmodelltransformation ohne Ontologien.
⇨	Pedrinaci, C.; Domingue, J. & de Medeiros, A. K. A.	A Core Ontology for Business Process Analysis	2008	Geschäftsprozess-modellkonstruktion	ja	nein	nein	nein	nein	ja	n/a	Das vorgestellte Konzept beruht auf einer Zeit-Ontologie. Mit Hilfe von zwei Erweiterungen wird die Protokollierung von Monitoring-Informationen in einer semantischen Weise erreicht. Hierzu werden Prozessereignisse genutzt.
⇨	Pedrinaci, C. & Domingue, J.	Ontology-Based Metrics Computation for Business Process Analysis	2009	Geschäftsprozess-modellkonstruktion	ja	nein	nein	ja	nein	ja	n/a	Identifizierung potenzieller Prozessverbesserungen und Sicherstellung, dass diese Prozesse bestimmte Kriterien erfüllen.
⇨	Recker, J. C. & Indulska, M.	An Ontology-Based Evaluation of Process Modeling with Petri Nets	2007	Prozessmodell-analyse	ja	nein	ja	ja	nein	nein	n/a	Es wird die semantische Aussagekraft von Petrinetzen analysiert.
⇧	Recker, J. C.; Rosemann, M.; Indulska, M. & Green, P.	Business process modeling : a comparative analysis	2009	Prozessmodell-analyse	ja	nein	ja	ja	nein	nein	n/a	Es werden die semantische Aussagekraft einzelner Prozessmodellierungssprachen miteinander verglichen.
⇨	Stein, S.; Stamber, C.; Kharbili, M. E. & Rubach, P.	Semantic Business Process Management: An Empirical Case Study	2008	Geschäftsprozess-modellkonstruktion	ja	nein	ja	ja	nein	nein	Prototyp	Geschäftsprozessmanagement im Zusammenspiel mit (Semantic) Web Services. Es steht die technische Umsetzung im Fokus.
⇨	Thomas, O. & Fellmann, M.	Semantic Event-driven Process Chains	2006	Geschäftsprozess-modellkonstruktion	ja	nein	nein	nein	nein	nein	n/a	Semantische Annotation von Ereignisgesteuerten Prozessketten (EPK).
⇨	Thomas, O. & Fellmann, M.	Semantische Integration von Ontologien und Ereignisgesteuerten Prozessketten	2006	Geschäftsprozess-modellkonstruktion	ja	nein	nein	nein	nein	nein	n/a	Wie "Semantic Event-driven Process Chains".
⇨	Thomas, O. & Fellmann, M.	Semantic Business Process Management: Ontology-Based Process Modeling Using Event-Driven Process Chains	2007	Geschäftsprozess-modellkonstruktion	ja	nein	nein	nein	nein	nein	n/a	Semantische Erweiterung für die Prozessmodellierungssprache EPK. Weiterhin werden Geschäftsprozessregeln mit aufgenommen.
⇧	Thomas, Oliver and Fellmann, Michael	Semantic EPC: Enhancing Process Modeling Using Ontology Languages	2007	Geschäftsprozess-modellkonstruktion	ja	nein	nein	nein	nein	nein	n/a	Semantische Erweiterung für die Prozessmodellierungssprache EPK. Weiterhin werden Geschäftsprozessregeln mit aufgenommen.
⇧	Thomas, O. & Fellmann, M	Semantische Prozessmodellierung: Konzeption und informationstechnische Unterstützung einer ontologiebasierten Repräsentation von Geschäftsprozessen	2009	Geschäftsprozess-modellkonstruktion	ja	ja	nein	ja	nein	nein	Prototyp	Sehr ähnlicher Ansatz bei der semantischen Annotation wie das hier vorgestellte Konzept. Auch fachlich motiviert jedoch wird lediglich die Semantik der Prozessmodelle formalisiert. Es erfolgt keine Erweiterung auf Leistungsinformationen etc.

Tabelle A.6: Übersicht untersuchte Publikationen (6)

Einordnung	Autoren	Titel	Jahr	Anwendungsgebiet	Nutzung semantischer Technologien	Modellierungssprachen-unabhägig	Modellvergleich	Modellanalyse	Modellerweiterung	Prozessanalyse	Evaluations-ansatz	Erläuterung
→	Thomas, O. & Fellmann, M.	Semantic Process Modeling - Design and Implementation of an Ontology-based Representation of Business Processes	2009	Geschäftsprozess-modellkonstruktion	ja	ja	nein	ja	nein	nein	Prototyp	Sehr ähnlicher Ansatz bei der semantischen Annotation wie das hier vorgestellte Konzept. Auch fachlich motiviert jedoch wird lediglich die Semantik der Prozessmodelle formalisiert. Es erfolgt keine Erweiterung auf Leistungsinformationen etc.
↑	Vanderhaeghen, D.; Zang, S. & Scheer, A. W.	Interorganisationales Geschäftsprozessmanagement durch Prozessmodelltransformation	2005	Prozessmodell-transformation	nein	ja	nein	nein	nein	nein	n/a	Transformation von Geschäftsprozessmodellen
→	Vanderhaeghen, D.; Fettke, P. & Loos, P.	Organizational and Technological Options for Business Process Management from the Perspective of Web 2.0 - Results of a design-oriented research approach with particular consideration of self-organization and collective intelligence	2010	Geschäftsprozess-modellkonstruktion	nein	ja	nein	nein	nein	nein	n/a	Technischer Ansatz zum semantischen Prozess Management.
→	Weber, I.; J. Hoffman & Mendling, J.	Semantic business process validation	2008	Geschäftsprozess-modellkonstruktion	ja	nein	nein	ja	nein	nein	n/a	Technischer Ansatz zum semantischen Prozess Management.
→	Wetzstein, B.; Ma, Z.; Filipowska, A.; Kaczmarek, M.; Bhiri, S.; Losada, S.; Lopez Cob, J.-M. & Cicurel, L.	Semantic Business Process Management: A Lifecycle Based Requirements Analysis	2007	Geschäftsprozess-modellkonstruktion	ja	nein	nein	nein	nein	nein	n/a	Technischer Ansatz zum semantischen Prozess Management.

Tabelle A.7: Übersicht untersuchte Publikationen (7)

Einordnung	Autoren	Titel	Jahr	Anwendungsgebiet	Nutzung semantischer Technologien	Modellierungssprachen-unabhägig	Modellvergleich	Modellanalyse	Modellerweiterung	Prozessanalyse	Evaluations-ansatz	Erläuterung
➡	Fellmann, M.; Thomas, O. & Hogrebe, F.	Semantic Verification of Business Process Models: Prospects and Limitations	2012	Geschäftsprozessmodellkonstruktion	ja	ja	nein	ja	nein	nein	Fallstudie	Der Ansatz zeigt, wie Ontologien, Regeln und Inferenz für die semantische Überprüfung von Prozessmodellen genutzt werden kann. Ontologien werden hierbei genutzt, um Prozesselemente der semi-formalen Prozessmodelle mit einer maschinenlesbaren Semantik zu beschreiben.
➡	Fellmann, M. & Thomas, O.	Process Model Verification with SemQuu	2011	Geschäftsprozessmodellkonstruktion	ja	ja	nein	ja	nein	nein	Prototyp	Wie "Semantic Verification of Business Process Models: Prospects and Limitations" allerdingsVorstellung der technische Umsetzung.
➡	Heinrich, B.; Klier, M. & Zimmermann, S.	Automated Planning of Process Models: Towards a Semantic-based Approach	2012	Geschäftsprozessmodellkonstruktion	ja	ja	nein	ja	nein	nein	Prototyp	Automatische Prozessmodellerstellung aufbauend auf dem Artikel "SEMPA – Ein Ansatz des Semantischen Prozessmanagements zur Planung von Prozessmodellen".
➡	Lin, Y. & Strasunskas, D.	Semantic Annotation of Business Process Templates	2012	Geschäftsprozessmodellkonstruktion	ja	ja	nein	nein	nein	ja	Fallstudie	Wiederverwertbarkeit und Vergleich von Prozess-Templates anhand von semantischen Beschreibungen der Modelle.
➡	Abramowicz, W.; Filipowska, A.; Kaczmarek, M. & Kaczmarek, T.	Semantically enhanced Business Process Modelling Notation	2012	Prozessmodelltransformation	ja	nein	nein	nein	nein	nein	Fallstudie	Semantische Erweiterung für die Prozessmodellierungssprache BPMN mittels einer Ontologie (sBPMN). Zielsetzung ist die Probleme bei der Überführung der von Business-Analysten erstellten Prozessmodellen in BPMN in Ausführbare BPEL-Modelle zu überwinden.
➡	Fill, H.-G.	Using Semantically Annotated Models for Supporting Business Process Benchmarking	2011	Prozessanalyse	ja	nein	ja	nein	nein	ja	Prototyp	Es wird die Idee des semantischen Annotation von Prozessmodellen zum Benchmarking verfolgt. Der Fokus liegt auf der semantischen Beschreibung von Prozessen, so dass diese verglichen werden können. Weiterhin können Informationen verschleiert werden, so dass Personen und Name nicht erkennbar sind. Eine vollständige Evaluation sowie die Erweiterung der Prozessinformationen erfolgt nicht.

Tabelle A.8: Übersicht relevante Publikationen (Anfang 2012)

Anhang B

Repräsentation von Prozessinformation

B.1 Übersicht über BWW-Konzepte

GREEN *et al.* (2007) haben die ontologischen Konzepte des BWW Repräsentationsmodells mit leichten Modifikationen aus WEBER (1997) und WAND UND WEBER (1993) zusammengestellt. RECKER *et al.* (2009, S. 361) stellen zusätzlich die von ROSEMANN UND GREEN (2002) identifizieren vier Gruppen (engl. *Cluster*) von BWW-Konstrukten in ihrer Übersicht dar (siehe Tabelle B.1).

BWW Construct	Cluster	Description and Explanation
THING	Things including properties and types of things	A thing is the elementary unit in the BWW model. The real world is made up of things. Two or more things (composite or simple) can be associated into a composite thing.
PROPERTY in general in particular hereditary emergent intrinsic non-binding mutual binding mutual Attributes		Things possess properties. A property is modeled via a function that maps the thing into some value. For example, the attribute eight?represents a property that all humans possess. In this regard, weight is an attribute standing for a property in general. If we focus on the weight of a specific individual, we would be concerned with a property in particular. A property of a composite thing that belongs to a component thing is called a hereditary property. Otherwise it is called an emergent property. Some properties are inherent properties of individual things. Such properties are called intrinsic. Other properties are properties of pairs or many things. Such properties are called mutual. Non-binding mutual properties are those properties shared by two or more things that do not "make a difference" to the things involved; e.g. order relations or equivalence relations. By contrast, binding mutual properties are those properties shared by two or more things that do "make a difference" to the things involved. Attributes are the names that we use to represent properties of things.
CLASS		A class is a set of things that can be defined via their possessing a single property.
KIND		A kind is a set of things that can be defined only via their possessing two or more common properties.
STATE	States assumed by things	The vector of values for all property functions of a thing is the state of the thing.
CONCEIVABLE STATE SPACE		The set of all states that the thing might ever assume is the conceivable state space of the thing.
LAWFUL STATE SPACE		The lawful state space is the set of states of a thing that comply with the state laws of the thing.
STATE LAW		A state law restricts the values of the properties of a thing to a subset that is deemed lawful because of natural laws or human laws.
STABLE STATE		A stable state is a state in which a thing, subsystem, or system will remain unless forced to change by virtue of the action of a thing in the environment (an external event).
UNSTABLE STATE		An unstable state is a state that will be changed into another state by virtue of the action of transformations in the system.
HISTORY		The chronologically-ordered states that a thing traverses in time are the history of the thing.
EVENT	Events and transformations occurring on things	A change in state of a thing is an event.
CONCEIVABLE EVENT SPACE		The event space of a thing is the set of all possible events that can occur in the thing.
LAWFUL EVENT SPACE		The lawful event space is the set of all events in a thing that are lawful.
EXTERNAL EVENT		An external event is an event that arises in a thing, subsystem, or system by virtue of the action of some thing in the environment on the thing, subsystem, or system.
INTERNAL EVENT		An internal event is an event that arises in a thing, subsystem, or system by virtue of lawful transformations in the thing, subsystem, or system.
WELL-DEFINED EVENT		A well-defined event is an event in which the subsequent state can always be predicted given that the prior state is known.
POORLY DEFINED EVENT		A poorly-defined event is an event in which the subsequent state cannot be predicted given that the prior state is known.
TRANSFORMATION		A transformation is a mapping from one state to another state.
LAWFUL TRANSFORMATION stability condition corrective action		A lawful transformation defines which events in a thing are lawful. The stability condition specifies the states that are allowable under the transformation law. The corrective action specifies how the values of the property functions must change to provide a state acceptable under the transformation law.
ACTS ON		A thing acts on another thing if its existence affects the history of the other thing.
COUPLING binding mutual property		Two things are said to be coupled (or interact) if one thing acts on the other. Furthermore, those two things are said to share a binding mutual property (or relation).
SYSTEM	Systems structured around things	A set of things is a system if, for any bi-partitioning of the set, couplings exist among things in the two subsets.
SYSTEM COMPOSITION		The things in the system are its composition.
SYSTEM ENVIRONMENT		Things that are not in the system but interact with things in the system are called the environment of the system.
SYSTEM STRUCTURE		The set of couplings that exist among things within the system, and among things in the environment of the system and things in the system is called the structure.
SUBSYSTEM		A subsystem is a system whose composition and structure are subsets of the composition and structure of another system.
SYSTEM DECOMPOSITION		A decomposition of a system is a set of subsystems such that every component in the system is either one of the subsystems in the decomposition or is included in the composition of one of the subsystems in the decomposition.
LEVEL STRUCTURE		A level structure defines a partial order over the subsystems in a decomposition to show which subsystems are components of other subsystems or the system itself.

Tabelle B.1: Übersicht aller BWW-Konzepte
Quelle: Recker *et al.* (2009, S. 361)

B.2 Evaluation von Prozessmodellierungssprachen

Recker *et al.* (2009, S. 341.) stellen die Ergebnisse der Repräsentationsanalyse einzelner Modellierungssprachen übersichtlich dar (siehe Tabelle B.2). Analysiert wurden Petri net, ANSI Flowcharts, DFD, ISO TC87, Merise, EPC, IDEF3, ebXML, BPML, WSCI, WS-BPEL und BPMN.

Language / Version / Year — BWW Construct	Petri net	ANSI Flow-charts	DFD	ISO TC87	Merise	EPC	IDEF3	ebXML 1.01	BPML 1.0	WSCI 1.0	WS-BPEL 1.1	BPMN 1.0
	1962	1970	1979	1982	1992	1992	1995	2001	2002	2002	2003	2004
Things including Properties and Types of Things												
THING	✔			✔	✔		✔					✔
CLASS	✔							✔	✔	✔	✔	✔
KIND												✔
PROPERTY			✔			✔	✔	✔	✔	✔	✔	✔
Cluster Degree of Deficit	*50.0 %*	*100 %*	*75.0 %*	*75.0 %*	*75.0 %*	*75.0 %*	*50.0 %*	*50.0 %*	*50.0 %*	*50.0 %*	*50.0 %*	*0.0 %*
Cluster Degree of Completeness	*50.0 %*	*0.0 %*	*25.0 %*	*25.0 %*	*25.0 %*	*25.0 %*	*50.0 %*	*50.0 %*	*50.0 %*	*50.0 %*	*50.0 %*	*100 %*
States assumed by Things												
STATE	✔					✔	✔	✔	✔	✔	✔	
CONCEIVABLE STATE SPACE								✔				
STATE LAW	✔			✔	✔	✔		✔				
LAWFUL STATE SPACE	✔							✔				
STABLE STATE						✔		✔				
UNSTABLE STATE	✔							✔				
HISTORY								✔				
Cluster Degree of Deficit	*42.9 %*	*100 %*	*100 %*	*85.7 %*	*85.7 %*	*57.1 %*	*85.7 %*	*0.0 %*	*85.7 %*	*85.7 %*	*85.7 %*	*100 %*
Cluster Degree of Completeness	*57.1 %*	*0.0 %*	*0.0 %*	*14.3 %*	*14.3 %*	*42.9 %*	*14.3 %*	*100 %*	*14.3 %*	*14.3 %*	*14.3 %*	*0.0 %*
Events and Transformations occurring on Things												
EVENT	✔			✔	✔	✔	✔	✔	✔	✔	✔	✔
CONCEIVABLE EVENT SPACE								✔				
LAWFUL EVENT SPACE								✔				
EXTERNAL EVENT				✔	✔	✔		✔	✔	✔	✔	✔
INTERNAL EVENT	✔			✔	✔	✔		✔	✔	✔	✔	✔
WELL-DEFINED EVENT	✔					✔		✔	✔	✔	✔	✔
POORLY DEFINED EVENT								✔	✔	✔	✔	✔
TRANSFORMATION	✔	✔	✔	✔	✔	✔	✔	✔	✔	✔	✔	✔
LAWFUL TRANSFORMATION	✔			✔	✔	✔		✔	✔	✔	✔	✔
ACTS ON	✔									✔	✔	✔
COUPLING		✔	✔		✔		✔	✔		✔	✔	✔
Cluster Degree of Deficit	*45.5 %*	*81.8 %*	*81.8 %*	*54.5 %*	*45.5 %*	*45.5 %*	*72.7 %*	*9.1 %*	*36.4 %*	*18.2 %*	*18.2 %*	*18.2 %*
Cluster Degree of Completeness	*54.5 %*	*18.2 %*	*18.2 %*	*45.5 %*	*54.5 %*	*54.5 %*	*27.3 %*	*90.9 %*	*63.6 %*	*81.8 %*	*81.8 %*	*81.8 %*
Systems structured around Things												
SYSTEM			✔		✔		✔	✔		✔	✔	✔
SYSTEM COMPOSITION			✔		✔		✔			✔	✔	✔
SYSTEM ENVIRONMENT			✔									✔
SYSTEM STRUCTURE					✔		✔			✔	✔	
SUBSYSTEM								✔				✔
SYSTEM DECOMPOSITION			✔				✔					✔
LEVEL STRUCTURE			✔			✔	✔					✔
Cluster Degree of Deficit	*100 %*	*100 %*	*28.6 %*	*100 %*	*57.1 %*	*85.7 %*	*28.6 %*	*71.4 %*	*100 %*	*57.1 %*	*57.1 %*	*14.3 %*
Cluster Degree of Completeness	*0.0 %*	*0.0 %*	*71.4 %*	*0.0 %*	*42.9 %*	*14.3 %*	*71.4 %*	*28.6 %*	*0.0 %*	*42.9 %*	*42.9 %*	*85.7 %*
Total Degree of Deficit	**58.6 %**	**93.1 %**	**72.4 %**	**75.9 %**	**62.1 %**	**62.1 %**	**62.1 %**	**27.6 %**	**65.5 %**	**48.3 %**	**48.3 %**	**34.5 %**
Total Degree of Completeness	**41.4 %**	**06.9 %**	**27.6 %**	**24.1 %**	**37.9 %**	**37.9 %**	**37.9 %**	**72.4 %**	**34.5 %**	**51.7 %**	**51.7 %**	**65.5 %**

Tabelle B.2: Evaluation von Prozessmodellierungssprachen
Quelle: RECKER *et al.* (2009, S. 341.)

Anhang C

Weiterführende Informationen zur Evaluation

Im Folgenden werden weiterführende Informationen zur Evaluation sowie die Ergebnisse der Evaluation aufgeführt.

C.1 Referenzmodelle

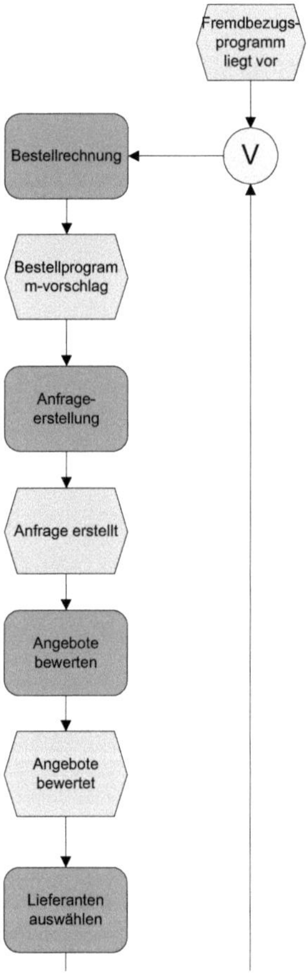

Abbildung C.1: Aachener PPS Modell (1)
Quelle: In Anlehnung an SCHUH (2006, S. 152)

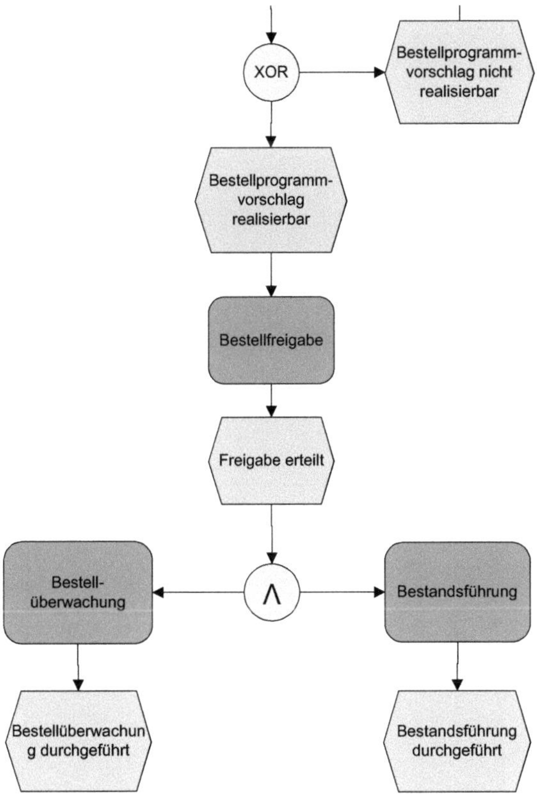

Abbildung C.2: Aachener PPS Modell (2)
Quelle: In Anlehnung an SCHUH (2006, S. 152)

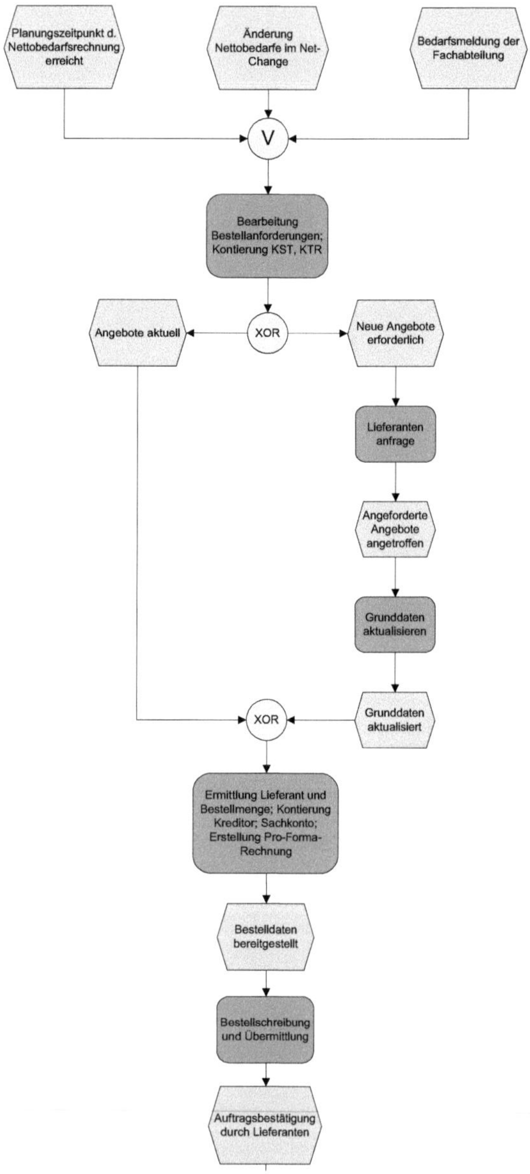

Abbildung C.3: Prozessmodell der Beschaffungslogistik (1)
Quelle: SCHEER (1997, S. 426)

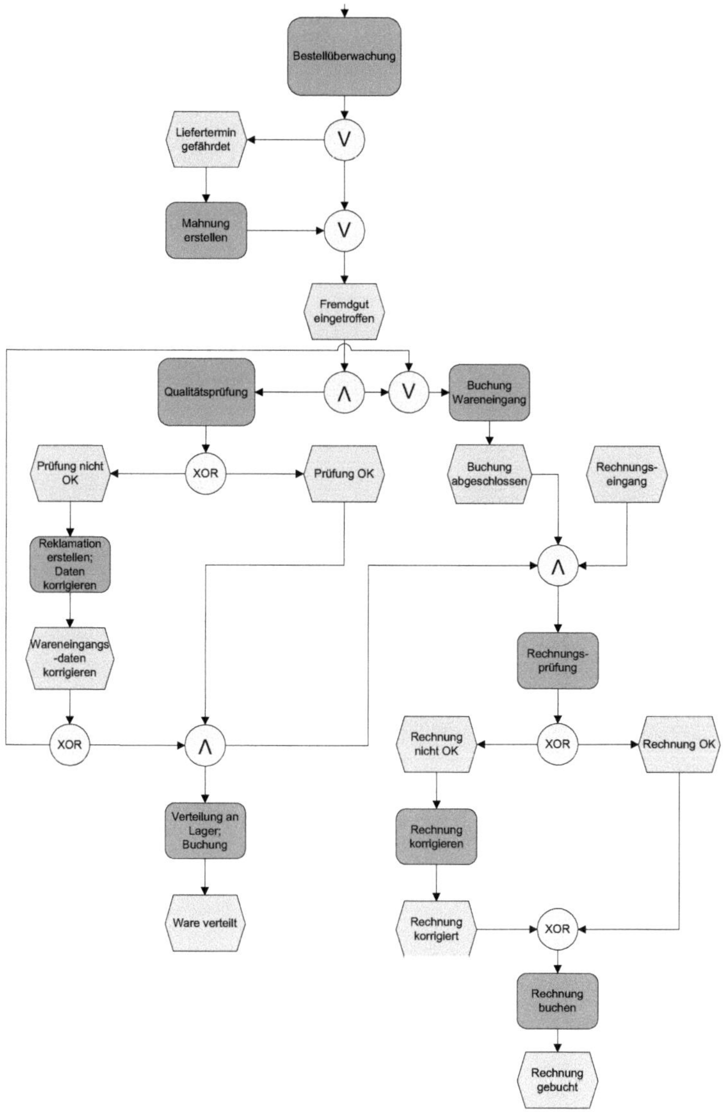

Abbildung C.4: Prozessmodell der Beschaffungslogistik (2)
Quelle: SCHEER (1997, S. 426)

C.2 Ergebnisse der konzeptionellen Evaluation

In den Tabellen C.1 und C.2 sind die Ergebnisse der konzeptionellen Evaluation tabellarisch dargestellt. Die farbig hinterlegten Spalten und Reihen veranschaulichen das in der konzeptionellen Evaluation angeführte Beispiel.

	Aachener PPS (ME2,1)	Bestellrechnung (ME2,2)	Anfrageerstellung (ME2,3)	Angebote bewerten (ME2,4)	Lieferanten auswählen (ME2,5)	Bestellfreigabe (ME2,6)	Bestellüberwachung (ME2,7)	Bestandsführung (ME2,8)	Summe	Anzahl Zuordnungen pro DI	Prozesskosten pro DI
Fixe Kosten (PI1)	4.500	-	-	-	-	-	-	-	4.500		
Variable Kosten (PI2)	-	6.500	8.000	4.500	6.000	3.500	3.500	3.000	35.000		
Transaktionen (PI3)	-	1.000	1.000	1.000	1.000	1.000	1.000	1.000	7.000		
0.0.0.0 No Representation										0	0,00
4.2 Procure materials and services (10216)	1									1	0,00
4.2.1 Develop sourcing strategies (10277)										0	0,00
4.2.1.1 Develop procurement plan (10281)										0	0,00
4.2.1.2 Clarify purchasing requirements (10282)										0	0,00
4.2.1.3 Develop inventory strategy (10283)		2								1	2,45
4.2.1.4 Match needs to supply capabilities (10284)		2								1	2,45
4.2.1.5 Analyze company's spend profile (10285)		2								1	2,45
4.2.1.6 Seek opportunities to improve efficiency and value (10286)										0	0,00
4.2.1.7 Collaborate with suppliers to identify sourcing opportunities (10287)										0	0,00
4.2.2 Select suppliers and develop/maintain contracts (10278)										0	0,00
4.2.2.1 Select suppliers (10288)										0	0,00
4.2.2.2 Certify and validate suppliers (10289)										0	0,00
4.2.2.3 Negotiate contracts (10290)										0	0,00
4.2.2.4 Manage contracts (10291)										0	0,00
4.2.3 Order materials and services (10279)										0	0,00
4.2.3.1 Process/Review requisitions (10292)			3	3	3					3	20,88
4.2.3.2 Approve requisitions (10293)										0	0,00
4.2.3.3 Solicit/Track vendor quotes (10294)										0	0,00
4.2.3.4 Create/Distribute purchase orders (10295)						1				1	3,95
4.2.3.5 Expedite orders and satisfy inquiries (10296)										0	0,00
4.2.3.6 Record receipt of goods (10297)							2			1	0,99
4.2.3.7 Research/Resolve exceptions (10298)							2			1	0,99
4.2.4 Appraise and develop suppliers (10280)										0	0,00
4.2.4.1 Monitor/Manage supplier information (10299)										0	0,00
4.2.4.2 Prepare/Analyze procurement and vendor performance (10300)							2			1	0,99
4.2.4.3 Support inventory and production processes (10301)								1		1	3,39
4.2.4.4 Monitor quality of product delivered (10302)							2			1	0,99
Anzahl Zuordnungen pro ME	1	3	1	1	1	1	4	1			
Prozesskosten pro ME		7,34	9,03	5,08	6,77	3,95	3,95	3,39			

Tabelle C.1: Ergebnis Aachener PPS Modell

	Scheer (C1,1)	Bearbeitung Bestellanforderungen;... (ME1,2)	Lieferanten anfrage (ME1,3)	Grunddaten aktualisieren (ME1,4)	Ermittlung Lieferant und Bestellmenge... (ME1,5)	Bestellschreibung und Übermittlung (ME1,6)	Bestellüberwachung (ME1,7)	Mahnung erstellen (ME1,8)	Qualitätsprüfung (ME1,9)	Reklamation erstellen; Daten korrigieren (ME1,10)	Buchung Wareneingang (ME1,11)	Verteilung an Lager; Buchung (ME1,12)	Rechnungsprüfung (ME1,13)	Rechnung korrigieren (ME1,14)	Rechnung buchen (ME1,15)	Summe	Anzahl Zuordnungen pro DI	Prozesskosten pro DI
Fixe Kosten (PI1)	200.000	-	-	-	-	-	-	-	-	-	-	-	-	-	-	200.000		
Variable Kosten (PI2)	-	60.000	80.000	15.000	70.000	60.000	120.000	40.000	180.000	40.000	20.000	50.000	100.000	40.000	60.000	935.000		
Transaktionen (PI3)	-	20.000	10.000	10.000	20.000	20.000	20.000	3.000	12.000	2.000	18.000	18.000	18.000	1.000	18.000	190.000		
0.0.0.0 No Representation		2		1	2			1		2	1	2	1	1	1		10	107,90
4.2 Procure materials and services (10216)	1																1	0,00
4.2.1 Develop sourcing strategies (10277)																	0	0,00
4.2.1.1 Develop procurement plan (10281)																	0	0,00
4.2.1.2 Clarify purchasing requirements (10282)																	0	0,00
4.2.1.3 Develop inventory strategy (10283)																	0	0,00
4.2.1.4 Match needs to supply capabilities (10284)					2												1	1,42
4.2.1.5 Analyze company's spend profile (10285)																	0	0,00
4.2.1.6 Seek opportunities to improve efficiency and value (10286)																	0	0,00
4.2.1.7 Collaborate with suppliers to identify sourcing opportunities (10287)																	0	0,00
4.2.2 Select suppliers and develop/maintain contracts (10278)																	0	0,00
4.2.2.1 Select suppliers (10288)																	0	0,00
4.2.2.2 Certify and validate suppliers (10289)																	0	0,00
4.2.2.3 Negotiate contracts (10290)																	0	0,00
4.2.2.4 Manage contracts (10291)																	0	0,00
4.2.3 Order materials and services (10279)																	0	0,00
4.2.3.1 Process/Review requisitions (10292)		2															1	1,82
4.2.3.2 Approve requisitions (10293)																	0	0,00
4.2.3.3 Solicit/Track vendor quotes (10294)																	0	0,00
4.2.3.4 Create/Distribute purchase orders (10295)			1		2												2	11,13
4.2.3.5 Expedite orders and satisfy inquiries (10296)						1											1	3,64
4.2.3.6 Record receipt of goods (10297)							1										1	7,28
4.2.3.7 Research/Resolve exceptions (10298)									2								1	9,10
4.2.4 Appraise and develop suppliers (10280)																	0	0,00
4.2.4.1 Monitor/Manage supplier information (10299)																	0	0,00
4.2.4.2 Prepare/Analyze procurement and vendor performance (10300)																	0	0,00
4.2.4.3 Support inventory and production processes (10301)												2					1	1,69
4.2.4.4 Monitor quality of product delivered (10302)									2								1	9,10
Anzahl Zuordnungen pro ME	1	2	1	1	3	1	1	1	2	1	1	2	1	1	1			
Prozesskosten pro ME		3,64	9,71	1,82	4,25	3,64	7,28	16,19	18,21	24,28	1,35	3,37	6,74	48,56	4,05			

Tabelle C.2: Ergebnis Scheer

C.3 Wirtschaftlichkeitsberechnung - Zahlungsströme

In den Tabellen C.3, C.4, C.5 und C.6 sind die Zahlungsströme der Varianten 1-4 der Wirtschaftlichkeitsberechnung detailliert aufgeführt.

	Einheit	GJ 0			GJ 1			GJ 2			GJ 3		
		pessimistisch	realistisch	optimistisch	pessimistisch	realistisch	optimistisch	pessimistisch	realistisch	optimistisch	pessimistisch	realistisch	optimistisch
Nutzen	€ (Tsd.)	0	0	0	50	60	70	50	60	70	50	60	70
1. Einmaliger Nutzen	€ (Tsd.)	0	0	0	0	0	0	0	0	0	0	0	0
1.1 Kostenreduktion	€ (Tsd.)	0	0	0	0	0	0	0	0	0	0	0	0
1.2 Kostenvermeidung	€ (Tsd.)	0	0	0	0	0	0	0	0	0	0	0	0
1.3 Erhöhte Transparenz	€ (Tsd.)	0	0	0	0	0	0	0	0	0	0	0	0
2. Laufender Nutzen	€ (Tsd.)	0	0	0	50	60	70	50	60	70	50	60	70
2.1 Originärer Nutzen	€ (Tsd.)	0	0	0	50	60	70	50	60	70	50	60	70
2.2 Kostenreduktion	€ (Tsd.)	0	0	0	0	0	0	0	0	0	0	0	0
2.3 Kostenvermeidung	€ (Tsd.)	0	0	0	0	0	0	0	0	0	0	0	0
2.4 Identifizierung zusätzlicher Optimierungspotenziale	€ (Tsd.)	0	0	0	0	0	0	0	0	0	0	0	0
2.5 Sonstiges	€ (Tsd.)	0	0	0	0	0	0	0	0	0	0	0	0
Kosten	€ (Tsd.)	100	100	100	0	0	0	0	0	0	0	0	0
1. Einmalige Kosten	€ (Tsd.)	100	100	100	0	0	0	0	0	0	0	0	0
1.1 Gegenstand des Benchmarking definieren	€ (Tsd.)	5	5	5	0	0	0	0	0	0	0	0	0
1.2 Beurteilung der eigenen Prozesse	€ (Tsd.)	45	45	45	0	0	0	0	0	0	0	0	0
1.3 Auswahl "Best in Class"	€ (Tsd.)	30	30	30	0	0	0	0	0	0	0	0	0
1.4 Vergleich der Leistungsdaten	€ (Tsd.)	15	15	15	0	0	0	0	0	0	0	0	0
1.5 Planung der Umsetzung	€ (Tsd.)	5	5	5	0	0	0	0	0	0	0	0	0
1.6 Investitionen	€ (Tsd.)	0	0	0	0	0	0	0	0	0	0	0	0
1.7 Arbeits-/Dienstleistungsaufwand	€ (Tsd.)	0	0	0	0	0	0	0	0	0	0	0	0
1.8 Initiale Annotation der Prozessmodelle	€ (Tsd.)	0	0	0	0	0	0	0	0	0	0	0	0
1.9 Kauf oder Aufbau der Domänenontologie	€ (Tsd.)	0	0	0	0	0	0	0	0	0	0	0	0
2. Laufende Kosten	€ (Tsd.)	0	0	0	0	0	0	0	0	0	0	0	0
2.1 Hardware- und Applikationskosten	€ (Tsd.)	0	0	0	0	0	0	0	0	0	0	0	0
2.2 Kosten für externe Berater	€ (Tsd.)	0	0	0	0	0	0	0	0	0	0	0	0
2.3 Pflege annotierter Prozessmodelle, Metriken	€ (Tsd.)	0	0	0	0	0	0	0	0	0	0	0	0
Cashflow*	€ (Tsd.)	-100	-100	-100	50	60	70	50	60	70	50	60	70
Diskontierungsfaktor		1,00000	1,00000	1,00000	0,86957	0,86957	0,86957	0,75614	0,75614	0,75614	0,65752	0,65752	0,65752
diskontierter Cashflow*	€ (Tsd.)	-100	-100	-100	43	52	61	38	45	53	33	39	46
Cashflow* - kumuliert	€ (Tsd.)	-100	-100	-100	-50	-40	-30	0	20	40	50	80	110
diskontierter Cashflow* - kumuliert	€ (Tsd.)	-100	-100	-100	-57	-48	-39	-19	-2	14	14	37	60

* im Sinne von einer Vor-Steuer-Betrachtung (d.h. ohne Berücksichtigung von Abschreibungen und Steuereffekten)

Tabelle C.3: Wirtschaftlichkeitsberechnung - Zahlungsströme Variante 1

	Einheit	GJ 0			GJ 1			GJ 2			GJ 3		
		pessimistisch	realistisch	optimistisch	pessimistisch	realistisch	optimistisch	pessimistisch	realistisch	optimistisch	pessimistisch	realistisch	optimistisch
Nutzen	€ (Tsd.)	0	0	0	55	66	77	55	66	77	55	66	77
1. Einmaliger Nutzen	€ (Tsd.)	0	0	0	0	0	0	0	0	0	0	0	0
1.1 Kostenreduktion	€ (Tsd.)	0	0	0	0	0	0	0	0	0	0	0	0
1.2 Kostenvermeidung	€ (Tsd.)	0	0	0	0	0	0	0	0	0	0	0	0
1.3 Erhöhte Transparenz	€ (Tsd.)	0	0	0	0	0	0	0	0	0	0	0	0
2. Laufender Nutzen	€ (Tsd.)	0	0	0	55	66	77	55	66	77	55	66	77
2.1 Originärer Nutzen	€ (Tsd.)	0	0	0	50	60	70	50	60	70	50	60	70
2.2 Kostenreduktion	€ (Tsd.)	0	0	0	0	0	0	0	0	0	0	0	0
2.3 Kostenvermeidung	€ (Tsd.)	0	0	0	0	0	0	0	0	0	0	0	0
2.4 Identifizierung zusätzlicher Optimierungspotenziale	€ (Tsd.)	0	0	0	5	6	7	5	6	7	5	6	7
2.5 Sonstiges	€ (Tsd.)	0	0	0	0	0	0	0	0	0	0	0	0
Kosten	€ (Tsd.)	115	115	115	0	0	0	0	0	0	0	0	0
1. Einmalige Kosten	€ (Tsd.)	115	115	115	0	0	0	0	0	0	0	0	0
1.1 Gegenstand des Benchmarking definieren	€ (Tsd.)	5	5	5	0	0	0	0	0	0	0	0	0
1.2 Beurteilung der eigenen Prozesse	€ (Tsd.)	45	45	45	0	0	0	0	0	0	0	0	0
1.3 Auswahl "Best in Class"	€ (Tsd.)	30	30	30	0	0	0	0	0	0	0	0	0
1.4 Vergleich der Leistungsdaten	€ (Tsd.)	15	15	15	0	0	0	0	0	0	0	0	0
1.5 Planung der Umsetzung	€ (Tsd.)	5	5	5	0	0	0	0	0	0	0	0	0
1.6 Investitionen	€ (Tsd.)	2	2	2	0	0	0	0	0	0	0	0	0
1.7 Arbeits-/Dienstleistungsaufwand	€ (Tsd.)	3	3	3	0	0	0	0	0	0	0	0	0
1.8 Initiale Annotation der Prozessmodelle	€ (Tsd.)	5	5	5	0	0	0	0	0	0	0	0	0
1.9 Kauf oder Aufbau der Domänenontologie	€ (Tsd.)	5	5	5	0	0	0	0	0	0	0	0	0
2. Laufende Kosten	€ (Tsd.)	0	0	0	0	0	0	0	0	0	0	0	0
2.1 Hardware- und Applikationskosten	€ (Tsd.)	0	0	0	0	0	0	0	0	0	0	0	0
2.2 Kosten für externe Berater	€ (Tsd.)	0	0	0	0	0	0	0	0	0	0	0	0
2.3 Pflege annotierter Prozessmodelle, Metriken	€ (Tsd.)	0	0	0	0	0	0	0	0	0	0	0	0
Cashflow*	€ (Tsd.)	-115	-115	-115	55	66	77	55	66	77	55	66	77
Diskontierungsfaktor		1,00000	1,00000	1,00000	0,86957	0,86957	0,86957	0,75614	0,75614	0,75614	0,65752	0,65752	0,65752
diskontierter Cashflow*	€ (Tsd.)	-115	-115	-115	48	57	67	42	50	58	36	43	51
Cashflow* - kumuliert	€ (Tsd.)	-115	-115	-115	-60	-49	-38	-5	17	39	50	83	116
diskontierter Cashflow* - kumuliert	€ (Tsd.)	-115	-115	-115	-67	-58	-48	-26	-8	10	11	36	61

* im Sinne von einer Vor-Steuer-Betrachtung (d.h. ohne Berücksichtigung von Abschreibungen und Steuereffekten)

Tabelle C.4: Wirtschaftlichkeitsberechnung - Zahlungsströme Variante 2

	Einheit	GJ 0			GJ 1			GJ 2			GJ 3			GJ 4			GJ 5		
		pessimistisch	realistisch	optimistisch	pessimistisch	realistisch	optimistisch	pessimistisch	realistisch	optimistisch	pessimistisch	realistisch	optimistisch	pessimistisch	realistisch	optimistisch	pessimistisch	realistisch	optimistisch
Nutzen	€ (Tsd.)	0	0	0	50	60	70	90	110	130	120	150	180	120	150	180	120	150	180
1. Einmaliger Nutzen	€ (Tsd.)	0	0	0	0	0	0	0	0	0	0	0	0	0	0	0	0	0	0
1.1 Kostenreduktion	€ (Tsd.)	0	0	0	0	0	0	0	0	0	0	0	0	0	0	0	0	0	0
1.2 Kostenvermeidung	€ (Tsd.)	0	0	0	0	0	0	0	0	0	0	0	0	0	0	0	0	0	0
1.3 Erhöhte Transparenz	€ (Tsd.)	0	0	0	0	0	0	0	0	0	0	0	0	0	0	0	0	0	0
2. Laufender Nutzen	€ (Tsd.)	0	0	0	50	60	70	90	110	130	120	150	180	120	150	180	120	150	180
2.1 Originärer Nutzen	€ (Tsd.)	0	0	0	50	60	70	90	110	130	120	150	180	120	150	180	120	150	180
2.2 Kostenreduktion	€ (Tsd.)	0	0	0	0	0	0	0	0	0	0	0	0	0	0	0	0	0	0
2.3 Kostenvermeidung	€ (Tsd.)	0	0	0	0	0	0	0	0	0	0	0	0	0	0	0	0	0	0
2.4 Identifizierung zusätzlicher Optimierungspotenziale	€ (Tsd.)	0	0	0	0	0	0	0	0	0	0	0	0	0	0	0	0	0	0
2.5 Sonstiges	€ (Tsd.)	0	0	0	0	0	0	0	0	0	0	0	0	0	0	0	0	0	0
Kosten	€ (Tsd.)	100	100	100	100	100	100	100	100	100	0	0	0	0	0	0	0	0	0
1. Einmalige Kosten	€ (Tsd.)	100	100	100	100	100	100	100	100	100	0	0	0	0	0	0	0	0	0
1.1 Gegenstand des Benchmarking definieren	€ (Tsd.)	5	5	5	5	5	5	5	5	5	0	0	0	0	0	0	0	0	0
1.2 Beurteilung der eigenen Prozesse	€ (Tsd.)	45	45	45	45	45	45	45	45	45	0	0	0	0	0	0	0	0	0
1.3 Auswahl "Best in Class"	€ (Tsd.)	30	30	30	30	30	30	30	30	30	0	0	0	0	0	0	0	0	0
1.4 Vergleich der Leistungsdaten	€ (Tsd.)	15	15	15	15	15	15	15	15	15	0	0	0	0	0	0	0	0	0
1.5 Planung der Umsetzung	€ (Tsd.)	5	5	5	5	5	5	5	5	5	0	0	0	0	0	0	0	0	0
1.6 Investitionen	€ (Tsd.)	0	0	0	0	0	0	0	0	0	0	0	0	0	0	0	0	0	0
1.7 Arbeits-/Dienstleistungsaufwand	€ (Tsd.)	0	0	0	0	0	0	0	0	0	0	0	0	0	0	0	0	0	0
1.8 Initiale Annotation der Prozessmodelle	€ (Tsd.)	0	0	0	0	0	0	0	0	0	0	0	0	0	0	0	0	0	0
1.9 Kauf oder Aufbau der Domänenontologie	€ (Tsd.)	0	0	0	0	0	0	0	0	0	0	0	0	0	0	0	0	0	0
2. Laufende Kosten	€ (Tsd.)	0	0	0	0	0	0	0	0	0	0	0	0	0	0	0	0	0	0
2.1 Hardware- und Applikationskosten	€ (Tsd.)	0	0	0	0	0	0	0	0	0	0	0	0	0	0	0	0	0	0
2.2 Kosten für externe Berater	€ (Tsd.)	0	0	0	0	0	0	0	0	0	0	0	0	0	0	0	0	0	0
2.3 Pflege annotierter Prozessmodelle, Metriken	€ (Tsd.)	0	0	0	0	0	0	0	0	0	0	0	0	0	0	0	0	0	0
Cashflow*	€ (Tsd.)	-100	-100	-100	-50	-40	-30	-10	10	30	120	150	180	120	150	180	120	150	180
Diskontierungsfaktor		1,00000	1,00000	1,00000	0,86957	0,86957	0,86957	0,75614	0,75614	0,75614	0,65752	0,65752	0,65752	0,57175	0,57175	0,57175	0,49718	0,49718	0,49718
diskontierter Cashflow*	€ (Tsd.)	-100	-100	-100	-43	-35	-26	-8	8	23	79	99	118	69	86	103	60	75	89
Cashflow* - kumuliert	€ (Tsd.)	-100	-100	-100	-150	-140	-130	-160	-130	-100	-40	20	80	80	170	260	200	320	440
diskontierter Cashflow* - kumuliert	€ (Tsd.)	-100	-100	-100	-143	-135	-126	-151	-127	-103	-72	-29	15	-4	57	118	56	132	207

* im Sinne von einer Vor-Steuer-Betrachtung (d.h. ohne Berücksichtigung von Abschreibungen und Steuereffekten)

Tabelle C.5: Wirtschaftlichkeitsberechnung - Zahlungsströme Variante 3

	Einheit	GJ 0 pessimistisch	GJ 0 realistisch	GJ 0 optimistisch	GJ 1 pessimistisch	GJ 1 realistisch	GJ 1 optimistisch	GJ 2 pessimistisch	GJ 2 realistisch	GJ 2 optimistisch	GJ 3 pessimistisch	GJ 3 realistisch	GJ 3 optimistisch	GJ 4 pessimistisch	GJ 4 realistisch	GJ 4 optimistisch	GJ 5 pessimistisch	GJ 5 realistisch	GJ 5 optimistisch
Nutzen	€ (Tsd.)	0	0	0	85	96	107	129	151	173	132	165	198	132	165	198	132	165	198
1. Einmaliger Nutzen	€ (Tsd.)	0	0	0	30	30	30	30	30	30	0	0	0	0	0	0	0	0	0
1.1 Kostenreduktion	€ (Tsd.)	0	0	0	30	30	30	30	30	30	0	0	0	0	0	0	0	0	0
1.2 Kostenvermeidung	€ (Tsd.)	0	0	0	0	0	0	0	0	0	0	0	0	0	0	0	0	0	0
1.3 Erhöhte Transparenz	€ (Tsd.)	0	0	0	0	0	0	0	0	0	0	0	0	0	0	0	0	0	0
2. Laufender Nutzen	€ (Tsd.)	0	0	0	55	66	77	99	121	143	132	165	198	132	165	198	132	165	198
2.1 Originärer Nutzen	€ (Tsd.)	0	0	0	50	60	70	90	110	130	120	150	180	120	150	180	120	150	180
2.2 Kostenreduktion	€ (Tsd.)	0	0	0	0	0	0	0	0	0	0	0	0	0	0	0	0	0	0
2.3 Kostenvermeidung	€ (Tsd.)	0	0	0	0	0	0	0	0	0	0	0	0	0	0	0	0	0	0
2.4 Identifizierung zusätzlicher Optimierungspotenziale	€ (Tsd.)	0	0	0	5	6	7	9	11	13	12	15	18	12	15	18	12	15	18
2.5 Sonstiges	€ (Tsd.)	0	0	0	0	0	0	0	0	0	0	0	0	0	0	0	0	0	0
Kosten	€ (Tsd.)	115	115	115	107	107	107	107	107	107	0	0	0	0	0	0	0	0	0
1. Einmalige Kosten	€ (Tsd.)	115	115	115	100	100	100	100	100	100	0	0	0	0	0	0	0	0	0
1.1 Gegenstand des Benchmarking definieren	€ (Tsd.)	5	5	5	5	5	5	5	5	5	0	0	0	0	0	0	0	0	0
1.2 Beurteilung der eigenen Prozesse	€ (Tsd.)	45	45	45	45	45	45	45	45	45	0	0	0	0	0	0	0	0	0
1.3 Auswahl "Best in Class"	€ (Tsd.)	30	30	30	30	30	30	30	30	30	0	0	0	0	0	0	0	0	0
1.4 Vergleich der Leistungsdaten	€ (Tsd.)	15	15	15	15	15	15	15	15	15	0	0	0	0	0	0	0	0	0
1.5 Planung der Umsetzung	€ (Tsd.)	5	5	5	5	5	5	5	5	5	0	0	0	0	0	0	0	0	0
1.6 Investitionen	€ (Tsd.)	2	2	2	0	0	0	0	0	0	0	0	0	0	0	0	0	0	0
1.7 Arbeits-/Dienstleistungsaufwand	€ (Tsd.)	3	3	3	0	0	0	0	0	0	0	0	0	0	0	0	0	0	0
1.8 Initiale Annotation der Prozessmodelle	€ (Tsd.)	5	5	5	0	0	0	0	0	0	0	0	0	0	0	0	0	0	0
1.9 Kauf oder Aufbau der Domänenontologie	€ (Tsd.)	5	5	5	0	0	0	0	0	0	0	0	0	0	0	0	0	0	0
2. Laufende Kosten	€ (Tsd.)	0	0	0	7	7	7	7	7	7	0	0	0	0	0	0	0	0	0
2.1 Hardware- und Applikationskosten	€ (Tsd.)	0	0	0	1	1	1	1	1	1	0	0	0	0	0	0	0	0	0
2.2 Kosten für externe Berater	€ (Tsd.)	0	0	0	3	3	3	3	3	3	0	0	0	0	0	0	0	0	0
2.3 Pflege annotierter Prozessmodelle, Metriken	€ (Tsd.)	0	0	0	3	3	3	3	3	3	0	0	0	0	0	0	0	0	0
Cashflow*	€ (Tsd.)	-115	-115	-115	-22	-11	0	22	44	66	132	165	198	132	165	198	132	165	198
Diskontierungsfaktor		1,00000	1,00000	1,00000	0,86957	0,86957	0,86957	0,75614	0,75614	0,75614	0,65752	0,65752	0,65752	0,57175	0,57175	0,57175	0,49718	0,49718	0,49718
diskontierter Cashflow*	€ (Tsd.)	-115	-115	-115	-19	-10	0	17	33	50	87	108	130	75	94	113	66	82	98
Cashflow* - kumuliert	€ (Tsd.)	-115	-115	-115	-137	-126	-115	-115	-82	-49	17	83	149	149	248	347	281	413	545
diskontierter Cashflow* - kumuliert	€ (Tsd.)	-115	-115	-115	-134	-125	-115	-117	-91	-65	-31	17	65	45	112	178	110	194	277

* im Sinne von einer Vor-Steuer-Betrachtung (d.h. ohne Berücksichtigung von Abschreibungen und Steuereffekten)

Tabelle C.6: Wirtschaftlichkeitsberechnung - Zahlungsströme Variante 4

C.4 Checkliste

Die Tabelle C.7 stellt eine Checkliste zur Beurteilung der Einsatzmöglichkeit des Verfahrens zum Prozessbenchmarking dar. Eine Gewichtung der einzelnen Frage erfolgt nicht und kann ggf. in weiteren Forschungen erfolgen. Eine Empfehlung zur Prüfung der Vorteilhaftigkeit des Einsatzes des Konzepts zum Prozessbenchmarking kann bei einem Gesamtergebnis von mehr als 7 positiv beantworteten Fragen ausgesprochen werden. Neben den generellen Anforderungen und Rahmenbedingungen an ein Prozessbenchmarking, wird in Bezug auf die Checkliste davon ausgegangen, dass die Software in einer marktreifen Version zur Verfügung steht.[301] Einige der Fragen motivieren den Aufbau eines *Clearing Centre*. Diese sind in der Tabelle C.7 markiert und die Leistungen könnten von dieser Stelle angeboten werden.

	Nr.	Prüfkriterien zum möglichen Einsatz des Verfahrens zum Prozessbenchmarking	Ja	Nein
	1.	Liegen die Prozessinformationen anhand von semi-formalen Prozessmodellen vor?		
	2.	Existieren weitere Prozessinformationen (wie Leistungsinformationen)?		
	3.	Sind die Prozessmodelle hinreichend komplex und stabil, so dass eine automatisierte Unterstützung vorteilhaft erscheint?		
	4.	Soll ein wiederholtes Benchmarking erfolgen?		
Clearing Centre	5.	Besteht das technische Wissen zur Erstellung von Ontologien?		
	6.	Besteht das technische Wissen zur Umsetzung benutzerdefinierter Metriken?		
	7.	Existiert eine technische Infrastruktur zum Betrieb der Softwarekomponenten und kann diese gewartet werden?		
	8.	Existiert das nötige Fachwissen und kann hierdurch eine Domänenontologie ausgewählt oder erstellt werden?		
	9.	Existiert das Wissen zur Erstellung aussagekräftiger Metriken und Interpretation der Kennzahlen?		
	10.	Kann anhand des verfolgten Benchmarking- und Analyseziels ein benötigtes Prozess-Integrations-Metamodell erstellt werden?		

Tabelle C.7: Checkliste zur Beurteilung der Einsatzmöglichkeit des Verfahrens zum Prozessbenchmarking

[301] Siehe hierzu die Anforderungsliste aus Abschnitt 7.2.2 sowie die identifizierten weiteren Forschungsbedarfe (*Usability Tests* etc.).

Literaturverzeichnis

ABRAMOWICZ, W., FENSEL, D. und FRANK, U. (2010). *Semantics and Web 2.0 Technologies to Support Business Process Management.* Business Information Systems Engineering 2, S. 1–2.

ABRAMOWICZ, W., FILIPOWSKA, A., KACZMAREK, M. und KACZMAREK, T. (2007). *Semantically enhanced Business Process Modelling Notation.* In HEPP *et al.* (2007).

ABRAMOWICZ, W., FILIPOWSKA, A., KACZMAREK, M. und KACZMAREK, T. (2012). *Semantically Enhanced Business Process Modeling Notation.* In SMOLNIK, S., TEUTEBERG, F. und THOMAS, O. (Hrsg.), *Semantic technologies for business and information systems engineering: concepts and applications*, 9, (S. 169–194). Hershey, Pa.: Business science reference.

AHLEMANN, F. (2006). *Unternehmensweites Projektcontrolling - Ein Referenzmodell für Software und Organisationssysteme.* Lohmar/Köln: Eul-Verlag.

AHLEMANN, F., TEUTEBERG, F. und BRUNE, G. (2006). *Ontologie-basierte Attributierung von Informationsmodellen: Grundlagen und Anwendungsgebiete.* ISPRI-Arbeitsbericht Nr. 01/2006.

AHMED, P. und RAFIQ, M. (1998). *Integrated benchmarking: a holistic examination of select techniques for benchmarking analysis.* Benchmarking: An International Journal 5, S. 225–242.

ALLWEYER, T. (2005). *Geschäftsprozessmanagement: Strategie, Entwurf, Implementierung, Controlling.* Herdecke: W3L-Verl.

AMERICAN PRODUCTIVITY & QUALITY CENTER (1993). *The Benchmarking Management Guide.* Productivity Press.

ANTONIOU, G. und VAN HARMELEN, F. (2004). *Web Ontology Language: OWL.* In STAAB, S. und STUDER, R. (Hrsg.), *Handbook on Ontologies.* Springer-Verlag.

BAADER, F., CALVANESE, D., MCGUINNESS, D. L., NARDI, D. und PATEL-SCHNEIDER, P. F. (Hrsg.) (2003). *The Description Logic Handbook: Theory, Implementation and Applications.* Cambridge University Press. ISBN 0521781760.

BAADER, F., HORROCKS, I. und SATTLER, U. (2004). *Description Logics.* In STAAB, S. und STUDER, R. (Hrsg.), *Handbook on Ontologies*, International Handbooks on Information Systems, (S. 3–28). Springer. ISBN 3-540-40834-7.

BAADER, F. und NUTT, W. (2003). *Basic Description Logics.* In BAADER *et al.* (2003), (S. 43–95).

BALZERT, H. (1998). *Lehrbuch der Software-Technik.* Spektrum Akademischer Verlag. ISBN 3-8274-0301-4.

BASILI, V. und ROMBACH, H. (1988). *The TAME project: towards improvement-oriented softwareenvironments.* IEEE Transactions on Software Engineering 14(6), S. 758–773.

BASILI, V. R., CALDIERA, G. und ROMBACH, H. D. (1994). *The Goal Question Metric Approach.* Encyclopedia of Software Engineering 1, S. 528–532.

BATINI, C., LENZERINI, M. und NAVATHE, S. B. (1986). *A comparative analysis of methodologies for database schema integration.* ACM Comput. Surv. 18(4), S. 323–364. ISSN 0360-0300.

BECKER, J. (1998). *Die Grundsätze ordnungsmäßiger Modellierung und ihre Einbettung in ein Vorgehensmodell zur Erstellung betrieblicher Informationsmodelle.* Informationssystem-Architekturen, Rundbrief des Fachausschusses 5.2 Informationssystem-Architekturen der Gesellschaft für Informatik 5, S. 56–62.

BECKER, J., KRCMAR, H. und NIEHAVES, B. (2009). *Wissenschaftstheorie und gestaltungsorientierte Wirtschaftsinformatik.* Arbeitsberichte des Instituts für Wirtschaftsinformatik. Physica-Verlag HD. ISBN 9783790823356.

BECKER, J., KUGELER, M. und ROSEMANN, M. (2005). *Prozessmanagement. Ein Leitfaden zur prozessorientierten Organisationsgestaltung.* Berlin: Springer-Verlag. ISBN 3540234934.

BECKER, J., ROSEMANN, M. und SCHÜTTE, R. (1995). *Grundsätze ordnungsmäßiger Modellierung.* Wirtschaftsinformatik 37(5), S. 435–445.

BECKER, J. und SCHÜTTE, R. (2004). *Handelsinformationssysteme: Domänenorientierte Einführung in die Wirtschaftsinformatik.* Redline Wirtschaft bei moderne industrie. Moderne Industrie. ISBN 9783636031440.

BEIERLE, C. und KERN-ISBERNER, G. (2006). *Methoden wissensbasierter Systeme: Grundlagen - Algorithmen - Anwendungen.* Vieweg. ISBN 9783834800107.

BELLAHSENE, Z. und LÉONARD, M. (Hrsg.) (2008). *Advanced Information Systems Engineering, 20th International Conference, CAiSE 2008, Montpellier, France, June 16-20, 2008, Proceedings*, Vol. 5074 von *Lecture Notes in Computer Science*. Springer. ISBN 978-3-540-69533-2.

BERANDER, P. und JÖNSSON, P. (2006). *A goal question metric based approach for efficient measurement framework definition*. In *ISESE '06: Proceedings of the 2006 ACM/IEEE international symposium on International symposium on empirical software engineering*, (S. 316–325). New York, NY, USA: ACM Press. ISBN 1-59593-218-6.

BERNERS-LEE, T., HENDLER, J. und LASSILA, O. (2001). *The Semantic Web*. Scientific American 284(5), S. 34–43. ISSN 0036-8733.

BETTENCOURT, N., MAIO, P., PONGÓ, A., SILVA, N. und ROCHA, J. (2006). *Systematizationand Clarification of Semantic Web Annotation Terminology*. In *In Proceedings of the International Conference on Knowledge Engineering and Decision Support (ICKEDS,Äô06)*.

BICHLER, M. (2006). *Design science in information systems research*. WIRTSCHAFTSINFORMATIK 48, S. 133–135. ISSN 0937-6429.

BLINDE, C. (2006). *Entwicklung eines Referenz-Metamodells zur Beschreibung des Sprachumfangs von Prozessmodellierungssprachen*.

BÖGL, A., SCHREFL, M., POMBERGER, G. und WEBER, N. (2008). *Semantic Annotation of EPC Models in Engineering Domains by Employing Semantic Patterns*. In CORDEIRO, J. und FILIPE, J. (Hrsg.), *ICEIS (2)*, (S. 106–115). ISBN 978-989-8111-37-1.

BOLEY, H., KIFERL, M., PĂTRÂNJAN, P.-L. und POLLERES, A. (2007). *Rule Interchange on the Web*. In ANTONIOU, G., ASSMANN, U., BAROGLIO, C., DECKER, S., HENZE, N., PĂTRÂNJAN, P.-L. und TOLKSDORF, R. (Hrsg.), *Reasoning Web*, Vol. 4636 von *Lecture Notes in Computer Science*, (S. 269–309). Springer Berlin / Heidelberg.

BRIAND, L. C., LABICHE, Y. und O'SULLIVAN, L. (2003). *Impact Analysis and Change Management of UML Models*. In *ICSM '03: Proceedings of the International Conference on Software Maintenance*, (S. 256). Washington, DC, USA: IEEE Computer Society. ISBN 0-7695-1905-9.

BRIAND, L. C., MORASCA, S. und BASILI, V. R. (2002). *An Operational Process for Goal-Driven Definition of Measures*. IEEE Transactions on Software Engineering 28(12), S. 1106–1125. ISSN 0098-5589.

Brisley, C. (1983). *Measuring the unmeasurable.* In *Fall Industrial Engineering Conference Proceedings*, (S. 22–28).

Brugger, R. (2009). *Der IT Business Case: Kosten ermitteln und analysieren - Nutzen erkennen und quantifizieren - Wirtschaftlichkeit nachweisen und realisieren.* 2. Auflage. Springer-Verlag, Heidelberg. Original.

Bry, F. und Marchiori, M. (2005). *Ten Theses on Logic Languages for the Semantic Web.* In Fages, F. und Soliman, S. (Hrsg.), *Principles and Practice of Semantic Web Reasoning*, Vol. 3703 von *Lecture Notes in Computer Science*, (S. 42–49). Springer Berlin / Heidelberg.

Buhl, H.-U., Röglinger, M., Stöckl, S. und Braunwarth, K. S. (2011). *Wertorientierung im Prozessmanagement.* WIRTSCHAFTSINFORMATIK 53, S. 159–169. ISSN 0937-6429.

Bunge, M. (1977). *The Furniture of the World*, Vol. 3 von *Treatise on Basic Philosophy.* The Netherlands: D. Reidal Publishing Company.

Burton-Jones, A., Storey, V. C., Sugumaran, V. und Ahluwalia, P. (2005). *A semiotic metrics suite for assessing the quality of ontologies.* Data & Knowledge Engineering 55(1), S. 84–102.

Camp, R. (1989). *Benchmarking. The Search for Industry Best Practice that Led to Superior Performance.* ASQC Quality Press.

Camp, R. C. (1994). *Benchmarking.* Hanser. ISBN 9783446176065.

Capgemini Consulting (2009). *Business transformation: From crisis response to radical changes that will create tomorrow's business.* `http://www.at.capgemini.com/insights/publikationen/business-transformation/?ftcnt=10110`. [14.01.2012].

Capgemini Consulting (2010). *Change Management Studie 2010: Business Transformation - Veränderungen erfolgreich gestalten.* `http://www.de.capgemini.com/insights/publikationen/change-management-studie-2010/`. [14.01.2012].

Carpinetti, L. und de Melo, A. M. (2002). *What to benchmark?: A systematic approach and cases.* Benchmarking: An International Journal 9(12), S. 244–255.

Chabrol, M., Chauvet, J., Féniès, P. und Gourgand, M. (2006). *A Methodology for Process Evaluation and Activity Based Costing in Health Care Supply Chain.* In Bussler, C. und Haller, A. (Hrsg.), *Business Process Management Workshops*, Vol. 3812 von *Lecture Notes in Computer Science*, (S. 375–384). Springer Berlin / Heidelberg.

CHIDAMBER, S. R., DARCY, D. P. und KEMERER, C. F. (1998). *Managerial Use of Metrics for Object-Oriented Software: An Exploratory Analysis.* IEEE Trans. Softw. Eng. 24(8), S. 629–639. ISSN 0098-5589.

CHIDAMBER, S. R. und KEMERER, C. F. (1994). *A Metrics Suite for Object Oriented Design.* IEEE Trans. Softw. Eng. 20(6), S. 476–493. ISSN 0098-5589.

CHISHOLM, R. M. (1992). *The Basic Ontological Categories.* In MULLIGAN, K. und HETHERINGTON, S. (Hrsg.), *Language, Truth and Ontology*, Vol. 51 von *Philosophical Studies Series*, (S. 1–13). Springer Netherlands. ISBN 978-94-011-2602-1.

COOPER, H. und HEDGES, L. (1994). *The Handbook of Research Synthesis*, Kapitel Research synthesis as a scientific enterprise, (S. 3–14). Russell Sage Foundation. ISBN 0871542269.

COVER PAGES (2001). *Simple Rule Markup Language (SRML).* `http://xml.coverpages.org/srml.html`. [24.08.2012].

COX, G. W., ETZKORN, L. H. und HUGHES, W. E. (2006). *Cohesion Metric for Object-Oriented Systems Based on Semantic Closeness from Disambiguity.* Applied Artificial Intelligence 20(5), S. 419–436.

CURTIS, B., KELLNER, M. I. und OVER, J. (1992). *Process modeling.* Commun. ACM 35, S. 75–90. ISSN 0001-0782.

DATTAKUMAR, R. und JAGADEESH, R. (2003). *A review of literature on benchmarking.* Benchmarking: An International Journal 10(3), S. 176–209.

DE MEDEIROS, A. K. A., PEDRINACI, C., VAN DER AALST, W. M. P., DOMINGUE, J., SONG, M., ROZINAT, A., NORTON, B. und CABRAL, L. (2007). *An Outlook on Semantic Business Process Mining and Monitoring.* In MEERSMAN, R., TARI, Z. und HERRERO, P. (Hrsg.), *OTM Workshops (2)*, Vol. 4806 von *Lecture Notes in Computer Science*, (S. 1244–1255). Springer. ISBN 978-3-540-76889-0.

DECKER, S., FENSEL, D., VAN HARMELEN, F., HORROCKS, I., MELNIK, S., KLEIN, M. C. A. und BROEKSTRA, J. (2000). *Knowledge Representation on the Web.* In *Description Logics*, (S. 89–97).

DEMARCO, T. (1986). *Controlling Software Projects: Management, Measurement, and Estimates.* Upper Saddle River, NJ, USA: Prentice Hall PTR. ISBN 0131717111.

DIANA MAYNARD, W. P. und LI, Y. (2006). *Metrics for Evaluation of Ontology-based Information Extraction.* In *15th International World Wide Web Conference.*

DITTMANN, L., SCHÜTTE, R. und ZELEWSKI, S. (2003). *Darstellende Untersuchung philosophische Problems mit Ontologien.* In REIMER, U., ABECKER, A., STAAB, S. und STUMME, G. (Hrsg.), *Wissensmanagement*, Vol. 28 von *LNI*, (S. 418–419). GI. ISBN 3-88579-357-1.

DREW, S. A. (1997). *From knowledge to action : The impact of benchmarking on organizational performance.* Long Range Planning 30(3), S. 427–441. Cited By (since 1996): 42.

DUMKE, R. (2003). *Software Engineering: Eine Einführung Für Informatiker und Ingenieure: Systeme, Erfahrungen, Methoden, Tools.* Vieweg Lehrbuch. Vieweg Verlag. ISBN 9783528353551.

DUSSART, A., AUBERT, B. A. und PATRY, M. (2004). *An Evaluation of Inter-Organizational Workflow Modeling Formalisms.* Journal of Database Management 15(2), S. 74–104. Cited By (since 1996): 6.

EHRIG, M., KOSCHMIDER, A. und OBERWEIS, A. (2007). *Measuring Similarity between Semantic Business Process Models.* In RODDICK, J. F. und HINZE, A. (Hrsg.), *Conceptual Modelling 2007, Proceedings of the Fourth Asia-Pacific Conference on Conceptual Modelling (APCCM 2007)*, Vol. 67, (S. 71–80). Ballarat, Victoria, Australia: Australian Computer Science Communications.

EVERMANN, J. und WAND, Y. (2001a). *An ontological examination of object interaction in conceptual modelling.* In *Proceedings of the 11th Workshop on Information Technologies and Systems (WITS 2001).* New Orleans, USA.

EVERMANN, J. und WAND, Y. (2001b). *Towards Ontologically Based Semantics for UML Constructs.* In *ER '01: Proceedings of the 20th International Conference on Conceptual Modeling*, (S. 354–367). London, UK: Springer-Verlag. ISBN 3-540-42866-6.

FELLMANN, M., HOGREBE, F., THOMAS, O. und NÜTTGENS, M. (2010a). *An Ontology-driven Approach to Support Semantic Verification in Business Process Modeling.* In ESSWEIN, W., TUROWSKI, K. und JUHRISCH, M. (Hrsg.), *MobIS*, Vol. 171 von *LNI*, (S. 99–110). GI. ISBN 978-3-88579-265-9.

FELLMANN, M. und THOMAS, O. (2011). *Process Model Verification with SemQuu.* In NÜTTGENS, M., THOMAS, O. und WEBER, B. (Hrsg.), *EMISA*, Vol. 190 von *LNI*, (S. 231–236). GI. ISBN 978-3-88579-284-0.

FELLMANN, M., THOMAS, O. und HOGREBE, F. (2012). *Semantic Verification of Business Process Models: Prospects and Limitations.* In SMOLNIK, S., TEUTEBERG, F. und THOMAS, O. (Hrsg.), *Semantic Technologies for Business and Information Systems Engineering: Concepts and Applications.*, (S. 150–168). IGI Publishing.

FELLMANN, M., ZARVIĆ, N. und THOMAS, O. (2010b). *Unterstützung von Modellierungsleistungen durch semantische Technologien.* In THOMAS, O. und NÜTTGENS, M. (Hrsg.), *Dienstleistungsmodellierung 2010*, (S. 65–85). Physica-Verlag HD. ISBN 978-3-7908-2621-0.

FENSEL, D. (2004). *Ontologies: A Silver Bullet for Knowledge Management and Electronic Commerce.* Secaucus, NJ, USA: Springer-Verlag New York, Inc. ISBN 3540003029.

FENTON, N. und PFLEEGER, S. (1996). *Software metrics: a rigorous and practical approach.* International Thomson Computer Press. ISBN 9781850322757.

FENTON, N. E. und PFLEEGER, S. L. (1998). *Software Metrics: A Rigorous and Practical Approach.* Boston, MA, USA: PWS Publishing Co. ISBN 0534954251.

FETTKE, P. (2006). *State-of-the-Art des State-of-the-Art - Eine Untersuchung der Forschungsmethode „Review" innerhalb der Wirtschaftsinformatik.* Wirtschaftsinformatik 48(4).

FETTKE, P. und LOOS, P. (2002). *Klassifikation von Informationsmodellen - Nutzenpotentiale, Methode und Anwendung am Beispiel von Referenzmodellen.* Arbeitspapier, Information Systems & Management, Johannes Gutenberg-University Mainz.

FETTKE, P. und LOOS, P. (2003a). *Ontologische Evaluierung von Ereignisgesteuerten Prozessketten.* In NÜTTGENS, M. und RUMP, F. J. (Hrsg.), *EPK*, (S. 61–78). GI-Arbeitskreis Geschäftsprozessmanagement mit Ereignisgesteuerten Prozessketten.

FETTKE, P. und LOOS, P. (2003b). *Ontologische Evaluierung von Referenzmodellen - Überblick und Anwendung.* In *INFORMATIK 2003 - Innovative Informatikanwendungen, Band 1, Beiträge der 33. Jahrestagung der Gesellschaft für Informatik e. V. (GI), 29. September - 2. Oktober 2003 in Frankfurt am Main*, (S. 233–237). Bonn: Köllen. ISBN 3-88579-363-6, ISSN 1617-5468.

FETTKE, P. und LOOS, P. (2003c). *Ontologische Evaluierung von Referenzmodellen auf Basis des Bunge-Wand-Weber-Modells- Methode und Anwendungen.* In SINZ, E. J., PLAHA, M. und NECKEL, P. (Hrsg.), *MobIS*, Vol. 38 von *LNI*, (S. 155–173). GI. ISBN 3-88579-367-9.

FETTKE, P. und LOOS, P. (2004a). *Referenzmodellierungsforschung.* Wirtschaftsinformatik 46(5), S. 331–340.

FETTKE, P. und LOOS, P. (2004b). *Referenzmodellierungsforschung - Langfassung eines Aufsatzes.* Arbeitspapier 16, Information Systems & Management, Johannes Gutenberg-University Mainz.

FETTKE, P. und LOOS, P. (2007). *Ontological Evaluation of Scheer's Reference Model for Production Planning and Control Systems.* IBIS - International Journal of Interoperability in Business Information Systems 2(1), S. 9–28.

FETTKE, P., LOOS, P. und ZWICKER, J. (2005). *Business Process Reference Models: Survey and Classification.* In BUSSLER, C. und HALLER, A. (Hrsg.), *Business Process Management Workshops*, Vol. 3812, (S. 469–483). ISBN 3-540-32595-6.

FILL, H.-G. (2011). *Using Semantically Annotated Models for Supporting Business Process Benchmarking.* In GRABIS, J. und KIRIKOVA, M. (Hrsg.), *BIR*, Vol. 90 von *Lecture Notes in Business Information Processing*, (S. 29–43). Springer. ISBN 978-3-642-24510-7.

FISCHER, L. (2000). *The Workflow Handbook 2001.* Workflow Management Coalition (WfMC).

FRANK, U. (2000). *Evaluation von Artefakten in der Wirtschaftsinformatik.* In HÄNTSCHEL, I. und HEINRICH, L. (Hrsg.), *Evaluation und Evaluationsforschung in der Wirtschaftsinformatik*, (S. 35–48). Oldenbourg.

FRANK, U. (2006). *Towards a Pluralistic Conception of Research Methods in Information Systems Research.* ICB Research Report 7, Institut für Informatik und Wirtschaftsinformatik (ICB), Universität Duisburg-Essen.

FRANK, U., HEINZL, A. und SCHODER, D. (2008). *WI-Orientierungslisten.* WIRTSCHAFTSINFORMATIK 50, S. 155–163. ISSN 0937-6429.

FUCHS, F. (2008). *Semantische Modellierung und Reasoning für Kontextinformationen in Infrastrukturnetzen.* Cuvillier. ISBN 9783867277983.

FUNK, B., GÓMEZ, J., NIEMEYER, P. und TEUTEBERG, F. (2010). *Geschäftsprozessintegration mit SAP-Technologien: Fallstudien zur Steuerung von Wertschöpfungsprozessen entlang der Supply Chain.* Springer. ISBN 9783642127205.

GADATSCH, A. (2005). *Grundkurs Geschäftsprozess-Management: Methoden und Werkzeuge für die IT-Praxis - eine Einführung für Studenten und Praktiker.* 4. Auflage. Wiesbaden: Vieweg. ISBN 3834800392.

GARCÍA, J., GARCÍA-PEÑALVO, F. J. und THERÓN, R. (2010). *A Survey on Ontology Metrics.* In LYTRAS, M. D., ORDONEZ DE PABLOS, P., ZIDERMAN, A., ROULSTONE, A., MAURER, H. und IMBER, J. B. (Hrsg.), *Knowledge Management, Information Systems, E-Learning, and Sustainability Research*, Vol. 111 von *Communications in Computer and Information Science*, (S. 22–27). Springer Berlin Heidelberg. ISBN 978-3-642-16318-0.

GARTNER GROUP (2008). *Making the difference: The 2008 CIO Agenda.* Gartner EXP Premier Reports ed., Gartner Group, Inc., Egham, UK.

GEHLERT, A., SCHERMANN, M., POHL, K. und KRCMAR, H. (2009). *Towards a Research Method for Theory-driven Design Research.* In HANSEN, H. R., KARAGIANNIS, D. und FILL, H. G. (Hrsg.), *Business Services: Konzepte, Technologien, Anwendungen, 9. Internationale Tagung Wirtschaftsinformatik*, Vol. 1, (S. 441–450). Wien, Austria: Österreichische Computer Gesellschaft.

GENERO, M., PIATTINI, M. und CALERO, C. (2005). *A Survey of Metrics for UML Class Diagrams.* Journal of Object Technology 4(9), S. 59–92.

GIUNCHIGLIA, F., YATSKEVICH, M. und SHVAIKO, P. (2007). *Semantic Matching: Algorithms and Implementation.* J. Data Semantics 9, S. 1–38.

GLADEN, W. (2001). *Kennzahlen- und Berichtssysteme: Grundlagen zum performance measurement.* Gabler Lehrbuch. Gabler. ISBN 9783409118286.

GOMEZ-PEREZ, A., CORCHO, O. und FERNANDEZ-LOPEZ, M. (2004). *Ontological Engineering : with examples from the areas of Knowledge Management, e-Commerce and the Semantic Web. First Edition (Advanced Information and Knowledge Processing).* Springer. ISBN 1852335513.

GREEN, P. und ROSEMANN, M. (2000). *Integrated process modeling: an ontological evaluation.* Information Systems 25(2), S. 73–87. ISSN 0306-4379.

GREEN, P., ROSEMANN, M., INDULSKA, M. und MANNING, C. (2007). *Candidate interoperability standards: An ontological overlap analysis.* Data & Knowledge Engineering 62(2), S. 274–291. ISSN 0169-023X.

GREGOR, S. (2006). *The Nature of Theory in Information Systems.* MIS Quarterly 30, S. 611–642.

GREGOR, S. und JONES, D. (2007). *The Anatomy of a Design Theory.* Journal of the Association for Information Systems 8(5), S. 313–335.

GRUBER, T. R. (1993). *A translation approach to portable ontology specifications.* Knowledge Acquisition 5(2), S. 199–220. ISSN 1042-8143.

GUARINO, N. (1997). *Understanding, building and using ontologies.* Int. J. Hum.-Comput. Stud. 46(2-3), S. 293–310. ISSN 1071-5819.

GUARINO, N. (1998). *Formal Ontology and Information Systems.* In *Formal Ontology in Information Systems: Proceedings of the 1st International Conference June 6-8, 1998, Trento, Italy.*

GUILMETLE, H. und CARLENE, R. (1984). *Competitive benchmarking - a new concept for training.* Training and Development Journal 38(2), S. 70–71.

GUIZZARDI, G. (2005). *Ontological Foundations for Structural Conceptual Models.* Dissertation, Telematica Instituut Fundamental Research Series, vol. 015. Enschede, the Netherlands: Telematica Instituut.

HADAR, I. und SOFFER, P. (2006). *Variations in conceptual modeling: classification and ontological analysis.* Journal of the Association for Information Systems 7(8), S. 568–592.

HANSEN, H. R. und NEUMANN, G. (2001). *Wirtschaftsinformatik.* UTB, Stuttgart.

HARS, A. (1994). *Referenzdatenmodelle - Grundlagen effizienter Datenmodellierung.* Gabler.

HEINRICH, B., BEWERNIK, M.-A., HENNEBERGER, M., KRAMMER, A. und LAUTENBACHER, F. (2008). *SEMPA - Ein Ansatz des Semantischen Prozessmanagements zur Planung von Prozessmodellen.* WIRTSCHAFTSINFORMATIK 50(6), S. 445–460.

HEINRICH, B., KLIER, M. und ZIMMERMANN, S. (2012). *Automated Planning of Process Models: Towards a Semantic-based Approach.* In SMOLNIK, S., TEUTEBERG, F. und THOMAS, O. (Hrsg.), *Semantic technologies for business and information systems engineering: concepts and applications*, 9, (S. 169–194). Hershey, Pa.: Business science reference.

HEINRICH, L. J. (2001). *Wirtschaftsinformatik: Einführung und Grundlegung.* Oldebourg, München/Wien.

HEINRICH, L. J., HEINZL, A. und ROITHMAYR, F. (2004). *Wirtschaftsinformatik-Lexikon.* 7. Auflage. München, Wien: Oldenbourg Verlag.

HEPP, M. (2007). *Possible Ontologies: How Reality Constrains the Development of Relevant Ontologies.* IEEE Internet Computing 11(1), S. 90–96. ISSN 1089-7801.

HEPP, M., HINKELMANN, K., KARAGIANNIS, D., KLEIN, R. und STOJANOVIC, N. (Hrsg.) (2007). *Proceedings of the Workshop on Semantic Business Process and Product Lifecycle Management held in conjunction with the 3rd European Semantic Web Conference (ESWC 2007), Innsbruck, Austria, June 7, 2007*, Vol. 251 von *CEUR Workshop Proceedings.* CEUR-WS.org.

HEPP, M. und ROMAN, D. (2007). *An Ontology Framework for Semantic Business Process Management.* In OBERWEIS, A., WEINHARDT, C., GIMPEL, H., KOSCHMIDER, A., PANKRATIUS, V. und SCHNIZLER, B. (Hrsg.), *eOrganisation: Service-, Prozess-,*

Market-Engineering. 8. Internationale Tagung Wirtschaftsinformatik, (S. 423–440). Universitaetsverlag Karlsruhe. ISBN 978-3-86644-094-4.

HEVNER, A. R., MARCH, S. T., PARK, J. und RAM, S. (2004). *Design Science in Information Systems Research.* MIS Quarterly (S. 75–105).

HOANG, H., TRAN, P.-C. und LE, T. (2010). *State of the Art of Semantic Business Process Management: An Investigation on Approaches for Business-to-Business Integration.* In NGUYEN, N., LE, M. und SWIATEK, J. (Hrsg.), *Intelligent Information and Database Systems*, Vol. 5991 von *Lecture Notes in Computer Science*, (S. 154–165). Springer Berlin / Heidelberg.

HÖFFERER, P. (2007). *Achieving Business Process Model Interoperability Using Metamodels and Ontologies.* In ÖSTERLE H, W. R. E., SCHELP J (Hrsg.), *In Proceedings of the Fifteenth European Conference on Information Systems*, (S. 1620–1631). St. Gallen: University of St. Gallen.

HOFFMANN, D. (2008). *Software-Qualität.* Springer. ISBN 9783540763222.

HOGBIN, G. und THOMAS, D. V. (1994). *Investing in Information Technology: Managing the Decision-Making Process.* New York, NY, USA: McGraw-Hill, Inc. ISBN 0077077571.

HORROCKS, I. (2005). *Applications of Description Logics: State of the Art and Research Challenges.* In DAU, F., MUGNIER, M.-L. und STUMME, G. (Hrsg.), *ICCS*, Vol. 3596 von *Lecture Notes in Computer Science*, (S. 78–90). Springer. ISBN 3-540-27783-8.

HORROCKS, I., PATEL-SCHNEIDER, P. F., BOLEY, H., TABET, S., GROSOFAND, B. und DEAN, M. (2004). *SWRL: A Semantic Web Rule Language Combining OWL and RuleML.* W3C Member Submission. `http://www.w3.org/Submission/SWRL/`. [14.08.2012].

HORROCKS, I., PATEL-SCHNEIDER, P. F. und VAN HARMELEN, F. (2003). *From SHIQ and RDF to OWL: The Making of a Web Ontology Language.* Journal of Web Semantics 1(1), S. 7–26.

HORROCKS, I., SATTLER, U. und TOBIES, S. (2000). *Practical Reasoning for Very Expressive Description Logics.* Logic Journal of the IGPL 8(3), S. 239–264.

IEEE (1993). *IEEE Standard for a Software Quality Metrics Methodology.* IEEE Std 1061-1992 (S. 0–20).

INDULSKA, M. und RECKER, J. C. (2008). *Design science in IS research : a literature analysis.* In GREGOR, S. und HO, S. (Hrsg.), *4th Biennial ANU Workshop on Information Systems Foundations.* Canberra, Australia: ANU E Press.

INDULSKA, M., RECKER, J. C., ROSEMANN, M. und GREEN, P. (2008). *Representational Deficiency of Process Modelling Languages: Measures and Implications.* In GOLDEN, W., ACTON, T., CONBOY, K., VAN DER HEIJDEN, H. und TUUNAINEN, V. (Hrsg.), *Proceedings of 16th European Conference on Information Systems*, (S. 1–12). National University of Ireland, Galway.

ITZFELDT, W. D. (1983). *Methodische Anforderungen an Software-Kennzahlen.* Angewandte Informatik 25(2), S. 55–61.

JAY F. NUNAMAKER, J., CHEN, M. und PURDIN, T. D. M. (1991). *Systems development in information systems research.* J. Manage. Inf. Syst. 7(3), S. 89–106. ISSN 0742-1222.

KALFOGLOU, Y. und SCHORLEMMER, M. (2003). *Ontology mapping: the state of the art.* The Knowledge Engineering Review 18, S. 1–31.

KARAGIANNIS, D. und HÖFFERER, P. (2006). *Metamodels in action: An overview.* In FILIPE, J., SHISHKOV, B. und HELFERT, M. (Hrsg.), *ICSOFT 2006 - First International Conference on Software and Data Technologies.* INSTICC Press. ISBN 972-8865-69-4.

KLEWES, J. und LANGEN, R. (Hrsg.) (2008). *Change 2.0 - Beyond Organisational Transformation.* Springer.

KLINKER, G., BHOLA, C., DALLEMAGNE, G., MARQUES, D. und MCDERMOTT, J. (1991). *Usable and reusable programming constructs.* Knowl. Acquis. 3(2), S. 117–135. ISSN 1042-8143.

KLUTH, M., AHLEMANN, F. und TEUTEBERG, F. (2008). *SEMAT - Ein Werkzeug zur Ontologiebasierten Analyse und zum Vergleich von Prozessmodellen.* In LOOS, P., NÜTTGENS, M., TUROWSKI, K. und WERTH, D. (Hrsg.), *MobIS Workshops*, Vol. 420 von *CEUR Workshop Proceedings*, (S. 128–147). CEUR-WS.org.

KOBLER, M. (2010). *Qualität von Prozessmodellen: Kennzahlen zur analytischen Qualitätssicherung bei der Prozessmodellierung.* Logos Verlag Berlin. ISBN 9783832525767.

KOSCHMIDER, A. und OBERWEIS, A. (2005). *Ontology Based Business Process Description.* In MISSIKOFF, M. und NICOLA, A. D. (Hrsg.), *EMOI-INTEROP*, Vol. 160 von *CEUR Workshop Proceedings.* CEUR-WS.org.

KUECHLER, B. und VAISHNAVI, V. (2008). *On theory development in design science research: anatomy of a research project.* European Journal of Information Systems 17(16), S. 489–504.

KUGELER, M. und ROSEMANN, M. (1998). *Fachbegriffsmodellierung für betriebliche Informationssysteme und zur Unterstützung der Unternehmenskommunikation.* Informationssystem Architekturen 5(2), S. 8–15.

KYRÖ, P. (2003). *Revising the concept and forms of benchmarking.* Benchmarking: An International Journal 10(16), S. 210–225.

LASSILA, O. und MCGUINNESS, D. (2001). *The Role of Frame-Based Representation on the Semantic Web.* Linköping Electronic Articles in Computer and Information Science 6(5).

LAWRENCE, R. und BARKER, K. (2001). *Integrating relational database schemas using a standardized dictionary.* In *SAC '01: Proceedings of the 2001 ACM symposium on Applied computing*, (S. 225–230). New York, NY, USA: ACM. ISBN 1-58113-287-5.

LEGNER, C. und ÖSTERLE, H. (1999). *Prozessbenchmarking - Ein methodischer Ansatz zur Prozessentwicklung mit Standarsoftware.* In SCHEER, A. und NUETTGENS, M. (Hrsg.), *4. Internationale Tagung Wirtschaftsinformatik*, (S. 331–352). Physica (Heidelberg).

LIAO, L., QU, Y. und LEUNG, H. K. N. (2005). *A Software Process Ontology and its Application.* In *Workshop on Semantic Web Enabled Software Engineering (SWESE).*

LIEBOWITZ, S. J. und MARGOLIS, S. E. (1995). *Are Network Externalities A New Source of Market Failure?* Research in Law and Economics 17, S. 1–22.

LIN, Y. (2008). *Semantic Annotation for Process Models: Facilitating Process Knowledge Management via Semantic Interoperability.* Dissertation, Norwegian University of Science and Technology.

LIN, Y. und STRASUNSKAS, D. (2005). *Ontology-based Semantic Annotation of Process Templates for Reuse.* In HALPIN, T., SIAU, K. und KROGSTIE, J. (Hrsg.), *Proceedings of the Workshop on Evaluating Modeling Methods for Systems Analysis and Design (EMMSAD'05)*, (S. 593–604). FEUP, Porto, Portugal, EU. ISBN ISBN 9727520774.

LIN, Y. und STRASUNSKAS, D. (2012). *Semantic Annotation of Business Process Templates.* In SMOLNIK, S., TEUTEBERG, F. und THOMAS, O. (Hrsg.), *Semantic technologies for business and information systems engineering: concepts and applications*, 9, (S. 169–194). Hershey, Pa.: Business science reference.

LÖBNER, S. (2003). *Semantik: Eine Einführung.* De Gruyter Studienbuch. Walter de Gruyter. ISBN 9783110156744.

LOWIS, B. C. und ALBERT, C. E. (1985). *The evolution of benchmarking as a computer performance evaluation technique.* MIS Quarterly 9(1), S. 7–16.

MA, Z., WETZSTEIN, B., ANICIC, D., HEYMANS, S. und LEYMANN, F. (2007). *Semantic Business Process Repository.* In HEPP *et al.* (2007).

MÄDCHE, A., STAAB, S. und STUDER, R. (2001). *Ontologien.* Wirtschaftsinformatik 4, S. 393–395.

MAEDCHE, A. und MOTIK, B. (2003). *Repräsentations- und Anfragesprachen für Ontologien - eine Übersicht.* Datenbank-Spektrum 6, S. 43–53.

MAEDCHE, A. und STAAB, S. (2001). *Ontology Learning for the Semantic Web.* IEEE Intelligent Systems 16(2), S. 72–79. ISSN 1541-1672.

MARCH, S. T. und SMITH, G. F. (1995). *Design and natural science research on information technology.* Decision Support Systems 15(4), S. 251–266. ISSN 0167-9236.

MARKOVIC, I., HASIBETHER, F., JAIN, S. und STOJANOVIC, N. (2009). *Process-oriented Semantic Business Modeling.* In HANSEN, H. R., KARAGIANNIS, D. und FILL, H.-G. (Hrsg.), *Wirtschaftsinformatik (1)*, Vol. 246 von *books@ocg.at*, (S. 683–694). Österreichische Computer Gesellschaft. ISBN 978-3-85403-246-5.

MARKUS, M. L., MAJCHRZAK, A. und GASSER, L. (2002). *A design theory for systems that support emergent knowledge processes.* MIS Quarterly 26, S. 179–212.

MCBRIDE, B. (2004). *The Resource Description Framework (RDF) and its Vocabulary Description Language RDFS.* In STAAB, S. und STUDER, R. (Hrsg.), *Handbook on Ontologies*, International Handbooks on Information Systems, (S. 51–66). Springer. ISBN 3-540-40834-7.

MCCALL, J., RICHARDS, P. und WALTERS, G. (1977). *Factors in Software Quality. Volume I: Concepts and Definitions of Software Quality.* AD A049. General Electric.

MENDLING, J. (2008). *Metrics for Process Models: Empirical Foundations of Verification, Error Prediction, and Guidelines for Correctness*, Vol. 6 von *Lecture Notes in Business Information Processing.* Springer. ISBN 978-3-540-89223-6.

MERTINS, K. und KOHL, H. (Hrsg.) (2009). *Benchmarking - Leitfaden für den Vergleich mit den Besten.* Symposion.

MILES, A. und BECHHOFER, S. (2008). *SKOS Simple Knowledge Organization System Reference.* W3C. `http://www.w3.org/TR/2008/WD-skos-reference-20080125/`. [14.08.2012].

MISSIKOFF, M., NAVIGLI, R. und VELARDI, P. (2002). *The Usable Ontology: An Environment for Building and Assessing a Domain Ontology.*

MÜLLER, B., AHLEMANN, F. und ROEDER, K. (2010). *Understanding the Success of Strategic IT/IS Benchmarking: Results from a Multiple-Case Study.* In ALEXANDER, P. M., TURPIN, M. und VAN DEVENTER, J. P. (Hrsg.), *18th European Conference on Information Systems.* Pretoria: Department of Informatics.

MURZEK, M. (2008). *The Model Morphing Approach - Horizontal Transformation of Business Process Models.* Dissertation, Vienna University of Technology.

MURZEK, M. und KRAMLER, G. (2007). *The Model Morphing Approach - Horizontal Transformations between Business Process Models.* In *Proceedings of the 6th International Conference on Perspecitves in Business Information Research - BIR 2007*, (S. 88–103). Department of Computer Sciences, University of Tampere, Tampere, Finnland. ISBN: 978-951-44-7096-7.

MYLOPOULOS, J. (1998). *Information Modeling in the Time of the Revolution.* Inf. Syst. 23(3-4), S. 127–155.

NARDI, D. und BRACHMAN, R. J. (2003). *An Introduction to Description Logics.* In BAADER *et al.* (2003), (S. 1–40).

OGDEN, C. K. und RICHARDS, I. A. (1923). *The Meaning of Meaning.* London: Kegan Paul.

OLSSON, T. und RUNESON, P. (2001). *V-GQM: A Feed-Back Approach to Validation of a GQM Study.* In *Proceedings of the 7th International Symposium on Software Metrics*, METRICS '01, (S. 236–245). Washington, DC, USA: IEEE Computer Society. ISBN 0-7695-1043-4.

OPDAHL, A. L. und HENDERSON-SELLERS, B. (2002). *Ontological Evaluation of the UML using the Bunge-Wand-Weber Model.* Software and Systems Modelling 1(1), S. 43–67.

ORME, A. M., YAO, H. und ETZKORN, L. H. (2006). *Coupling Metrics for Ontology-Based Systems.* IEEE Softw. 23(2), S. 102–108. ISSN 0740-7459.

ÖSTERLE, H. und GUTZWILLER, T. (1992). *Ein Referenz-Metamodell für die Analyse und das System-Design*, Vol. Bd. 1 von *Konzepte angewandter Analyse- und Design-Methoden / Hubert Österle Thomas Gutzwiller.* Hallbergmoss: AIT Angewandte Informations Technik Verl. ISBN 3926571901.

ÖSTERLE, H., GUTZWILLER, T. und SPRENGER, U. (1994). *Referenz-Metamodell für den Entwurf betrieblicher Informationssysteme.* Rundbrief des GI-Fachausschusses 5.2 1, S. 12–15.

PARSIA, B. und SIRIN, E. (2004). *Pellet: An OWL DL Reasoner.* In *3rd International Semantic Web Conference (ISWC2004).*

PATEL-SCHNEIDER, P. und HORROCKS, I. (2006). *OWL 1.1 Web Ontology Language Overview.* W3C Member Submission. `http://www.w3.org/Submission/owl11-overview/`. [14.08.2012].

PEFFERS, K., TUUNANEN, T., GENGLER, C. E., ROSSI, M., HUI, W., VIRTANEN, V. und BRAGGE, J. (2006). *International Conference on Design Science Research in Information Systems & Technology*, Kapitel The Design Science Research Process: A Model for Producing and Presenting Information Systems Research, (S. 83–106). DESRIST 2006, Claremont, CA.

PEIRCE, C. S. (1931). *Collected Papers of Charles Sanders Peirce.* Harvard University Press.

PETSCH, M., SCHORCHT, H., NISSEN, V. und HIMMELREICH, K. (2008). *Ein Transformationsmodell zur Überführung von Prozessmodellen in eine Simulationsumgebung.* In LOOS, P., NÜTTGENS, M., TUROWSKI, K. und WERTH, D. (Hrsg.), *MobIS*, (S. 209–219). CEUR-WS.

PFEIFFER, D. und BECKER, J. (2006). *Beziehungen zwischen behavioristischer und konstruktionsorientierter Forschung in der Wirtschaftsinformatik.* In AKCA, N. und ZELEWSKI, S. (Hrsg.), *Fortschritt in den Wirtschaftswissenschaften - Wissenschaftstheoretische Grundlagen und exemplarische Anwendungen*, (S. 39–57). Wiesbaden: Deutscher Universitätsverlag.

PFEIFFER, D. und GEHLERT, A. (2005). *A framework for comparing conceptual models.* In DESEL, J. und FRANK, U. (Hrsg.), *EMISA*, Vol. 75 von *LNI*, (S. 108–122). GI. ISBN 3-88579-404-7.

PICOT, A. und MAIER, M. (1993). *Interdependenzen zwischen betriebwirtschaftlichen Organisationsmodellen und Informationsmodellen.* Information Management, 2, S. 6–15.

PREISSLER, P. (2008). *Betriebswirtschaftliche Kennzahlen: Formeln, Aussagekraft, Sollwerte, Ermittlungsintervalle.* Oldenbourg. ISBN 9783486238884.

RECKER, J. C. und INDULSKA, M. (2007). *An Ontology-Based Evaluation of Process Modeling with Petri Nets.* IBIS - International Journal of Interoperability in Business Information Systems 2(1).

RECKER, J. C., INDULSKA, M., ROSEMANN, M. und GREEN, P. (2005). *Do Process Modelling Techniques Get Better? A Comparative Ontological Analysis of BPMN.* In CAMPBELL, B., UNDERWOOD, J. und BUNKER, D. (Hrsg.), *16th Australasian Con-*

ference on Information Systems. Sydney, Australia: Australasian Chapter of the Association for Information Systems.

RECKER, J. C., INDULSKA, M., ROSEMANN, M. und GREEN, P. (2006). *How Good is BPMN Really? Insights from Theory and Practice*. In LJUNGBERG, J. und ANDERSSON, M. (Hrsg.), *14th European Conference on Information Systems*. Goeteborg, Sweden.

RECKER, J. C., ROSEMANN, M., INDULSKA, M. und GREEN, P. (2009). *Business process modeling : a comparative analysis*. Journal of the Association for Information Systems 10(4).

REICHMANN, T. (2006). *Controlling mit Kennzahlen und Management-Tools: Die systemgestützte Controlling-Konzeption*. 7. Auflage. München: Vahlen. ISBN 3-8006-3253-5.

ROSEMANN, M. (1996a). *Komplexitätsmanagement in Prozeßmodellen. Methodenspezifische Gestaltungsempfehlungen für die Informationsmodellierung*. Wiesbaden: Gabler. ISBN 3-409-12172-2.

ROSEMANN, M. (1996b). *Multiperspektivische Informationsmodellierung auf der Basis der Grundsätze ordnungsmäßiger Modellierung*. Mangement und Computer 4, S. 229–236.

ROSEMANN, M. (1998). *Grundsätze ordnungsmäšiger Modellierung: Intention, Entwicklung,Architektur und Multiperspektivität*. In MAICHER, H.-J., M.; SCHERUHN (Hrsg.), *Informationsmodellierung: Referenzmodelle und Werkzeuge*, (S. 1–21). Wiesbaden: Deutscher Universitäts Verlag. ISBN 3-8244-6742-9.

ROSEMANN, M. und GREEN, P. (2000). *Integrating multi-perspective views into ontological analysis*. In *Proceedings of the twenty first international conference on Information systems*, ICIS '00, (S. 618–627). Atlanta, GA, USA: Association for Information Systems. ISBN ICIS2000-X.

ROSEMANN, M. und GREEN, P. (2002). *Developing a meta model for the Bunge-Wand-Weber ontological constructs*. Information Systems 27(2), S. 75–91. ISSN 0306-4379

ROSEMANN, M., GREEN, P., INDULSKA, M. und RECKER, J. C. (2010). *Using ontology for the representational analysis of process modelling techniques*. International Journal of Business Process Integration and Management 4(2).

ROSEMANN, M., GREEN, P. F. und INDULSKA, M. (2004). *A Reference Methodology for Conducting Ontological Analyses*. In ATZENI, P., CHU, W. W., LU, H., ZHOU, S. und LING, T. W. (Hrsg.), *ER*, Vol. 3288 von *Lecture Notes in Computer Science*, (S. 110–121). Springer. ISBN 3-540-23723-2.

ROSEMANN, M., GREEN, P. F. und INDULSKA, M. K. (2005). *A procedural model for ontological analyses.* In GREGOR, S. und HART, D. (Hrsg.), *Information Systems Foundations: Constructing and Criticising Workshop*, (S. 153–163).

ROSEMANN, M., RECKER, J. C. und FLENDER, C. (2008). *Contextualisation of business processes.* International Journal of Business Process Integration and Management 3(1).

ROSEMANN, M., RECKER, J. C., INDULSKA, M. und GREEN, P. (2006). *A Study of the Evolution of the Representational Capabilities of Process Modeling Grammars.* In DUBOIS, E. und POHL, K. (Hrsg.), *18th Conference of Advanced Information Systems Engineering - CAiSE 2006*, (S. 447–461). Luxembourg: Springer.

ROSEMANN, M. und SCHÜTTE, R. (1997). *Grundsätze ordnungsmässiger Referenzmodellierung.* Tech. Rep. 52, Instituts für Wirtschaftsinformatik.

ROSEMANN, M. und WYSSUSEK, B. (2005). *Enhancing the Expressiveness of the Bunge-Wand-Weber Ontology.* In ROMANO, N. (Hrsg.), *Eleventh Americas Conference on Information Systems*, (S. 2803–2810). USA, Nebraska, Omaha: Association for Information Systems.

ROSEMANN, M. und ZUR MÜHLEN, M. (1996). *Der Lösungsbeitrag von Metadatenmodellen beim Vergleich von Workflowmanagementsystemen.* Tech. Rep., Institut für Wirtschaftsinformatik der Westfälischen Wilhelms-Universität Münster.

ROSENKRANZ, F. (2006). *Geschäftsprozesse: Modell-und Computergestützte Planung.* 2. Auflage. Springer.

RUMBAUGH, J., JACOBSON, I. und BOOCH, G. (1999). *The Unified Modeling Language Reference Manual.* Addison-Wesley, Reading, MA, USA. ISBN 0-201-30998-x.

RUPP, C., QUEINS, S. und ZENGLER, B. (2007). *UML 2 glasklar: Praxiswissen für die UML-Modellierung.* Hanser Fachbuchverlag. ISBN 9783446411180.

RUSSELL, N., ARTHUR, VAN DER AALST, W. M. P. und MULYAR, N. (2006). *Workflow Control-Flow Patterns: A Revised View.* Tech. Rep., BPM Center Report BPM-06-22, BPMcenter.org.

SCHEER, A. (1997). *Wirtschaftsinformatik: Referenzmodelle für industrielle Geschäftsprozesse.* Springer. ISBN 9783540629672.

SCHEER, A.-W. (2001). *ARIS - Modellierungsmethoden, Metamodelle, Anwendungen.* 4. Auflage. Springer.

SCHEER, A.-W. (2002). *ARIS - Vom Geschäftsprozeß zum Anwendungssystem.* 4. Auflage. Berlin, Heidelberg: Springer.

SCHRADER, U. und HENNIG-THURAU, T. (2009). *VHB-JOURQUAL 2: Method, Results, and Implications of the German Academic Association for Business Research's Journal Ranking.* BuR - Business Research 2(2), S. 180–204.

SCHUH, G. (2006). *Produktionsplanung und -steuerung. Grundlagen, Gestaltung und Konzepte.* Springer-Verlag.

SCHÜTTE, R. (1998). *Grundsätze ordnungsgemäßer Referenzmodellierung - Konstruktion konfigurations- und anpassungsorientierter Modelle.* Gabler.

SCHÜTTE, R. und ZELEWSKI, S. (1999). *Wissenschafts- und erkenntnistheoretische Probleme beim Umgang mit Ontologien.*

SEDERA, W., ROSEMANN, M. und GABLE, G. G. (2002). *Measuring Process Modelling Success.* In *ECIS.*

SIMON, H. A. (1996). *The Sciences of the Artificial - 3rd Edition.* The MIT Press. ISBN 0262691914.

SIRIN, E. und PARSIA, B. (2007). *SPARQL-DL: SPARQL Query for OWL-DL.* In GOLBREICH, C., KALYANPUR, A. und PARSIA, B. (Hrsg.), *OWLED*, Vol. 258 von *CEUR Workshop Proceedings.* CEUR-WS.org.

SIRIN, E., PARSIA, B., GRAU, B. C., KALYANPUR, A. und KATZ, Y. (2007). *Pellet: A practical OWL-DL reasoner.* Journal of Web Semantics 5(2), S. 51–53.

SOMMERVILLE, I. (2004). *Software Engineering (7th Edition) (International Computer Science Series).* Addison Wesley. ISBN 0321210263.

STAAB, S. und MAEDCHE, A. (2000). *Ontology Engineering beyond the Modeling of Concepts and Relations.* In BENJAMINS, R., GOMEZ-PEREZ, A., GUARINO, N. und USCHOLD, M. (Hrsg.), *Proceedings of the ECAI'2000 Workshop on on Applications of Ontologies and Problem-Solving Methods, Berlin.*

STAATS, S., KRAMER, J., NITSCH, K. und VON SCHUBERT, A. (2009). *Metriken zur Messung von Effizienz und Effektivität von Konfigurationsmanagement- und Qualitätsmanagementverfahren.* Wismarer Schriften zu Management und Recht. Europäischer Hochschulver. ISBN 9783941482357.

STACHOWIAK, H. (1973). *Allgemeine Modelltheorie.* Springer-Verlag.

STAUD, J. (2006). *Geschäftsprozessanalyse: Ereignisgesteuerte Prozessketten und objektorientierte Geschäftsprozessmodellierung für Betriebswirtschaftliche Standardsoftware.* Springer. ISBN 9783540245100.

STEVENS, R., GOBLE, C. und BECHHOFER, S. (2000). *Ontology-based knowledge representation for bioinformatics.* Brief Bioinform 1, S. 398–414.

STRAHRINGER, S. (1998). *Ein sprachbasierter Metamodellbegriff und seine Verallgemeinerung durch das Konzept des Metaisierungsprinzips.* In POHL, K., SCHÜRR, A. und VOSSEN, G. (Hrsg.), *Modellierung*, Vol. 9 von *CEUR Workshop Proceedings.* CEUR-WS.org.

STROMMER, M., MURZEK, M. und WIMMER, M. (2007). *Applying Model Transformation By-Example on Business Process Modeling Languages.* In HAINAUT, J.-L., RUNDENSTEINER, E. A., KIRCHBERG, M., BERTOLOTTO, M., BROCHHAUSEN, M., CHEN, Y.-P. P., CHERFI, S. S.-S., DOERR, M., HAN, H., HARTMANN, S., PARSONS, J., POELS, G., ROLLAND, C., TRUJILLO, J., YU, E. S. K. und ZIMÁNYI, E. (Hrsg.), *ER Workshops*, Vol. 4802 von *Lecture Notes in Computer Science*, (S. 116–125). Springer. ISBN 978-3-540-76291-1.

TAVETER, K. und WAGNER, G. (2001). *Agent-Oriented Enterprise Modeling Based on Business Rules.* In *Proceedings of the 20th International Conference on Conceptual Modeling: Conceptual Modeling*, ER '01, (S. 527–540). London, UK: Springer-Verlag. ISBN 3-540-42866-6.

TEUTEBERG, F., KLUTH, M., AHLEMANN, F. und SMOLNIK, S. (2012). *Semantic Process Benchmarking to Improve Process Performance.* Benchmarking: An International Journal (zur Veröffentlichung angenommen).

TEUTEBERG, F., KLUTH, M., SMOLNIK, S. und AHLEMANN, F. (2009). *Semantic Benchmarking of Process Models - An Ontology-based Approach.* In *Proceedings of the 30th International Conference on Information Systems (ICIS 2009).* Phoenix, Arizona, USA.

THOMAS, O. (2005). *Das Modellverständnis in der Wirtschaftsinformatik: Historie, Literaturanalyse und Begriffsexplikation.* Tech. Rep. 184, Veröffentlichungen des Instituts für Wirtschaftsinformatik, Nr. 184, Saarbrücken : Universität des Saarlandes.

THOMAS, O. (2006a). *Das Referenzmodellverständnis in der Wirtschaftsinformatik: Historie, Literaturanalyse und Begriffsexplikation.* Tech. Rep. 187, Saarbrücken : Inst. für Wirtschaftsinformatik im Dt. Forschungszentrum für Künstliche Intelligenz.

THOMAS, O. (2006b). *Management von Referenzmodellen - Entwurf und Realisierung eines Informationssystems zur Entwicklung und Anwendung von Referenzmodellen.* Dissertation, Saarbrücken, Universität des Saarlandes.

THOMAS, O. (2008). *Design and Implementation of a Version Management System for Reference Modeling.* JSW 3(1), S. 49–62.

THOMAS, O. und FELLMANN, M. (2006). *Semantische Integration von Ontologien und Ereignisgesteuerten Prozessketten.* In NÜTTGENS, M., RUMP, F. J. und MENDLING, J. (Hrsg.), *EPK*, Vol. 224 von *CEUR Workshop Proceedings*, (S. 7–24). CEUR-WS.org.

THOMAS, O. und FELLMANN, M. (2007a). *Semantic Business Process Management: Ontology-Based Process Modeling Using Event-Driven Process Chains.* IBIS - International Journal of Interoperability in Business Information Systems 2, S. 29–44.

THOMAS, O. und FELLMANN, M. (2007b). *Semantic EPC: Enhancing Process Modeling Using Ontology Languages.* In HEPP *et al.* (2007).

THOMAS, O. und FELLMANN, M. (2009a). *Semantic Process Modeling - Design and Implementation of an Ontology-based Representation of Business Processes.* Business & Information Systems Engineering 1(6), S. 438–451.

THOMAS, O. und FELLMANN, M. (2009b). *Semantische Prozessmodellierung: Konzeption und informationstechnische Unterstützung einer ontologiebasierten Repräsentation von Geschäftsprozessen.* Wirtschaftsinformatik 51(6), S. 506–518.

TUCKER, F. G., ZIVAN, S. M. und CAMP, R. C. (1987). *How to Measure Yourself Against the Best.* Harvard Business Review 65, S. 8–10.

UMBACH, H. und METZ, P. (2006). *Use Cases vs. Geschäftsprozesse Das Requirements Engineering als Gewinner klarer Abgrenzung.* Informatik-Spektrum 29, S. 424–432. ISSN 0170-6012.

USCHOLD, M. (2003). *Where are the semantics in the semantic web?* AI Mag. 24, S. 25–36. ISSN 0738-4602.

USCHOLD, M. und KING, M. (1995). *Towards a Methodology for Building Ontologies.* In *Workshop on Basic Ontological Issues in Knowledge Sharing, held in conduction with IJCAI-95.* Montreal, Canada.

USCHOLD, M., USCHOLD, M., KING, M., KING, M., HOUSE, S. B. R., MORALEE, S., MORALEE, S., ZORGIOS, Y. und ZORGIOS, Y. (1998). *The Enterprise Ontology.* The Knowledge Engineering Review 13, S. 31–89.

VAN DER AALST, W. M. P., TER HOFSTEDE, A. H. M., KIEPUSZEWSKI, B. und BARROS, A. P. (2003). *Workflow Patterns.* Distributed and Parallel Databases 14(1), S. 5–51.

VAN ELSUWE, H. und SCHMEDDING, D. (2003). *Metriken für UML-Modelle.* Informatik Forschung und Entwicklung 18, S. 22–31.

VAN HEIJST, G., SCHREIBER, A. T. und WIELINGA, B. J. (1997). *Using explicit ontologies in KBS development.* Int. J. Hum.-Comput. Stud. 46(2-3), S. 183–292. ISSN 1071-5819.

VANDERFEESTEN, I. T. P., REIJERS, H. A., MENDLING, J., VAN DER AALST, W. M. P. und CARDOSO, J. (2008). *On a Quest for Good Process Models: The Cross-Connectivity Metric.* In BELLAHSENE UND LÉONARD (2008), (S. 480–494).

VANDERHAEGHEN, D., FETTKE, P. und LOOS, P. (2010). *Organizational and Technological Options for Business Process Management from the Perspective of Web 2.0 - Results of a design-oriented research approach with particular consideration of self-organization and collective intelligence.* Business & Information Systems Engineering (BISE) o.A., S. o.A.

VANDERHAEGHEN, D., ZANG, S. und SCHEER, A.-W. (2005). *Interorganisationales Geschäftsprozessmanagement durch Modelltransformation.* Tech. Rep. 182, Veröffentlichungen des Instituts für Wirtschaftsinformatik, Nr. 182, Saarbrücken : Universität des Saarlandes.

VOM BROCKE, J. (2003). *Referenzmodellierung. Gestaltung und Verteilung von Konstruktionsprozessen.* Berlin/Heidelberg.

VOM BROCKE, J., RECKER, J. und MENDLING, J. (2010). *Value-oriented process modeling: integrating financial perspectives into business process re-design.* Business Process Management Journal 16.

VRANDEČIĆ, D. und SURE, Y. (2007). *How to Design Better Ontology Metrics.* In *Proceedings of the 4th European conference on The Semantic Web: Research and Applications*, ESWC '07, (S. 311–325). Berlin, Heidelberg: Springer-Verlag. ISBN 978-3-540-72666-1.

WALLMÜLLER, E. (2001). *Software - Qualitätssicherung in der Praxis.* 2. Auflage. München-Wien: Hanser.

WALLS, J., WIDMEYER, G. und SAWY, O. E. (1992). *Building an Information System Design Theory for Vigilant EIS.* Information Systems Research 3(1), S. 36–59.

WALLS, J. G., WIDERMEYER, G. R. und SAWY, O. A. E. (2004). *Assessing Information System Design Theory in Perspective: How Useful Was our 1992 Initial Rendition?* Journal of Information Technology Theory and Application (JITTA) 6(2), S. 43–58.

WAND, Y., STOREY, V. C. und WEBER, R. (1999). *An ontological analysis of the relationship construct in conceptual modeling.* ACM Trans. Database Syst. 24(4), S. 494–528. ISSN 0362-5915.

WAND, Y. und WEBER, R. (1990). *An Ontological Model of an Information System.* IEEE Transactions on Software Engineering 16(11), S. 1282–1292.

WAND, Y. und WEBER, R. (1993). *On the ontological expressiveness of information systems analysis and design grammars.* Information Systems Journal 3(4), S. 217–237. ISSN 1365-2575.

WAND, Y. und WEBER, R. (1995). *On the deep structure of information systems.* Information Systems Journal 5(3), S. 203–223.

WEBER, R. (1997). *Ontological foundations of information systems.* Coopers & Lybrand and the Accounting Association of Australia and New Zealand, Melbourne.

WINTER, A. (2000). *Referenz-Metaschema für visuelle Modellierungssprachen.* Dissertation, Institut für Informatik. Universität Koblenz-Landau., Wiesbaden.

WINTER, R. (2008). *Interview mit Alan R. Hevner zum Thema „Design Science“.* Wirtschaftsinformatik 51, S. 148–151. ISSN 0937-6429.

WÖHE, G. und DÖRING, U. (2005). *Einführung in die allgemeine Betriebswirtschaftslehre*, Vol. 22. neubearb. Aufl. von *Vahlens Handbücher der Wirtschafts- und Sozialwissenschaften.* München: Vahlen. ISBN 3800632543.

WYSSUSEK, B. (2006). *On ontological foundations of conceptual modelling.* Scandinavian Journal of Information Systems 18(1), S. 63–80.

YAO, H., ORME, A. M. und ETZKORN, L. (2005). *Cohesion Metrics for Ontology Design and Application.* Journal of Computer Science 1(1), S. 107–113.

YI, T., WU, F. und GAN, C. (2004). *A comparison of metrics for UML class diagrams.* SIGSOFT Softw. Eng. Notes 29(5), S. 1–6. ISSN 0163-5948.

ZUR MUEHLEN, M. und INDULSKA, M. (2010). *Modeling languages for business processes and business rules: A representational analysis.* Information Systems 35(4), S. 379–390. ISSN 0306-4379.

ZUR MUEHLEN, M., INDULSKA, M. und KAMP, G. (2007a). *Business Process and Business Rule Modeling Languages for Compliance Management: A Representational Analysis.* In *ER '07: Tutorials, posters, panels and industrial contributions at the 26th international conference on Conceptual modeling,* (S. 127–132). Darlinghurst, Australia, Australia: Australian Computer Society, Inc. ISBN 978-1-920682-64-4.

ZUR MUEHLEN, M. und RECKER, J. (2008). *How Much Language Is Enough? Theoretical and Practical Use of the Business Process Modeling Notation.* In BELLAHSENE UND LÉONARD (2008), (S. 465–479).

ZUR MUEHLEN, M., RECKER, J. und INDULSKA, M. (2007b). *Sometimes Less is More: Are Process Modeling Languages Overly Complex?* In *EDOC Conference Workshop, 2007. EDOC '07. Eleventh International IEEE*, (S. 197–204).

INFORMATIONSMANAGEMENT UND UNTERNEHMENSFÜHRUNG

SCHRIFTEN DES IMU, UNIVERSITÄT OSNABRÜCK

Herausgegeben von Prof. Dr. Uwe Hoppe, Prof. Dr. Bodo Rieger, Prof. Dr. Frank Teuteberg und Prof. Dr. Thomas Witte

Band 1
Frederik Ahlemann
Unternehmensweites Projektcontrolling – Ein Referenzmodell für Software- und Organisationssysteme
Lohmar – Köln 2006 • 442 S. • € 58,- (D) • ISBN 3-89936-430-9

Band 2
Ingmar Ickerott
Agentenbasierte Simulation für das Supply Chain Management
Lohmar – Köln 2007 • 264 S. • € 42,- (D) • ISBN 978-3-89936-610-5

Band 3
Heike Gastl
Referenzmodell für unternehmensweites E-Learning in wissensintensiven Großunternehmen
Lohmar – Köln 2007 • 502 S. • € 63,- (D) • ISBN 978-3-89936-647-1

Band 4
Martin Kluth
Semantisches Benchmarking von Geschäftsprozessen – Konzeption, Evaluation und Anwendungspotenziale
Lohmar – Köln 2013 • 272 S. • € 58,- (D) • ISBN 978-3-8441-0272-7

JOSEF EUL VERLAG